湛庐CHEERS

与最聪明的人共同进化

HERE COMES EVERYBODY

CHEERS
湛庐

心智简史

[美] 奥吉·奥加斯 Ogi Ogas
[印] 赛·加达姆 Sai Gaddam 著

汪祚军 吕飒飒 译

JOURNEY OF THE MIND

浙江科学技术出版社·杭州

测一测

你了解心智的演化吗？

扫码加入书架
领取阅读激励

- 以下哪种结构的出现是心智出现的先决条件？（单选题）

  A. 细胞膜

  B. 细胞核

  C. 蛋白质

  D. DNA

扫码获取全部测试题及答案，
一起踏上心智演化之旅

- 在心智之旅中，以下哪种动物的身体结构首次标志着真正大脑的形成？（单选题）

  A. 三角涡虫

  B. 青蛙

  C. 猕猴

  D. 变形虫

- 心智没有实体，它更像是一个处于变化中的运动系统。对心智的定义可以简化为以下哪道公式？（单选题）

  A. 心智 =“大脑”

  B. 心智 =“大脑”+ 身体

  C. 心智 =“大脑”+ 环境

  D. 心智 =“大脑”+ 身体 + 环境

扫描左侧二维码查看本书更多测试题

献给阿加斯蒂亚、米拉和普里扬卡，

同时也献给托福尔

混沌不是深渊。混沌是阶梯……攀爬是唯一的出路。

——

小指头，《权力的游戏》（*Game of Thrones*）

心智不仅仅是数据，更是身体、团队与都市

徐英瑾
复旦大学哲学学院教授、博士生导师

奥吉·奥加斯与赛·加达姆合著的这本《心智简史》是一本恰逢其时的好书。恰逢其时，说的是这本书正好能被用作一方解毒剂，以便用于对抗正弥漫于学界与业界的“人工智能狂躁症”。这种“狂躁症”的“患者”一般坚信：只要不停地搜寻数据、购买图形处理器，并投入大量的人力与物力，通用人工智能的理想很快就能实现。这些“患者”甚至把已经投入的那些大语言模型视为通用人工智能的雏形：瞧，它们能像人一样与你交谈，安慰你的心灵；或者像秘书一样帮你规划行程，像家教老师一样帮助你的孩子完成数学作业……一部分“患者”由此陷入了恐慌：瞧，它们可能马上就要产生自己的意识，并接管我们人类了……好害怕啊……

治疗这些“患者”的第一步是让他们看看，大语言模型是否能为其做顿饭，或者更简单一点，泡一碗方便面。是的，大语言模型或许会告诉你怎么

泡碗方便面，但是它自己不会泡。你得给它安装一个身体，但将抽象的规则变成准确的身体动作并不是那么简单，正如很多飞机设计师未必是优秀的飞行员一样。至于治疗的第二步，则是让他们好好读读这本书。

这是一本用浅显易懂的语言，介绍心智在自然界中如何进化的科普书，涉及的物种从古菌、变形虫到苍蝇、青蛙、哺乳类，不一而足。很多人会问：此类知识，别的科普书也会涉及，这本书又有何新奇呢？

这本书的可贵之处是从更抽象的角度提出了心智运作的四个原则。在这本书第 83 至 84 页得到概括，详细解说分散于全书各处。而下面对前三个原则的重述已揉入了我自己的理解。

第一，具身思维原则

该原则换言之，**心身不分离，有身才有心**。身体的任务有两个：

1. 通过感受器从环境获取与生存相关的信息。
2. 通过执行器给出动作，解决特定问题。

心智，就是连接二者的关键。请注意，上面所说的“接受信息”与“动作执行”，可不是当下大语言模型所从事的信息输入与信息输出，因为大语言模型的信息处理活动与生存无关，其输出也不指导其所在的物理硬件的位移。因此，按照具身思维原则，大语言模型是“无心”的。而富有讽刺意味的是，按照同一个原则，甚至连某些古菌也是“有心”的，因为这些细菌也有特定的细胞膜，以便确立“身体”与“环境”的边界，由此使得“生存意志”得以存在的第一个哲学前提本身得到确立——身体是有限的。反之，无限的身体是不需要生存意志的，因为无限性就意味着在“我”之外的虚无，所以此种无限的“我”的存在是不需要一种“生存意志”来加以捍卫的。也正因为具有这种与“身”密切相关的“心”，古菌就是能“动”的，即为了觅食而能自主位移，并因此具备了向真正的“动物”演化的可能。与之相比，貌似能够处理复杂文本的大语言模型却是不能“动”的，也因此与真正的“动物”差距甚远。再考虑到驱动一个古菌运动所需要的能量远少于一个常规大语言模型之能耗这一点，大语言模型是不是实现“机器之心”的明智选择，就更为可疑了。

这种可疑性或许可以通过《心智简史》提出的第二条心智原则得到深化。

第二，篮球比赛原则

该原则或许也可以被理解为“团队原则”。按照该原则，一个篮球运动员的心智不仅仅由其脑壳里发生的事情决定，更是由别的篮球运动员的现场表现与他本人的当下活动共同构成。说得俗一点，即使是优秀的运动员，也会在赛场上被“猪队友”所害。需要注意的是，这里的“猪队友”可不是一个固定的标签，因为一个优秀的队友偶尔失常的表现，也会影响你当下心智的发挥。换言之，**心智不仅仅是个体的事情，而且是群体的事情，**否则我们就很难解释“孟母三迁”这个故事的合理性——孟母显然希望通过自主选择一个良好的社会微环境，使得该微环境中的团体智能得以协助孟子的个体智能的成长。

与之相较，使得大语言模型得以运作的语料来自对互联网上的海量数据的平均化，却无法针对微环境内的信息进行精妙的互动，遑论根据微环境内的信息变更随时调整“猪队友”的标签。大语言模型的行为模式貌似是对大量人类行为进行统计学平均后的产物，但恰恰是这种平均化导致了其“祛团队化”。换言之，不同真实人类团队的问题处理语境与行动目标之间的微妙差异，都在这种平均化机制中被消灭了。作为这种消灭的结果，大语言模型很难在说一堆车轱辘废话之外，就个体的处境提出切中要害的建议，并由此为提高个体心智能力做出真正的贡献，正如经验丰富的篮球队长对其队员所做的那样。

大语言模型的平均化机制也顺便导致了《心智简史》提出的第三条心智原则难以在硅基基础上得到实现，除非大语言模型进路本身被其他更好的人工智能设计进路所取代。

第三，大都市原则

根据该原则，不同的心智组件的聚集会自动衍生出新的心智处理层次，由此为整个心智机器的精密化做出贡献。此过程正如大都市的形成：城市各个功能组件的良好运作与彼此配合，能够催生出新的城市服务模块，由此使得整座城市变得更加繁荣。但需要指出的是，按照黑格尔在《法哲学原理》中提出的观点，复杂城市生活的构成（在他的文本里被说成是“市民社会”的构成）是基于“需要”原则的，也就是说，消防队的存在是因为城市需要消防队灭火来保证安全，而消防队员之所以愿意冒险干这份工作，也是因为这份工作本身带来的工资能够让他们自己在城市里生活下去。因此，**都市生活就具有一种“我为人人且人人为我”的特征，而使得这一特征得以浮现的基础，恰恰是各个更小的城市组件自身的生存意志。**

与之相较，使得目前的大语言模型得以运行的各种机制，无论是预训练模块、微调模块，还是记忆缓存模块，都是以一种与其自身的生存目的无关的方式被设置的。比如，之所以需要微调模块，是因为经由预训练模块产生的输出无法符合人类用户的期待，这一点与系统自身的生存无关。在这种情况下，我们就很难期待对于这些模块的设置能够像城市市场经济的勃发一样，以一种令人惊喜的方式自动实现模块分工的进一步细化。

需要指出的是，以上说的这些，绝不意味着我们无法在硅基基础上做出通用人工智能，而仅仅意味着：**我们无法依赖主流的大语言模型的进路做出通用人工智能。**毋宁说，只要遵循上述给出的三条心智原则，通用人工智能之路依然没有被封闭，因为上述三条原则的抽象性使得其自身也具有了针对“硅基智能体”的延展性。当然，这三条原则本身依然需要一些细节来加以细化。而即使在讨论这些细节时，《心智简史》这本书也时时刻刻在暗示不同发展阶段的心智体运作原则的“可计算性”，并由此使得心智进化史本身就具备了引导通用人工智能研究的巨大参考意义。譬如：

- 你是否知道古菌的心智就具备了初步的记忆能力？
- 你是否知道水螅的心智就能进行多任务处理？
- 你是否知道苍蝇就具有了初步的表征能力？
- 你是否知道对于空间位置模块的确定，需要晚到老鼠的心智阶段才能出现？
- 你是否知道要了解人脑的时间模块是如何运作的，你得先了解鸟脑的时间模块的运作方式？

对了，你是否知道人类的语言能力，要晚到本书第 20 章才出现，就好比司马炎的名字只会在《三国演义》的末尾出现？好了，知道这一切后，你还会认为大语言模型绕开这 20 章之前的所有内容，直接模拟人类语言能力的做法，是一条靠谱的进路吗？

在本文的末尾，我还想发表一点感想。最近我曾听人工智能学界的一位资深学者说，在统计学进路的人工智能成为这个行当的名门正派之前，人工智能曾在“符号主义进路”中浪费了 20 年，而现在人工智能总算走上了“生物学模拟”的正道。我对他的这一判断有多重不赞同之处，而其中与本书内容特别相关的一条不赞同意见就是**当下流行的大语言模型进路与生物学意义上的心智进化路线实在是毫不相关。**若硬是要说这一进路多少与生物学有关，主要是因为作为该进路之技术基础的人工神经元网络技术的确是对人脑机制的某种片面模仿。然而，这种模仿毕竟是片面的，因为它并没有涉及心智各个模块是如何在进化历程中以怎样的逻辑次序而被组合在一起的，而只能用还原主义的方式将一切平摊到神经元的层面上去看待。好吧，如果这种做法是正确的话，那么罗贯中先生就只好这样改写许攸投靠曹操后二人的对话了：

曹：许兄，袁绍在官渡作战的兵策究竟是怎样的？

许：丞相您看，他昨天神经元活动的动态图谱是这样的，这是小弟我的数学建模。他的词向量矩阵里的这些节点经常被激活，这里有一些有趣的统计学规律……

曹：但这究竟是啥意思？说人话。

许：得算，不过，这需要更多的图形处理器。对了，只有打败了袁绍，我们才能获得这些处理器。

曹：滚……

谨将此书献给一切“大语言模型痴迷症患者”，此类“患者”的职业包括但不限于科技投资人、IT 从业者与各类媒体人。而对于有哲学基础的读者来说，我想说的是，虽然这不是一本哲学书，但是假若你事先涉猎过黑格尔、尼采、叔本华、柏格森和西田几多郎的哲学思想的话，相信你能从中看到一些与他们的核心哲学观点相互印证的科学材料。

2025 年 2 月 19 日于沪上寓所

本文的写作基于（至少）30 亿年演化的人类心智，

而非任何大语言模型

从心智演化洞察生命智慧

陈　睿
自然科普作家、科学教育专家

我从小就痴迷于自然界中各种小动物，尤其是各种各样的小昆虫，到现在依然觉得它们的世界格外迷人，因为我深知每一种生物的演化都是自然界的奇迹。而《心智简史》这本书，从生命演化的源头出发，探索了心智从无到有的复杂发展历程，用 17 种心智的故事，就勾勒出一幅横跨 30 亿年的心智演化的宏大图景，让我再次惊叹：生命的存在本身就是奇迹，蕴含着独特且深刻的生存智慧。

解决问题：心智创新的本质，生命奇迹的源头

作者在书中阐述了心智的本质：**心智并不等同于大脑，而是大脑、身体和环境相互作用的过程。它是一个动作，代表着“做出反应、进行转化、付诸行动”**。想想不受人待见的苍蝇，它们拥有翅膀，可以大范围快速寻找食

物，同时也面临着更大的生死威胁。比如，当它们试图停留在我们的餐桌上时，可能就会与苍蝇拍不期而遇。为了处理爆炸级数量的感觉刺激，它们必须演化出更灵敏的感官。回忆一下，拍死苍蝇是不是比拍死蚊子难多了？而了解了它的生存智慧，是不是就没那么讨厌它了？

苍蝇的心智演化过程，就是发现问题，绞尽脑汁思考怎么办，最终成功解决问题的过程。**解决问题是每一种生物在复杂多变、危机四伏的自然界中赖以生存的本领，是独特的生存智慧，是生命得以创造奇迹的根本原因。**我在雨林中观察形形色色的小昆虫，它们的行为肉眼可见；我在包罗万象的琥珀里发现各种各样的史前小动物，躯体上的变化与现存生物相比也显而易见。然而，**这些清晰可见的进化背后，是肉眼不可见且持续发生的心智演化，这种表与里、外与内、跨越时空界限的关联与统一，实在令人惊叹，也令人着迷。**

心智的演化不仅仅是生物体身体内部的复杂过程，更是生物与环境持续作用的结果。这种互动贯穿了整个生命演化的历程，生命的奇妙与智慧不言而喻。而社会、国家和文明正是在这种持续互动中诞生，单个的智人心智，因相近的语言、认知和情感体验而凝聚成一个整体，得以共享同一个超级心智。这种超级心智的形成，又引发了对个人与集体的存在及价值的思考。作者仅用“我的良知就是超级心智的良知”便给出了答案，这无疑也是这本书的另一层魅力所在。

心智外在化：人工智能是人类智能的延伸

《心智简史》不仅是一本关于心智演化的科普著作，更是一本充满哲学思考的书。它尝试回答了“我从哪里来”“我是谁”“我要到哪里去”等哲学问题，也对人工智能的未来发展提供了独到见解。在当今科技飞速发展的时代，我们面临着许多关于人类智能和人工智能的困惑与挑战。这本书为我们提供了一个全新的视角，从心智演化的角度重新审视科技与人文的交融。

从简单的算法到复杂的神经网络，人工智能经历了与生物心智演化相似的发展轨迹——从无到有，从简单到复杂。**尽管人工智能在某些特定领域已经展现出了强大的能力，甚至引发了“人工智能将会取代人类”的恐慌，但它本质仍然是智人心智的产物，是人类智能的延伸，而非独立的新心智。**在动物学研究中，我们已经发现像乌鸦、黑猩猩、海豚等许多动物，能够使用简单的工具来获取食物或者完成其他任务，使用工具的行为或许可以理解为心智的“外在化”，目的是让生物更好地适应环境。同样，人工智能作为智人心智的“外在化”工具，也能帮助我们更好地理解世界，共同迎接终极心智的到来。

我相信，**《心智简史》这本书将点燃更多人对心智演化的探索热情，为我们理解地球上的每一种生物提供了平等且宏大的视野。**这是一本值得每一位对生命奥秘和人类未来充满好奇的人阅读的书，不仅让我们领略到生命的奇迹与智慧，更让我们深刻认识到每一个生命的独特价值，促使我们以更加审慎的态度对待每一个决定与选择。

心智的进化是一场不断创新的挑战

这是一趟心智之旅，也是一场思想盛宴。心智是如何从混沌之中产生的？鱼能感受到疼痛，但能“意识到”疼痛吗？为什么只有人类才有语言？语言是如何产生的？人类个体心智之上还有更高级的心智吗？超级心智是什么？它会带领人类走向光明还是毁灭？在这个过程中，人类个体又能做些什么来影响超级心智的发展方向？所有这些问题都让人深深着迷，本书将在心智发展的历程中为读者一一解答。无论是对心智的发展与进化感兴趣的普通读者，还是心理学、社会学、认知神经科学等领域的研究人员，阅读本书都将扩展你的心智。

在这里，我们尤其要感谢河海大学叶妍和严瀚钦两位硕士研究生，他们在文稿初译过程中做了大量工作，尤其是叶妍同学，她还参与了译稿的初步审定工作。两位同学认真的态度和良好的文字功底，让人印象深刻。没有他们的努力，我们很难在短短 4 个月时间里拿出一份令人满意的译稿。在谈及翻译感受时，叶妍同学说：“在这趟从无到有、从低级到高级的旅程中，心智产生了一个又一个的创新来应对重重挑战。这不是大自然的鬼斧神工，而是拥有能动性的心智的伟大创造。作者用生动有趣的实例代替了晦涩难懂的术语，相信你一定能体会到这趟心智旅程的乐趣。”严瀚钦同学说：“在翻译此书的过程中，时而像在阅读科幻小说，穿梭于漫长的地球岁月；时而像一名通灵者，在与各级各类心智交流，包括渺小的古菌的心智、鱼的心智、鸟的心智，以及智人的超级心智……于我而言，这是一段美妙且富有启迪性的旅程。”

这本书涉及认知神经科学、生物学、语言学、心理学等诸多学科的知识，如此广博的内容曾经让我们踌躇难决，深恐难以胜任。好在有湛庐的坚持，我们才有幸率先一睹此书的风采。由于我们一直从事的是群体与社会心理以及儿童社会性决策领域的相关研究，自身知识结构存在局限性，在认知神经科学，尤其是生物学领域的相关知识较为欠缺，因此在翻译的过程中难免遇到一些知识盲点，不足与错漏之处在所难免，在此也希望读者海涵。

此外，本书的翻译工作得到了中央高校基本业务费项目（B220201109）的部分资助。

在混沌世界，初代心智正努力将光明从黑暗中分离出来……

不要以为路途短暂，
浩瀚的大海和广袤的沙漠横亘于他的宫殿之前。
仔细想好了再出发，
拥有狮子般坚强的心，方能跨越旅途的艰险。

——法里德·乌丁·阿塔尔（Farid ud-Din Attar），
《群鸟的集会》（*The Conference of the Birds*）

140亿年前，“无”中生“有”，宇宙诞生。

大概40亿年前，生命从非生命中产生，物种开始进化。

10亿年后，目标从无目标中产生，心智之旅拉开帷幕。最终，这趟旅程将产生一种新型心智，它具有按照自身意愿来重塑宇宙的力量与性情。我们将一起探明心智产生的初始条件，解决初值问题。[1]

《心智简史》这本书从源头对心智之旅进行回溯。[2] **黑暗贫瘠的大地上经历着一轮又一轮漫无目的的循环，直至一天早晨，心智醒来，向冷漠的宇宙宣告：“我意识到我自己了！”**

在本书的章节中，我们将探访 17 种现存的心智——从最简单的到最复杂的。我们首先要探访的是地球上最微小的生物——不起眼的古菌(archaeon)。它的心智如此微小，以至于你会怀疑它到底算不算心智。从此开始，这趟旅途将带我们探访一系列越来越强健的智慧。我们将探访变形虫、昆虫、乌龟和猴子的心智，直到抵达太阳系有史以来最伟大的心智，到时候或许会是个大惊喜。

每一章都将首先聚焦于一种由混沌抛掷在心智发展道路上的新心智挑战，即物质的无目的扰动，然后我们再揭示为应对这一挑战而涌现的心智创新。在这一系列的挑战中，我们以一个最令人困惑的挑战开始：心智是如何从无心智中产生的?

你将了解到每一项新的创新如何导向更为艰巨的挑战，从而促使心智变得更加聪颖；你将会看到在没有神经元，更别说有大脑的情况下，细菌是如何在特定情况下做出特定决定的；你将会发现为何家蝇惊人的智慧心智是区分自然界中毋庸置疑的无意识和有意识之间的标志；你将逐渐理解猴子是如何依靠希望、愤怒和敬畏来规划生命道路的。我们会以通俗易懂的语言解释每一种新的思维形式，不带任何数学公式。当然，如果你感到好奇，你可以在注释和参考文献中找到更多细节。

本书希望达到三个目标：

1. **帮助你理解所有心智之间隐藏的关联性。**

   变形虫的心智与人类的心智之间通过一个不间断的连续体联系在一起，就像古罗马时代的朗蒂尼亚姆镇（伦敦的古名）与 21 世纪的伦敦大都市的关联一样。

2. **追溯横跨 30 亿年的心智之旅，为古老的问题寻找新的答案。**

   我们为什么存在？我们终将去往哪里？在混沌与目标之间是否存在某种隐藏的关系？爱在宇宙中具有更宏大的意义吗？体面呢，也有特别意义吗？

3. **解释三种核心思维方式的物理基础，即意识（consciousness）、语言（language）和自我（self），这三者被称为三大要素。**

与卵石、尘埃和太阳黑子不同，心智如何拥有体验事物的能力呢？你可能听说过，人的意识是科学界最大的“密室之谜”，是一个可能永远无法解开的谜题，但即将到来的旅程表明情况并非如此。感知能力是通过一系列创新循序渐进形成的，本书正是以这样的叙事方式，阐明了宇宙中的意识“为什么”会出现，以及“如何”出现。你将了解到意识是如何运作的，并在你从未预料到的地方发现新的意识种类。你还会学习到语言是如何在意识架构之上形成的，以及为什么第一个会作诗的动物不是一只有着柔软羽毛、唱着优美旋律的小鸟，而是一只多毛、会叫、喜爱岩石的两足动物。最终，你将更深入地理解生物心智中最伟大的创新——人类的自我。

宏伟的终曲终究要从朴实的源头开始追溯。在人类诞生的亿万年前，心智之旅就已经从一个阴冷、荒凉、毫无目标的空间中开始了。《创世记》（*Genesis*）这一古老的寓言说对了一件事——在这片无边无际的混沌世界，初代心智努力将光明从黑暗中分离出来……

目 录

虽然我们可能永远无从知晓地球上第一个心智的确切构造，甚至无从知晓它的确切目的是寻找光亮、硫、甲烷还是氨基酸，但我们目前所邂逅的简单的分子心智给了我们些许信心，那就是初代心智的诞生可能并不像初代身体的诞生那样困难。

第二部分　神经元心智，从认知营地到心智大都市　

大都市原则对我们心智之旅的高潮阶段将有怎样的发现做出了明确且可证伪的预测：不管地球上最复杂的心智最终是什么，在其低层次上也应该拥有最复杂的思维要素，包括最复杂的神经元和最复杂的分子机制。

第三部分　模块心智，不同心智模块的共振如何产生意识　

共振的心智动态同步、放大和延长了体现表征的神经活动。共振犹如相同的旋律同时在两种不同的乐器上演奏，例如长笛和小提琴。当这两种乐器同步演奏，即在同一时间演奏同一音符时，旋律会愈加响亮。共振触发了各种其他心理活动：

触发内容模块的学习，引起了其他模块的注意，催生出意识，也就是“知晓”你在观看何物的超然体验。

人类超级心智的出现不仅是心智之旅中的一个里程碑，也是宇宙历史中的一个里程碑。思维首次脱离了它那由脆弱细胞所构成的胶状牢笼，进入了石头、空气、土地和火焰。从此时起，心智之旅将不再完全或主要由基因进化决定，也不再受制于生物学的局限性。一旦主观体验特性思维出现，心智变得更智能的最快途径不再是交换 DNA 链，而是通过改善语言、工具制造和其他日益复杂的非生物思维形式。

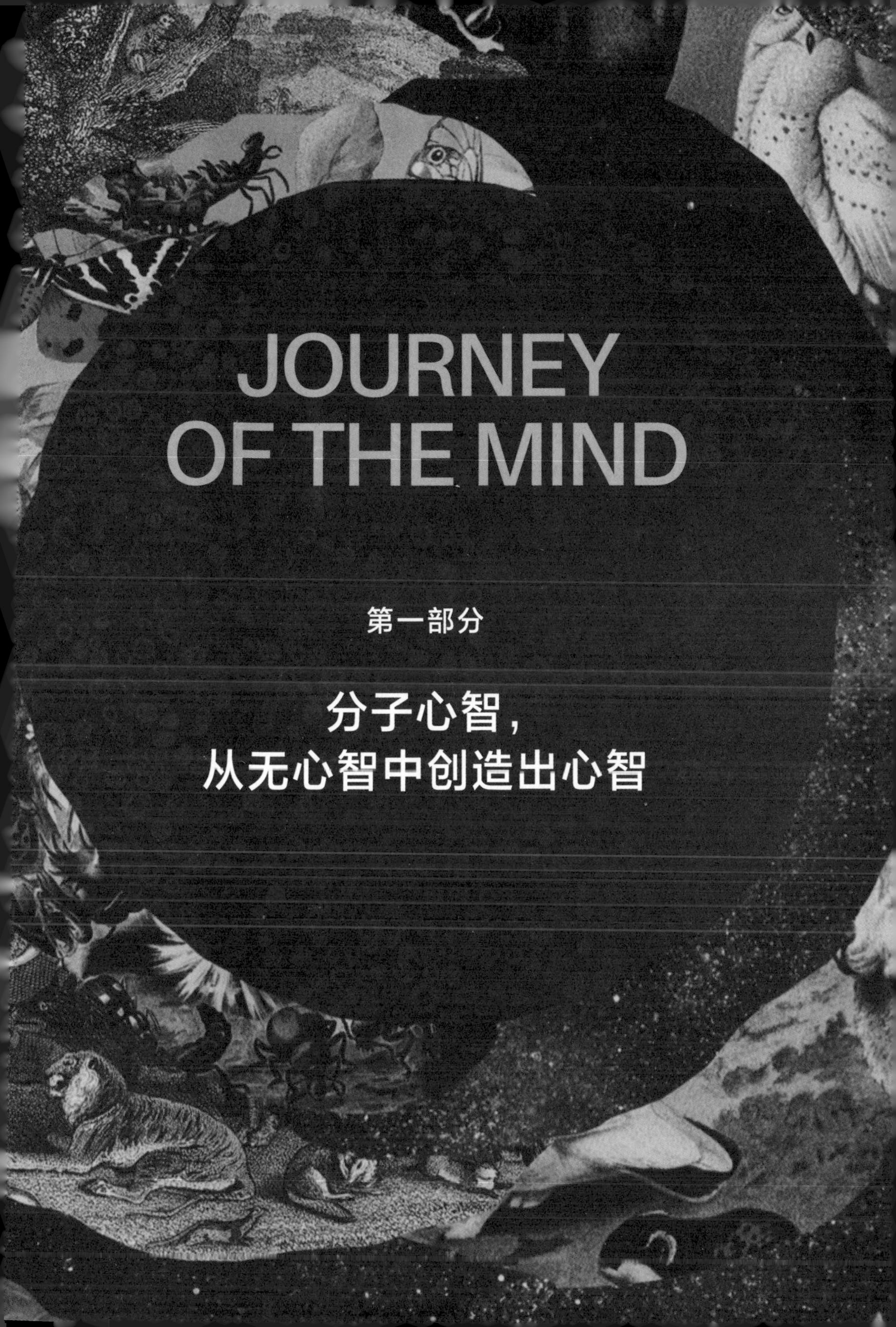

JOURNEY OF THE MIND

第一部分

分子心智，从无心智中创造出心智

虽然我们可能永远无从知晓地球上第一个心智的确切构造，甚至无从知晓它的确切目的是寻找光亮、硫、甲烷还是氨基酸，但我们目前所邂逅的简单的分子心智给了我们些许信心，那就是初代心智的诞生可能并不像初代身体的诞生那样困难。

第 1 章 / JOURNEY OF THE MIND

初代心智关注目标，地球上第一次有目标的思考

探长，我们正在建造一些东西。

我们白手起家，每一块碎片都很重要。

——莱斯特·弗雷蒙（Lester Freamon），《火线》（*The Wire*）

每个心智都需要一个身体

很久很久以前，在某处黑暗幽深之地，火山在海底地壳处爆发，在压力和热量的狂暴旋涡中喷射出硫黄和其他矿物质。在这如同炼狱般的酝酿中，最初的生命开始繁殖。

它们或许是从小行星本身的泥浆中渗透而出，或许是从太阳炙烤的黏土裂缝中流出，或许是从被闪电击中的岩石气泡中爆裂而出，或许是从火山岛的淡水池中挣脱而来。另一个严谨的科学观点是它们搭乘着流星，跨越天际而来。

地球上生命的起源仍是当今科学界最经久不衰的谜题之一。没有一项理论能够对新陈代谢和繁殖这两大生命基石突然启动的原始化学过程或环境做出有说服力的解释。原始地球上的环境与现在大相径庭，这使得重构第一代生命的任务更加棘手。

如果你能以某种方式回到第一个无畏的微小生命自我复制的那一天，你会发现那一天只有 10 小时，地球在现代“上班族”一天的工作时间内完成了一次完整的自转。一轮暗淡阴冷的红色太阳发出的光勉强穿透砖灰色的朦胧天空。在这个短暂的夜晚，月亮在天空中显得低垂而巨大，好似童话书中某种苍白的野兽。缺氧的空气中，有毒气体氤氲，在冰冷泥泞的海洋上翻腾。

在这个奇异的假想王国里，一些分子组合体与另一些分子组合体相互作用，从而开启了生命的旅程。如此令人惊叹的重要事件却被科学家用“自然发生说”（abiogenesis）这一枯燥乏味的词语掩盖了过去。几乎所有关于这张神圣的化学组合网的身份猜想都极富争议，只有一种假设从各种猜想中脱颖而出，几乎在科学界达成共识。这个假设是这样的：

> 不管新生生命的化学系统以前是什么，都被包裹于一个小小的脂肪球“襁褓”中。

我们都应该为这一摇摇欲坠的小球吟诵赞美诗，它被证明是生命之旅和心智之旅这两大宇宙叙事的基石。生物学家用术语“生命”（life）来指代所有曾经存在过的物种，而神经科学家没有一个相应的术语来描述所有曾经存在过的心智，所以本书采用“心智”（mind）一词来完成这项任务。

某种含有脂肪酸的大分子，用化学专业术语来表述就是脂类，具有一种特殊的性质。它们会自动地自我聚合成膜。[1]它们的物理特性是，彼此连接在一起后形成一堵有弹性的墙，并弯曲回自身形成一个球体。当你发现肥皂水中出现气泡时，你便目睹了这一过程。肥皂泡包裹的分子与那些在生物膜中发现的分子相似，或许也与原始膜中的分子相似。它们从一开始就将生命与非生命隔绝开，从而构建了一个私密空间。有了它，生物学故事才得以在脆弱的安全场所内展开。

为新陈代谢和自我复制的化学过程建立一个独特的物理边界诱发了不可思议的事件：一个“身体”由此产生。身体是一种物理形态，其构成成分勤勤恳恳地工作，以维持其存续。

一种古老的脂质覆盖物将维持自我生存所必需的物质与世界上的其他物质分隔开，分成“我”和“非我”，为心智的出现提供了至关重要的先决条件。每个心智都需要一个能将它的“身体”与由混沌主宰的“环境”分隔开来的边界（见图 1-1）。

图 1-1 身体的起源

一个有生命的身体的出现，引入了心智 4 个深层原则中的第 1 个原则：具身思维原则。[2] 这一原则能够帮助我们理解心智如何从无心智状态升级为拥有感觉能力的状态。

心智进化精要
JOURNEY OF THE MIND

具身思维，不可分割的“大脑”与“身体”

具身思维又被称为具身认知、具象化，强调人类的思维方式由身体及其活动方式塑造，而非对信息简单的处理、操纵和加工所得，后者是传统认知主义的基本信条。具身思维原则同时指出，生理体验与心理状态之间有着强烈的联系：生理体验能够激活心理感觉，反之亦然。

大脑、身体和环境是不可分割的整体，“大脑和身体是通过行为与感知的持续循环而动态连接在一起的”。

根据具身思维原则，我们无法将心智从其身体中分离出来，就像我们无法将城市从它的建筑中分离出来一样。为了能理解任何特定形式的心智，我们必须始终将产生心智的物质材料的结构考虑在内，即便这些材料中的大部分看起来对心智的产生并未起到直接作用。

每个心智都有一个身体。然而，无论身体的呼吸、进食和排泄多么复杂，身体本身并非心智。无数代被膜包裹着的生物，精心呵护着充满活力的新陈代谢过程。它们完美地活着，但毫无心智，因为这些先驱物种缺少产生思维的其他必要条件。

它们需要一些东西来思考。

最简单的假想心智

心智是一个将感觉转化为行动的物理系统。心智从环境中获得信息输入，并将其转化为能影响环境的输出，关键点在于这种输出会影响身体的福祉。这种将输入转化为输出，即将感觉转化为有用的行动的过程就是思维（thinking），也就是心智的标志性活动。

相应地，每个心智至少需要两种思维要素：

- **感受器（sensor）：**对环境做出反应。
- **执行器（doer）：**对环境采取行动。

心智的两种思维要素如图 1-2 所示。

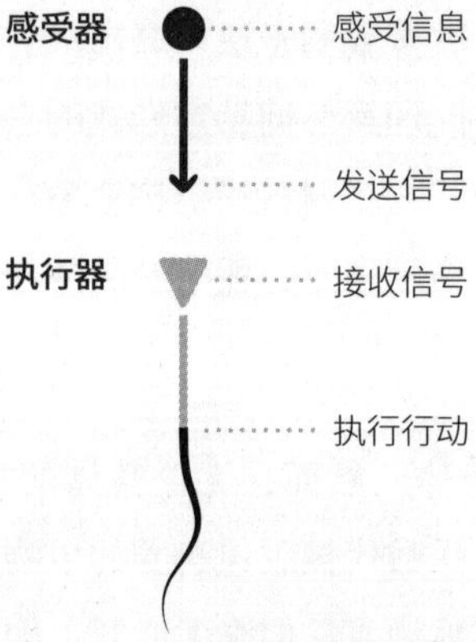

图 1-2　心智的两种思维要素

心智中有一些常见的感受器，包括视网膜中的视杆细胞和视锥细胞、耳朵中的耳毛细胞，以及舌头上感知各种味道的味蕾。感受器与执行任务的执行器相互作用。执行器通过行动影响外部世界，进而影响身体的健康与福祉。[3]常见的执行器包括手指上能快速抽动的肌细胞、汗腺中产生汗液的汗腺细胞，以及泪腺中分泌液体的浆液细胞。

因此，应该用“它做了什么”而非“它是什么”来对心智进行界定。就像“探戈”、“沟通”或“博弈”一样，**“心智”是一个动词——心智会做出反应、进行转化、付诸行动，也能适应混沌环境中那漫无目的、无止境的攻击。**

地球上最初的心智感受器和执行器的身份信息已经消失在漫长的时间洪流中，可能永远无法恢复。这些原始的思维要素可能很简单，是一旦接触光子就改变形状的单个分子。但更有可能的情况是，最初的感受器和执行器是由笨拙的自由浮动的分子链组成的简单装置，这些装置对外界刺激的反应并不总是准确，也难以始终如一地表现出所需的行为。

感受器、执行器和身体三位一体，共同解决它们遇到的第一个心智挑战——从无心智中创造出心智，从此开启了心智之旅。如果将感受器和执行器两者分开单论，它们都是无生命的物质，是飘忽不定的化学垃圾。但是，当你将感受器、执行器和身体组合在一起，使得它们以特定方式相互作用时，有趣的事情就发生了。为了更好地阐释这场物理革命，是时候让我们的故事主角登台亮相了。

我们假设一个最简单的心智，[4]它是一个由膜包裹着的、拥有单一感受器和单一执行器的心智。单一感受器和单一执行器是如何对生命体有所助益的呢？感受器在环境中探测到光源之类的资源时会激活执行器，如果执行器执行了比如向前推进的某种行为，那么这个超级简单的心智便可以径直奔向探测到的资源（见图 1-3）。关注到目标，这是宇宙中史无前例的发展！

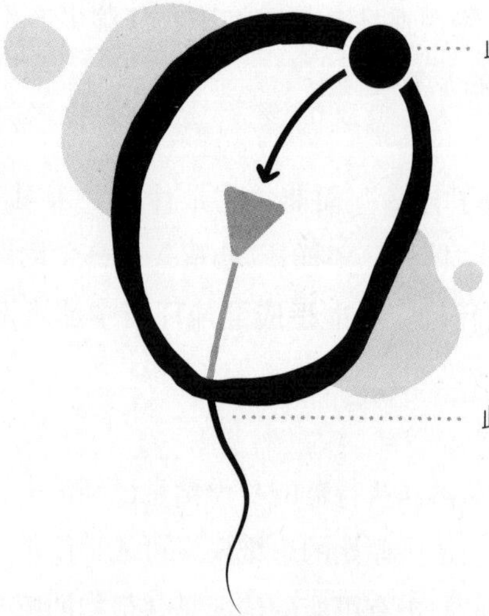

图 1-3　最简单的假想心智

目标是特殊机体活动产生的原因，使得这种特殊活动不同于第一代心智做出第一次思考之前就存在的所有其他机体活动。月亮围绕行星运行是受到了万有引力定律的支配，但一个有目标的月亮，极有可能会挣脱其行星之主的束缚，猛然飞向自由的宇宙空间。物理现象遵循无目标的刚性定律，而心智追求的是无须遵循刚性定律的目标。物理现象随环境而生，而心智则主动适应。

解释有目标的现象，需要使用不同于解释无目标现象的数学方法与模型。想象一下，你要预测一只蚂蚁穿过森林时的运动轨迹。它会巧妙地避开岩石，爬上细枝，沿着树桩爬行，所以它的路径是复杂且非线性的。如果物理学家试图运用描述小行星、龙卷风或者电子运动轨迹的相同数学工具来推导出一个解释蚂蚁运动轨迹[5]的方程，他们将徒劳无功。相反，他们如果意识到蚂蚁的行为是有目标的，即试图回到蚁丘，那么就可以假设，在任何特定时刻，蚂蚁都会选择最容易回家的路，以此来预测蚂蚁的运动轨迹。预测蚂蚁的运动轨迹需要一种异于解释物理现象的数学模型—— 一种描述蚂蚁做出决策的思维过程的模型。本书的目的之一就是引导你从直觉上理解各种各样与目标相关的原则，这样你才能更好地理解意识、语言和自我。

地球上出现的第一次思考，无论它是什么，必然服务于特定的目标。而不管这个目标是什么，在残酷无情的生存竞争中，这无疑是一种得天独厚的优势。即使第一代心智的感受器非常羸弱，执行器也很笨拙，但这一结构会使它以优于随机性的概率去接近食物或远离危险，从而启动自然选择的引擎。一种能够向光明前进或远离黑暗[6]以进行光合作用的生物，将远胜于另一种好似在池塘中漂浮的羽毛[7]般漫无目的的生物。

地球上出现的初代心智完全是推测出来的，而且是我们心智之旅中唯一无法直接考察的心智。可惜，没有只存在单一感受器和单一执行器的生命体在 21 世纪的地球微观旷野中漫游。所以，不妨去看看其他美好的事物。让我们一起去研究自然界中尚存的最简单的心智，看看它与最简单的假想心智的对比结果。

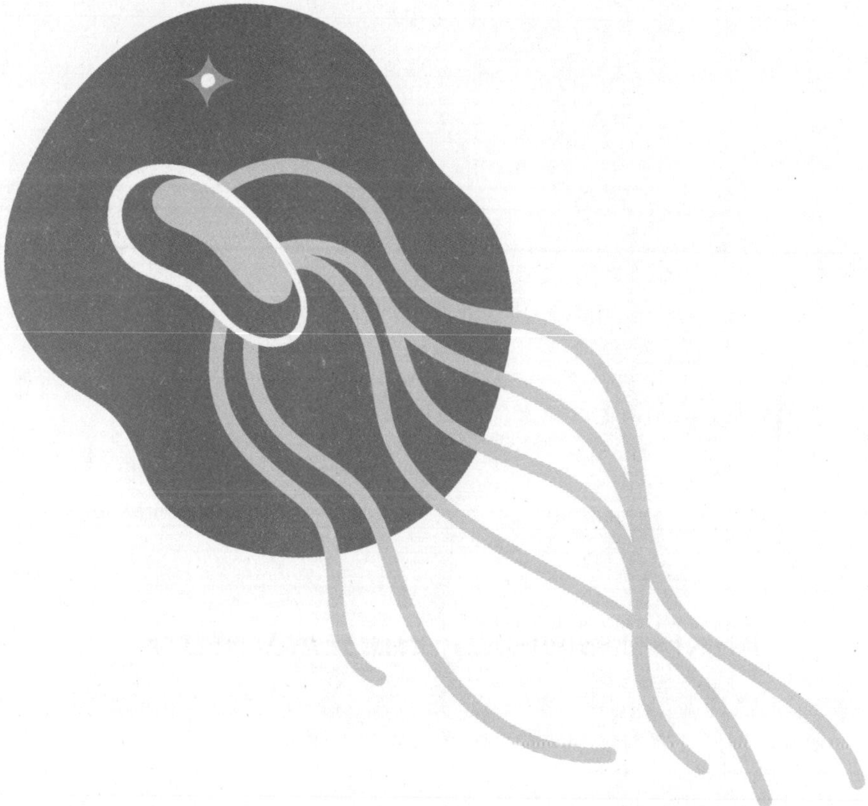

第 2 章 / JOURNEY OF THE MIND

古菌心智朝向目标，从无目标到有目标的转化

我的朋友，我们虽身在泥土，但渴望触及星辰。

——伊凡·屠格涅夫（Ivan Turgenev），

《父与子》（*Fathers and Sons*）

解决目标朝向问题，古菌完成复杂壮举

请花点时间，将身体朝向最亮的光源移动 1 厘米。

好了吗？

完成这项任务需要运用你的眼睛和肌肉，但更重要的是运用你的心智。

你需要去感知周遭的光线，确定哪里更亮，然后你的腿、胳膊或其他身体部位才能朝此运动，其中分别涉及感知行为、判断行为和意志行为。总之，你需要思考。

完成这项任务，就通过了每一个心智必须经受的第一项挑战。我们将这

一挑战称为目标朝向问题：如何定位你所处环境中一个期望的目标，并让身体朝它运动？乍一看，你刚进行的思维活动似乎需要相当多的心理回路。你可能会猜，需要某种视觉回路来理解光线，需要判断回路来评估何处光线最亮，需要运动控制回路来制订和执行将身体移向光源的计划。这听起来很复杂，然而朝向目标这一复杂的定位“壮举”，即使自然界中最基础的心智也可完成。

古菌是一种极小的生物，就像细菌一样，是一种只有细胞膜却没有细胞核的单细胞微生物。它们不仅没有神经元，而且有一些古菌还特别微小，以至于人类神经元的细胞核都能囊括其整个躯体。已知最小的细胞组织是一种被称为“纳米古菌”的古菌，它的长度只有大肠杆菌的 1/5。[1]

古菌是地球上三种早期生命中的一种。另外两种分别是细菌和真核生物，后者包括已知的各种动物、植物及真菌。然而，真核生物和细菌是早期生命家族中的年轻血液。生物学家相信，古菌可以追溯到生命最久远的时期。

古菌遍布地球上的每一个栖息地，然而在过去的一个世纪中，它们都在众目睽睽之下隐藏着。生物学家在显微镜下与古菌不期而遇时，却将其误认为细菌。一直到 1977 年，科学家才最终认识到，古菌正是我们失散已久的“家人”。一位名不见经传的生物学家[2]在研究产甲烷微生物的 RNA 时，发现其基因序列与已知生命分支的基因序列均不相同。这有点像你在钻研家谱，发现你的太祖母并不像大家想象的那样从德国移民而来，而是来自木星。

尽管古菌在外观和行为上看起来都与细菌别无二致，但它们具有独特的生理过程，这使得它们能够将砷、氨、石膏、石油和铀等作为营养来源，而这些物质对于其他生物而言是无法消化甚至是致命的。这使得它们在如火山口、极地冰盖、沸泉、毒物废弃场和海底地壳下约 1.5 千米深的岩石等各种不适宜栖息的恶劣生活环境中仍能茁壮生长。

例如，嗜盐古菌就生活在盐分浓度极高的水中，这种环境对于几乎所有生物来说都是有毒的。嗜盐古菌从太阳处获取能量，但并非像植物那样利用叶绿素进行光合作用，而是使用一种被称为“细菌视紫红质”的紫色分子进行自己独特的光合作用。美国犹他州的大盐湖边缘就常因嗜盐古菌的繁殖而染上粉紫色。既然太阳是它的“食物”之源，嗜盐古菌就必须确保能够获得稳定的阳光，这样便产生了世界上最简单的活体心智。

现在我们介绍一下阿奇，[3] 它是一个嗜盐古菌的模型（见图 2-1）。

图 2-1　嗜盐古菌模型阿奇

模型是对复杂现象的简单表征。一个有用的模型能够让你聚焦事情的关键之处，而忽视不重要之处。例如，一张波士顿地铁站的地图就是一个有用的模型。它能够让你快速地制定从科普利站到波士顿南站的行程，因为它省略了一些让人分心的现实生活中的细节，如熙熙攘攘的通勤人群、博伊尔斯顿街附近的羊肠小道，以及火车上出了故障的空调等。

本书中所有的模型都是为了帮助你关注最重要的内容，也就是最有利于理解三大要素的观点。关于模型阿奇，最重要的观点是，无论你把它置于何处，它总会朝向最亮的光源移动（见图 2-2）。

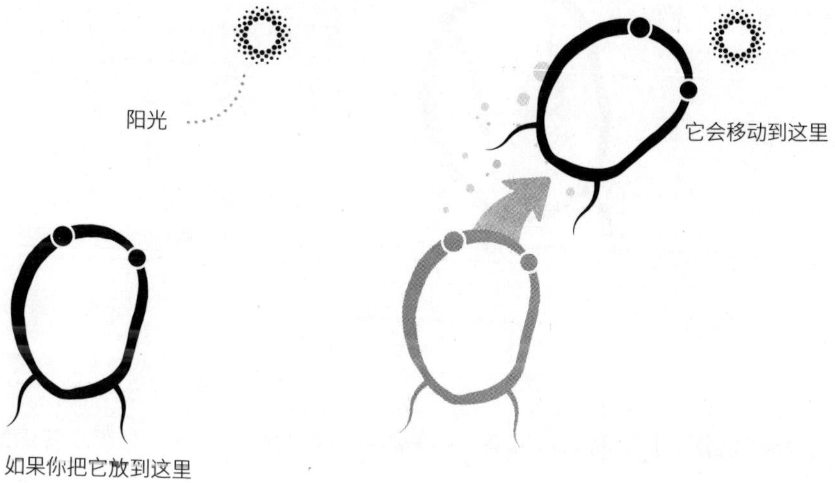

图 2-2　阿奇的运动路径

一种晒太阳的微生物似乎不需要具备思考能力就能生存，但就像你刚演示过的让身体朝向最亮的光源移动那样，要完成类似嗜盐古菌的动作，人确实需要思考。嗜盐古菌这种单细胞生物没有视皮质和运动皮质，更不用说有大脑了，但它们确实需要某种心智结构来审视周遭环境、判断最亮的光源方向，以及命令身体朝此移动。

如此微小的生物，竟然能在 300 多年来成功躲开挥舞着显微镜的科学家，它“所谓的思考”究竟是什么？

平行回路，阿奇如何寻找阳光

阿奇的心智包括 4 个思维要素：两个感受器和两个执行器。每个感受器都与一个执行器相连接，形成两个平行的感受器 - 执行器对（见图 2-3）。

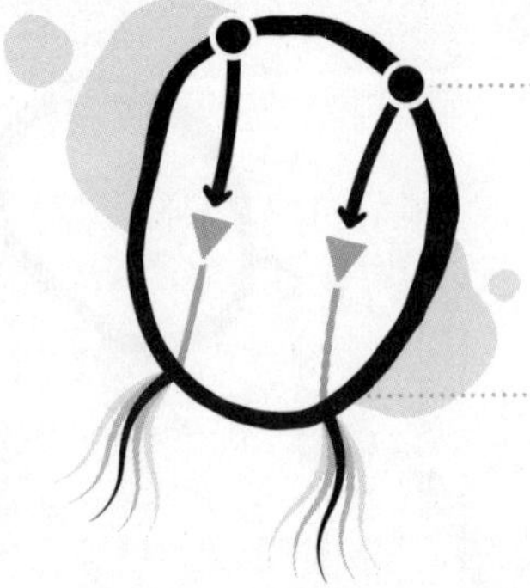

图 2-3　阿奇的心智

阿奇是分子心智的一种模型，属于心智之旅的第一部分。分子心智中的所有思维要素都是由单个可识别的分子构成的。真正的嗜盐古菌的细胞膜被一种称为感觉视紫红质的可形变分子贯穿，这种分子充当着嗜盐古菌的视觉感受器，也就是它的“眼睛”。感觉视紫红质通过改变形状来对光线或黑暗做出反应，从而诱发一连串的分子活动，进而激活嗜盐古菌的执行器。执行器是从嗜盐古菌身体中延伸出来的鞭毛，类似于长鞭子。

地球上几乎所有最简单的心智都使用鞭毛。这表明鞭毛是地球上早期智慧的主要工具，其他如爪子、牙齿或翅膀等解剖学上的执行器都由这种心智工具进化而来。一小撮鞭毛从嗜盐古菌的后部伸出，像螺旋桨一样快速转动，推动它前进。这些鞭毛严格意义上应该被称为古菌鞭毛[4]，因为与细菌鞭毛相比，它们具有不同的分子构成和遗传历史，由数千个分子细丝构成。

这么多条路都可以通向目标，我该选哪一条？

沙门菌升级出情景决策的天分，通过能转动和颤动的增强版感受器，选择最合适路径抵达目标。

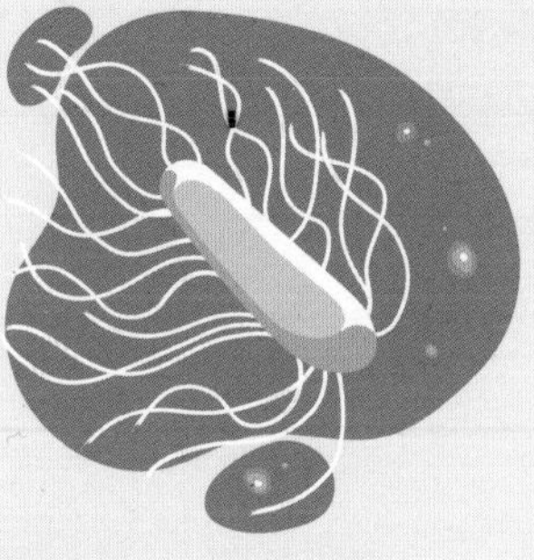

如何解决朝向目标带来的“要么留，要么走”的探索困境？

大肠杆菌善于记忆，发展出适应模式，破解食物梯度问题，总能留在食物浓度最高的地方。

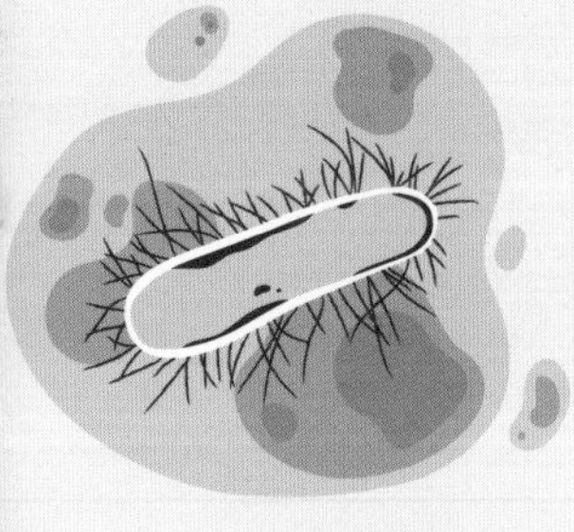

独立的心智如何团结大家为了一个共同的目标合作？

变形虫创新交流能力，通过显著增强的运动控制系统，解决分子心智的协调问题，地球上首次出现社会行为。

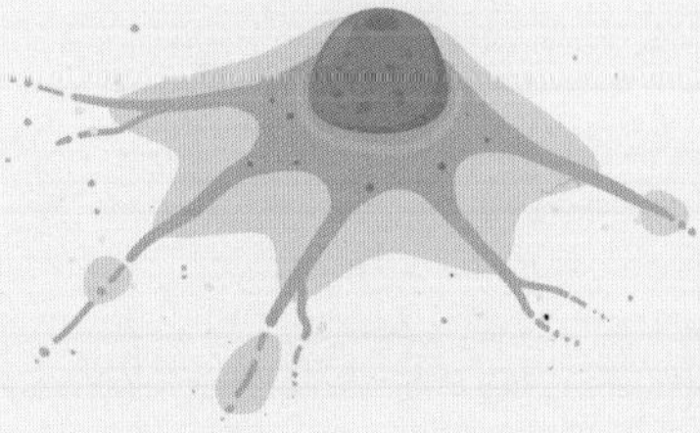

心智第一次意识到自己的存在，思维就此产生

智人形成自我，
个体选择即超级心智的选择。

智人共创文明，
实现跨越时空的交流。

人类创造语言，建立集体大脑。

超级心智：
脱离血肉之躯的智能之旅

心智第一次脱离身体存在，
不再受制于生物学局限

自我是第一个基于大脑而非基因遗传的心智创新，是现代人类心智的终极标志

30亿年的漫长演化，
我们已共存于超级心智之下，
当下你的每一个行为和决策
都将影响终极心智的塑造……

湛庐CHEERS 特别制作

共赴一场心智之旅

JOURNEY OF THE MIND

分子心智:
“无”中生“有”的智慧之旅

混沌之中，心智从哪里诞生?

初代心智关注目标，通过感受器和执行器的特定组合，完成地球上第一次有目标的思考，心智第一次意识到自己的存在。

如何移动到我想去的地方?

古菌朝向目标，产生了解决朝向问题的整体性心智动态，完成从有目标到朝向目标的物质转换。

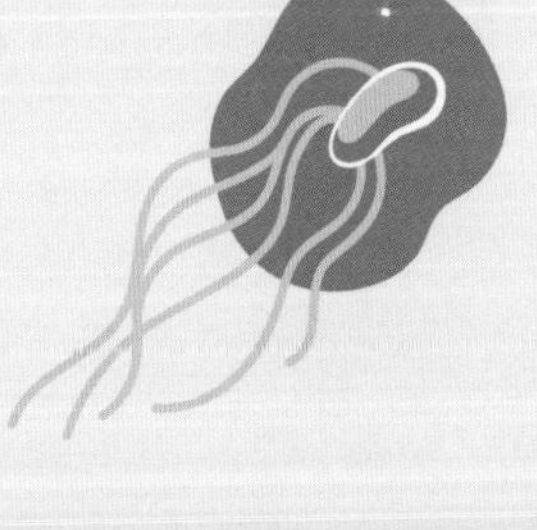

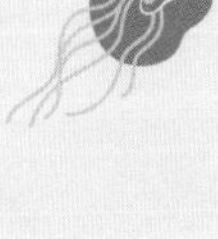

神经元心智：
思维趋向复杂的进化之旅

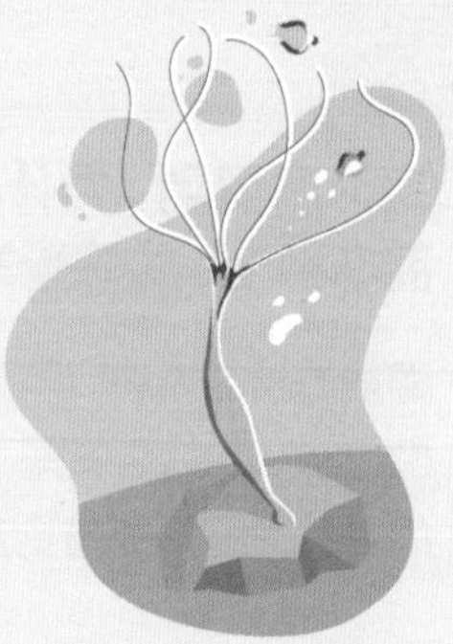

多细胞生物如何同时追求多个目标？

水螅开启多任务处理新阶段，发展出神经系统，嘴巴吞食食物和身体移动互不干扰。

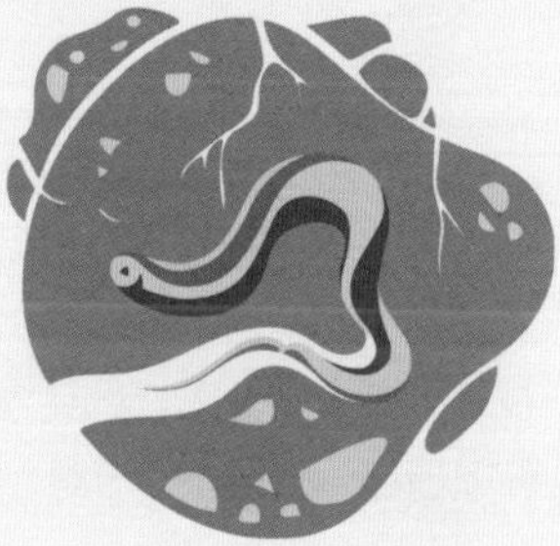

多目标下如何权衡现有证据，做出一个决策？

线虫首次实现思维的集中控制，产生解决证据权衡问题的决策回路，做出当下最合适的决定。

如何区分不同的感觉模式？

三角涡虫形成知觉，重构身体
价实的大脑，闻到气味和听到
冲突。

如何在复杂多变的世界中评价事物价值?

苍蝇发明表征能力，革命性创新解决大规模协调问题，闻到毒药和看到毒药都能触发回避反应。

成货真
音并不

**心智第一次
孕育出货真价实的大脑，
催生主观体验**

每一根鞭毛都由数百个蛋白质分子构成的化学链激活，而这些化学链又由感觉视紫红质触发。这意味着，在一个嗜盐古菌中，整个感受器 - 执行器通路由不到一万个分子组成。[5] 相比之下，科学家估计人类的单个神经元囊括大约 500 亿个蛋白质分子。

当阿奇的一只“眼睛”像路灯上的夜间传感器一样探测到黑暗时，它就会向连接着的执行器，也就是一小撮鞭毛发出信号，推动自己前进——灯光越暗，信号越强；信号越强，推动力越足。这意味着在漆黑一片中，阿奇的鞭毛会以最快的速度疯狂转动（见图 2-4）。

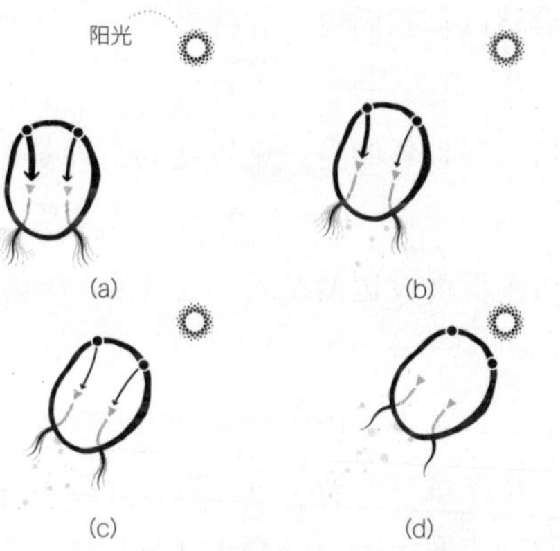

图 2-4　阿奇的运动路径

注：图（a）中，起初，位于左边的感受器因为远离光源而先探测到黑暗，因此发出比右边感受器更强的信号，这使得左边的执行器加速旋转，从而推动阿奇向右前方阳光的方向前进。

图（b）中，随着阿奇接近光源，左边的感受器感受到光线强度增加，信号强度变弱，执行器的旋转速度相当，阿奇移动速度减慢，不再激烈转向。

图（c）中，当光源最终位于两个感受器的中间时，它们发出的信号强度相等，两边鞭毛转动的速度也相当，这使得阿奇直线向前。由于感受器的信号持续变弱，阿奇就会在靠近光源的过程中逐渐慢下来。

图（d）中，最终，当光源足够近或光线足够强时，两个感受器会停止发送信号，鞭毛也将停止旋转时，阿奇就会停止移动了。

阿奇并不比有可能存在的最简单的心智更高级。尽管朴实无华，但它仍有足够的智慧在一个被旋涡和阴影冲击的变幻莫测的混沌世界中获得阳光，茁壮成长。它心智中的 4 个思维要素都只为一个目标服务：**寻找阳光。**

篮球比赛原则，心智由思维要素的活动构成

想象一下，你去了一个带篮球场的公园，并随机选择了 10 名陌生人，邀请他们到篮球场，并扔给他们一个球。他们围成一圈朝你眨巴眼睛。这是一场篮球比赛吗？并不是。即使在不可思议的巧合下，这 10 人都是波士顿凯尔特人队的职业运动员，我们也不能称之为一场篮球比赛。

一场比赛并不是由参与者的身份来界定的，而是由参与者之间的互动来界定的。如果你随机挑选的这 10 名陌生人组成两队，每队 5 人，当他们开始运球、传球，并试图将球投进篮筐时，这才是一场篮球比赛。

心智也是如此。心智并不是由生物体内的物质来界定的。心智不由神经元界定，或者就拿阿奇来说，心智不由它的分子组成来界定。**心智是由它的思维要素之间如何互动来界定的。**一个人在死后 1 小时内，大脑中的物质与他死之前是一样的，但他已经没有思维了，因为他的神经元之间不再互动了。就像 10 人在篮球场上站成一圈而没有形成比赛一样，一具尸体也没有心智。

比赛和心智都是数学家所称的“动态系统”的例子。动态系统是通过变化来界定的，一个动态系统的活动随着时间的改变而改变。一旦你看到“动态”这个词，你应该想到“变化”“活动”“行动”。“心智”是一个动作名词，因为心智是一个动态系统。理解心智的动态性是理解它如何思考的关键，这

也是动态系统理论是研究心智最有用的数学分支的原因。

虽然根据具身思维原则，心智的感受器和执行器的大小、在身体中的位置以及它们的化学成分无疑会影响心智的动态，但这些特征本身并不构成心智，就像球员的身高、他们在球场中的位置、他们球衣的颜色不能构成篮球比赛一样。一场篮球比赛由跳投、盖帽、罚球和犯规等活动组成。同样，心智由思维要素的活动，如来回运动、改变形状、发送信号、对其他思维要素做出反应等构成。我们将这种由活动决定的心智概念称为篮球比赛原则[6]，这是我们心智之旅的第二个关键原则。

心智进化精要
JOURNEY OF THE MIND

心智是一个动态系统，像了解篮球比赛一样思考心智

篮球比赛不由运动员身份界定，而由参与者之间的互动界定。同样地，心智不由构成心智的物质界定，而由思维要素之间的互动界定。心智是一个动态系统，了解心智和了解一场篮球比赛一样，需要进行整体性思考。

篮球比赛原则对于我们如何思考心智具有非常重要的意义。如果你在观看一场真实的篮球比赛，你可能会将关注点放在篮球上。毕竟，篮球驱动着所有球员的行为，且得分是根据进球的次数来计算的。这似乎意味着，在整场比赛中，只要你简单地追踪篮球的运动轨迹，你就能完美地理解这场比赛。然而，事实并非如此。一场篮球比赛由所有 10 名球员的活动构成，即使是那些未能触球的球员也被包括在内。

> 每一名教练都深知，如果你想了解某个球员的表现，那么你就需要知晓所有其他球员的表现。在一场特定的比赛中，球员可能会快速切入，挡住对手，为队友挡拆，或做出一些其他动作来中断对方传球。所有这些个体的活动在现实生活中是同时发生的，而且每一名球员的活动都会影响其他球员。如果一名球员跳起来盖帽，他的对手可能会将球传给其他人，或者在真正投篮前做出假动作，又或者故意倚靠在盖帽者身上制造犯规。与此同时，盖帽者的一名队友可能朝相反方向疾跑，想打快攻。篮球场上每一个角落的每一件事情都是同时发生的。那么，根据篮球比赛原则，如果我们想了解一场球赛的动态，我们需要进行整体性思考，了解心智也是这样。

在阿奇的心智中，没有孤立或割裂的思维活动，思维在所有地方同时发生。阿奇的心智完全不同于电脑程序，电脑程序是动态系统的反面。阿奇的心智也并非遵循特定的功能顺序：先感知，然后判断，再行动。事实上，阿奇没有明显的对光线进行表征的感知回路，也不存在导航回路来判断朝哪个方向前进。它甚至没有运动-控制回路来执行它的导航计划。我们不可能这样说——“就在此时此地，阿奇的心智形成了一个光线图像”或“就在此时此地，阿奇的心智做出了往前移动的决定”。事实上，阿奇的“眼睛”和“推进器”之间进行着实时同步的持续互动，从而通过一个模糊的因果关系形成的连续环路，推动它朝向目标运动。

你可能会想象，即使古菌的思考是简单且具有整体性的，心智之旅最终必须跨越一座从原始的思维方式到魔法般的思维方式的桥梁，比如从阿奇寻找阳光跨越到由意识、语言和自我组成的核心思维方式。但事实并非如此。篮球比赛原则指出：从最开始，魔法就已经存在了。

完成从无目标到有目标的物质转换，发挥了神奇作用的并非思维要素，而是它们的组合形式。解决古菌朝向问题的整体性心智动态由普通分子的特定组合产生。同样是这些普通分子，它们特定的复杂组合产生的整体心智动态最终形成了三大要素。如果我们对阿奇的连接线路进行微调，我们就能将其从趋光生物变成背光生物，那么思维要素排列组合的重要性就显而易见了。

交叉回路，阿奇如何逃避阳光

图 2-5 所示的是具有交叉回路的阿奇。

图 2-5　具有交叉回路的阿奇

具有交叉回路的阿奇与前面的阿奇具有同样的思维要素，这些思维要素也处于完全相同的位置，唯一改变的是，感受器 - 执行器之间的连线交叉于身体内部，而非彼此平行。从物质组成上看，阿奇的心智似乎完全没有改变。没有新的思维要素，现有思维要素没有重新布局，也没有新的回路。我们所做的唯一改变是对连线的末端进行了调转。

让我们将交叉回路的阿奇置于同图 2-4 中的位置，现在的它会如何行动呢（见图 2-6）？

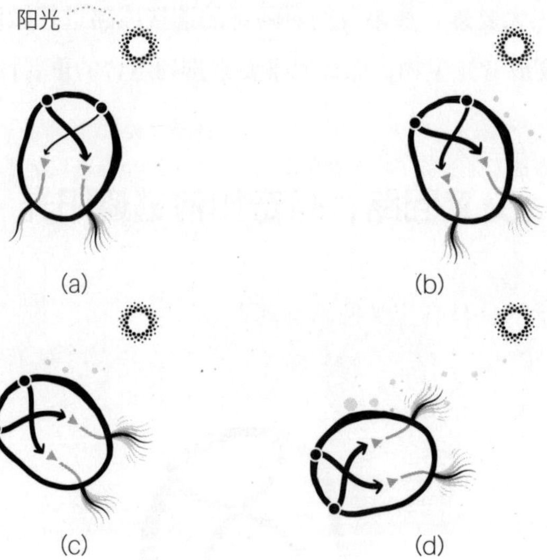

图 2-6　具有交叉回路的阿奇的运动路径

注：图（a）中，起初，位于左边的感受器因为远离光源而先探测到黑暗，所以发出比右边的感受器更强的信号，这使得右边的执行器加速旋转，从而推动阿奇朝左前方运动。

图（b）中，随着阿奇的转向，两个感受器都远离光源，都会发送更强烈的信号，进而使得两个鞭毛更快地转动。左边感受器更远离阳光，因而发送的信号更强，这样阿奇游动得更快，并且持续向左偏移。

图（c）中，随着阿奇继续远离光源，两个感受器最终发送了同等强度的信号，这使得阿奇停止转向，以更快的速度直线游动。

图（d）中，最终，由于不断远离光源，阿奇将会以最快的速度游入深深的黑暗中。

如果你改变了一个心智的动态，你就改变了它的目标。具有交叉回路的阿奇的行为与具有平行回路的阿奇的行为恰恰相反，它变成了逃避阳光，寻找黑暗。具有平行回路的阿奇是阳光寻求者，而具有交叉回路的阿奇则成了阳光逃避者。**两者的不同行为揭示了最古老的心智是如何进化的——单个分子思维要素的位置及活动上的细微改变会导致行为上的巨大改变。**类似地，用高个子球员替换矮个子球员，或用优秀防守球员替换优秀进攻球员都会导致篮球比赛的巨大变化。在心智之旅的分子心智阶段，分子思维要素的微调会产生有利于分子心智更好适应环境的巨大革新。[7]

微积分、喜剧、风筝、冲浪与微小的古菌之间似乎遥不可及，但心智之旅的千里之行始于有目标迈出的第一步——颤动鞭毛。

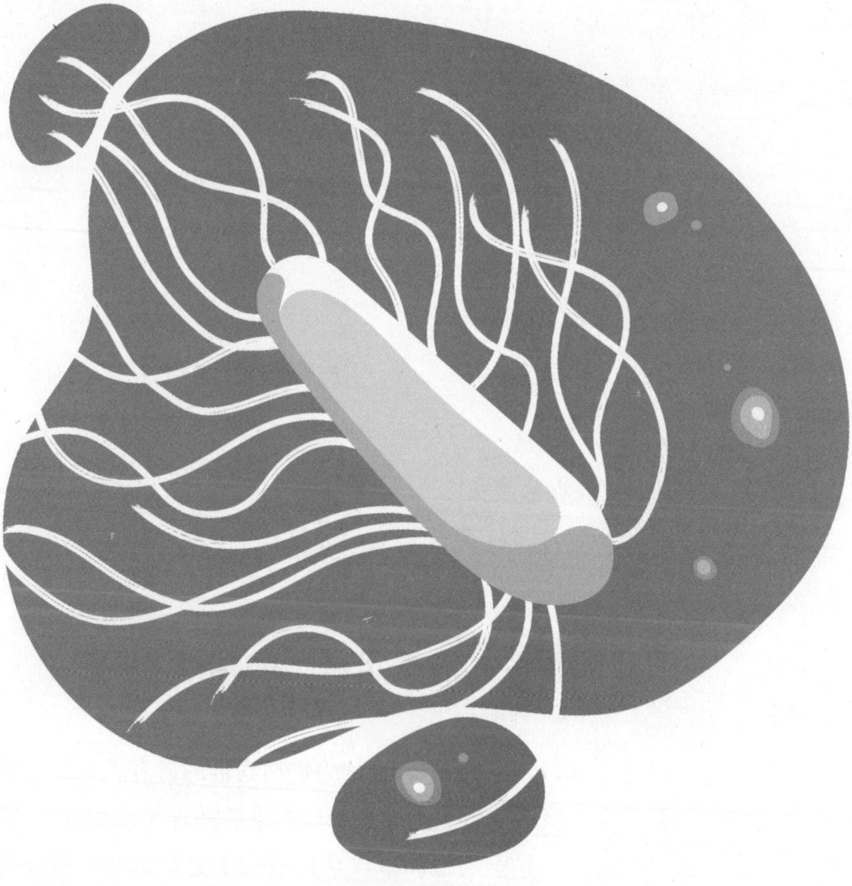

第 3 章 / JOURNEY OF THE MIND

细菌的心智 I，发明情景决策的能力

探索是我们的天性，

我们从流浪开始，现在依然在流浪。

——卡尔·萨根（Carl Sagan），《宇宙》（*Cosmos*）

细菌掌握了“情景足球”的精髓

比尔·贝利奇克（Bill Belichick）被公认为仍然在世的最有天赋的橄榄球教练，因为他赢得了这项运动历史上最多场次的季后赛。他参加过 12 次超级碗比赛，有 8 次获得冠军。为他铺平成功道路的主要策略之一就是贝利奇克所称的“情景足球”（situational football），即无论何时，你需要选择适合当前情景的打法。在一些情景中需要传球，这时四分卫要将球抛向接球手；在另一些情景中需要持球奔跑，这时四分卫要将球传给一名正在跑位并试图强行突破对方防线的跑卫。当然，挑战在于如何根据当前情景的需要选择正确的行为。贝利奇克对于这种挑战得心应手，所以他被称为天才。

没人会将“天才”的称号授予细菌这种低等生物。尽管我们对其不屑一顾，但细菌还是掌握了我们所谓的“情景食球”（situational food-ball）。

1972 年，生物学家发现细菌有两种截然不同的运动类型（见图 3-1）。第一种是快速前冲，这种类型的运动被称为奔跑；第二种是无计划的随机冲撞，这种类型的运动被称为翻滚。

图 3-1 奔跑 vs 翻滚

进一步的研究表明，细菌是先奔向食物，在到达食物周围后围着食物翻滚。它们似乎是根据面临的情景做出由奔跑转向翻滚，或由翻滚转向奔跑的决定。那么，一个微观的分子心智是如何依据情景来做决策的呢？

事实证明，在不增加任何新的思维要素或改变连线的条件下，将交叉回路的阿奇转变成情景决策者是有可能的。为了说明这一点，让我们先认识一下沙门菌萨莉（见图 3-2）。

沙门菌是一种细菌，它是导致人类食物中毒的常见原因，也是导致伤寒的病原体。每年大约有 15.5 万人死于沙门菌病。像古菌一样，沙门菌的细胞膜上拥有感知分子，能够探测环境中包括食物颗粒在内的各种刺激。它的食物感受器向鞭毛传递信号，后者推动细菌前进。当沙门菌发现食物时，它就会奔向食物，直到靠近。然后一边吸食食物，一边围着食物不规律地翻滚。

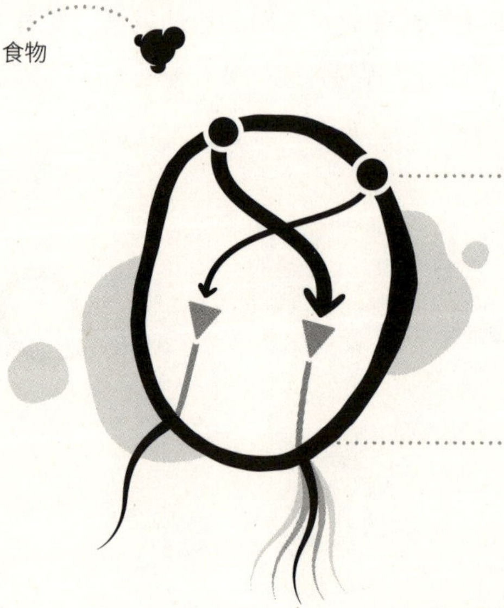

图 3-2 萨莉的心智

与交叉回路的阿奇朝向黑暗一样，萨莉通过相同的路径向食物颗粒前进。如果食物在左边，萨莉的右侧鞭毛会更快速地转动，推动它向左转向；如果食物在右边，左侧鞭毛会更快速地转动，推动它向右转向；如果食物在正前方，两边的鞭毛都快速转动，推动它向前奔跑。

萨莉并没有增加新的思维要素。它的感受器和执行器的配置与交叉回路的阿奇一模一样，不需要决定是奔跑还是翻滚。那么，萨莉如何能够判断它所处的环境什么时候需要奔跑，什么时候需要翻滚呢？它在这两者之间又是如何转换的呢？

答案就在于它对阿奇的执行器进行了升级。

微调感受器后，细菌获得情景决策的天分

萨莉和阿奇的鞭毛转动方式存在微小差异。回忆一下，阿奇鞭毛的转动强度取决于它的感受器发送的信号强度：更强的感觉信号等于更高强度的转动，没有感觉信号等于没有转动。但是萨莉的增强版鞭毛可以做出两种不同的行为：转动和颤动。

当萨莉的鞭毛接收到感受器的信号，它会做出与阿奇的鞭毛一样的行为，即根据信号强弱来转动鞭毛。但让我们来看看没有信号时会怎样。没有任何信号输入时，萨莉的鞭毛会不规则地间歇性颤动[1]，就好像有一个低速且随机的怠速率（见图 3-3）。

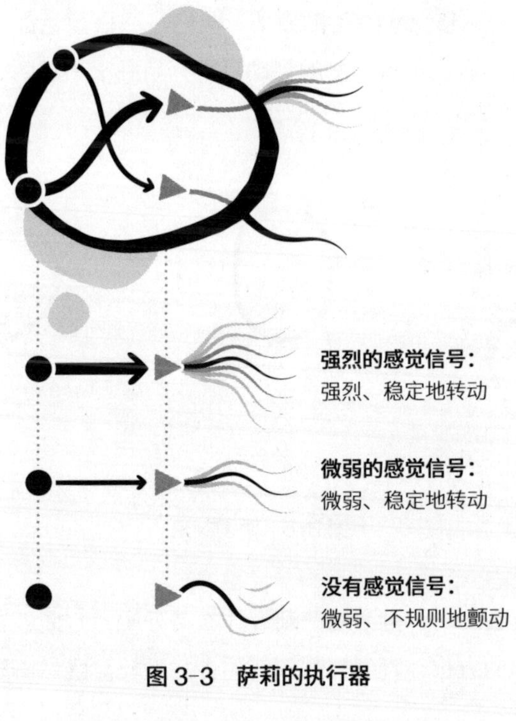

图 3-3　萨莉的执行器

那颤动的鞭毛如何让萨莉的心智具备了“情景食球”的能力呢？一旦萨莉探测到一个远距离食物颗粒，它的行动方式就会与阿奇一样，它的“眼睛”会激活“推进器”，从而推动萨莉跑向食物（见图 3-4）。

图 3-4 萨莉奔跑

然而，当附近没有食物时，就会发生一些不常见的事情。萨莉的鞭毛会进入“怠速模式”，它们开始随机颤动。既然每一根鞭毛都在独立且不规则地颤动，萨莉就会做出不可预测的晃动。它开始翻滚（见图 3-5）。

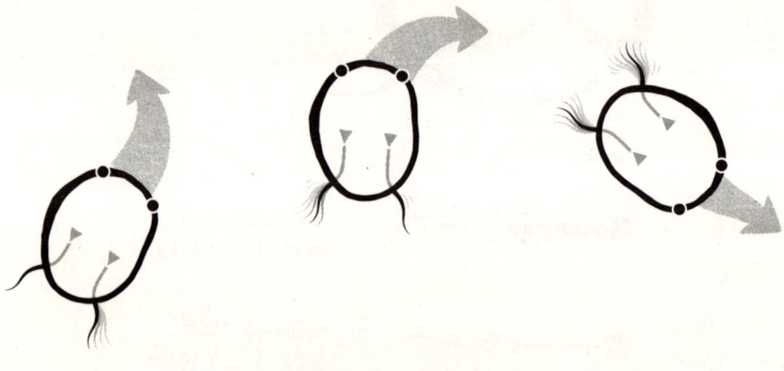

图 3-5 萨莉翻滚

当周围没有食物时，翻滚对萨莉有什么益处呢？它能够帮助萨莉将食物感受器朝向不同的方位，直到探测到新的食物颗粒。既然不知道朝向哪个方向更有效，随机搜索就是一个不错的策略。只要发现远方的营养物质，它的感受器就会兴奋起来，鞭毛会随之转动，它就能快速奔向自己的晚餐。[2]

对阿奇的感受器进行微调，其他保持不变，萨莉就获得了一种强大的新技能：情景决策能力。这是一种天分，这种天分使沙门菌能够追踪我们的肠道细胞并侵入其中，从而引发一场严重的胃肠炎。

是探索更好的机会，还是开发利用现有的资源

每一种生物都需要解决的一个首要问题是：如何获得赖以生存的资源？每一种生物，不管巨大还是渺小，都需要寻找食物。在初代心智出现之前，最古老的微生物可能生活在一个富有营养的“伊甸园”，那里食物充足且唾手可得。这些生物要么从所依附的岩石中获取矿物质或电子，要么浮游在水池或海洋中吸取溶于水中的化合物，要么徜徉在阳光下将太阳能转换成代谢能。在很长一段时间里，生命可能是被动和与世无争的。

随着一代代的消耗或竞争者的不断增加，食物开始出现短缺，第一代感受器和执行器也随之出现，这使得搜索食物成为可能。心智之旅中的第一次心智革命，可能就发生于从微小无心智生物的静态生活方式向微小有思维生物的狩猎－采集生活方式的转化。

一旦第一个心智能够区分阳光与黑暗，或区分食物与有毒物质，“伊甸园”中的懒散生活就结束了。狩猎－采集的生活方式为这些脆弱而年轻的心智提出了新的挑战，其中最大的挑战莫过于选择问题。朝向目标运动的能力引入了一个所有心智都必须不断应对的两难困境：我应该继续探索更好的机会，还是开发利用现有的资源？这就是探索困境。[3]

心智进化精要

JOURNEY OF THE MIND

“二鸟在林，不如一鸟在手”

所谓困境，是指当不可避免地要做出取舍、没有完美解决方案时的心智挑战。面临探索困境的生物需要做出决定：是享用以前获取的资源，还是花费资源去寻找新的资源？后者可能意味着一无所获。

人类的各种格言警句很好地说明了探索困境所固有的不确定性。“钓鱼或切饵”（fish or cut bait）是商业中常见的告诫，它提出了这样一个问题：你应该继续钓鱼，将金钱和时间投入一个尚无回报，也可能永无回报的机会中，还是切掉钓线上的鱼饵，减少损失，这样你就可以收拾好鱼竿继续前行，去别的地方钓鱼了？“二鸟在林，不如一鸟在手”为解决探索困境提出了具体的建议：你应该享用一份已有的食物，而不是去寻找两份有可能无法获得的食物。“要么买，要么走”（take it or leave it）的最后通牒则是对探索困境最赤裸裸的表述。

阿奇对于探索困境的解决方案是向着最亮的光源方向转动鞭毛，即探索。一旦离光源足够近，足以吸收光线中的能量，它就停止转动鞭毛，转向开发。相反，萨莉通过两种行为模式的转换应对探索困境：奔跑着探索和翻滚着开发，即向着可能有食物的地方移动，接触到食物之后就保持不动，这样就可以享用了。

心智对于探索困境的解决方案包含了一种有别于其他物质系统的动态，即决策。心智有做出决策的能力，选择一种行为而非另一种行为的决策能力是宇宙中能动性的终极根源。与质子、河流或黑洞不同，心智可以自行决定探索而非开发，或开发而非探索。

萨莉阐明了最简单的情景决策的生物动态，这有点违背直觉。萨莉没有一个类似“贝利奇克教练分子”的存在来下达奔跑或翻滚的命令，它的心智中也没有明确的部分帮助它“识别”附近有没有食物。我们无法在它的心智中标识出一个做出由奔跑转向翻滚的“决策”区域，也无法判断这个决策是何时发生的。但我们缺少关于萨莉心智的完整信息并不重要。我们可以理解发生在萨莉身上的所有事情，只是无法回答“萨莉心智的哪一部分负责情景决策”，因为它的决策过程是整体性的，是它的所有思维要素携手合作的结果。

随着我们继续前行，更高级生物所处的环境在范围和复杂程度上会逐渐增大，促使它们的心智发展出越来越复杂的策略以应对探索困境。这不仅包括寻找食物，而且包括寻找伴侣、筑巢地点和娱乐场所，逃避有毒物质、捕食者和压力。探索困境在本质上代表一种深刻的哲学困境，不仅反映了人类所处情景的本质，也反映了所有思维生物所处情景的本质。

我们该满足于此吗？还是冒险一搏，寻找更好的？

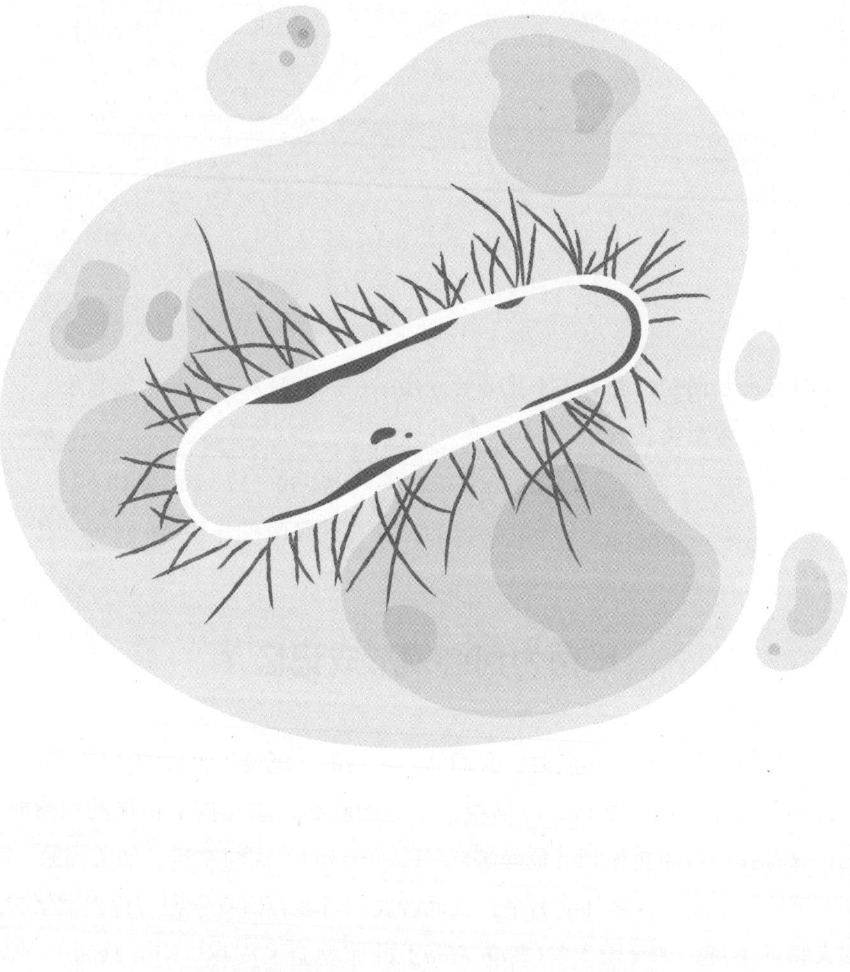

第 4 章 / JOURNEY OF THE MIND

细菌的心智 II，记忆因挑战而涌现

对付失忆问题，我有一个更好的方法……我会利用习惯和固定程序来过日常生活。

——莱昂纳多·谢尔比（Leonard Shelby），
《记忆碎片》（*Memento*）

细菌为何必须形成记忆

当我们思考记忆的本质时，我们的心智可能会沉浸于美妙的回忆，如一场与热恋伴侣的浪漫旅行、一场艰苦卓绝的胜利，或与孩子相伴的甜蜜时刻；或者我们可能会想到《危险游戏》（*Jeopardy!*）式的事实，如美国第 16 任总统的名字或巴林首都的名字；又或者我们可能会惊叹于拥有惊人记忆力的人物的事迹，如《雨人》（*Rain Man*）的原型金·皮克（Kim Peek），他能回忆出 1.2 万本书的确切内容和美国每个邮政编码所对应的地理位置。

这些例子让我们本能地把记忆想象成一种硬盘，里面装满了可以检索和存储的文件，这有点像动画电影《头脑特工队》（*Inside Out*）中的情景。影片中女孩的记忆被具象化为发光的球体，被整齐地摆放在巨大的架子上。蓝色球体是悲伤的记忆，黄色球体是快乐的记忆，绿色球体是令人厌恶的记忆。一种非常普遍的做法是将人类记忆视为一种云存储，我们从中上传和下载事实和经验，这一看法无疑受到了我们身处的互联网时代的影响。然而，任何生物的记忆都不是这样运行的。

正如心智之旅中所有的心智创新一样，记忆的出现首先是为了解决一项特定的挑战，我们将这一挑战称为梯度问题。从表面上看，梯度问题似乎与记忆没有任何关系，但它本质上是一个导航问题。

当研究萨莉和它对食物的反应时，我们假定它的感受器探测到的刺激是单一且非连续的。换言之，我们假定萨莉的心智将环境看成在某一时刻只有一个食物颗粒。然而事实上，细菌通常浸泡在浓度不断变化的食物颗粒迷雾中（见图 4-1）。

图 4-1　身处不同浓度的食物中的萨莉

在朦胧的环境中航行出现了一个新的阻碍。如果萨莉试图在食物颗粒的迷雾中航行，它最终会以一种低效的方式扭动和倾斜身体。因为它身体的每一次新运动都会使一个不同的食物颗粒靠近它的感受器，它需要重新调整方向，因而它将花费更多时间在转动和颤动身体，而非享用佳肴上。

应对这一导航挑战的其中一种策略是忽略单个食物颗粒，转而识别出食物颗粒浓度最高的区域。这需要一个重大的思维转变，即从考虑离散的点转变为考虑连续的梯度。换言之，与其寻找最近的食物颗粒，不如寻找最近的高浓度食物颗粒区域。大肠杆菌就是这么做的。

像沙门菌一样，大肠杆菌是一种对科学家和我们的肠道都很重要的杆状细菌。多种大肠杆菌在我们的肠道内共生，帮助食物消化并保护我们的消化道免于有害细菌的侵害。遗憾的是，有几种大肠杆菌就是病原菌，这就是它偶尔会成为全国性食品召回事件的罪魁祸首的原因。

长期以来，大肠杆菌一直是微生物学家的实验对象。这种细菌易于在实验室条件下以低成本培养，因此成为科学研究中被深入研究的生物体之一。奔跑和翻滚的行为就是在大肠杆菌中首次发现的，科学家对此进行了详尽的描述。

像沙门菌一样，大肠杆菌也有感受器分子，它用来探测包括糖分、盐度、酸度、温度、氨基酸和毒素等各种刺激。大肠杆菌向高浓度的食物区域跑去，当它到达时就会翻滚。

图 4-2 展示的是大肠杆菌在培养皿中的实际路径，食物的浓度从左到右逐步增加。它如此渺小，以至于它的身体不断被分子推搡，就好似在暴风雪中骑自行车，尽管大肠杆菌的古怪路径绝非最优路径，但它还是可靠地将自己移动到了食物浓度最高的区域。

那么，大肠杆菌是如何在浓度不断变化的食物颗粒迷雾中把控方向的呢？一种可能的方法是比较大肠杆菌身体上两个不同位置的食物浓度。像变形虫之类较大的单细胞生物就是这么做的。它们将感受器探测到的身体一端的食物浓度与另一端的食物浓度进行比较，并计算哪一端的浓度更高。

然而，大肠杆菌的体积太小了，无法采用这种方法。变形虫比大肠杆菌大 1 000 倍[1]，也就是说，大肠杆菌的前端和后端之间根本没有足够的距离来有效地评估食物的相对浓度。幸运的是，大肠杆菌可以采用运用间接信息的方法，即运用时间来评估。

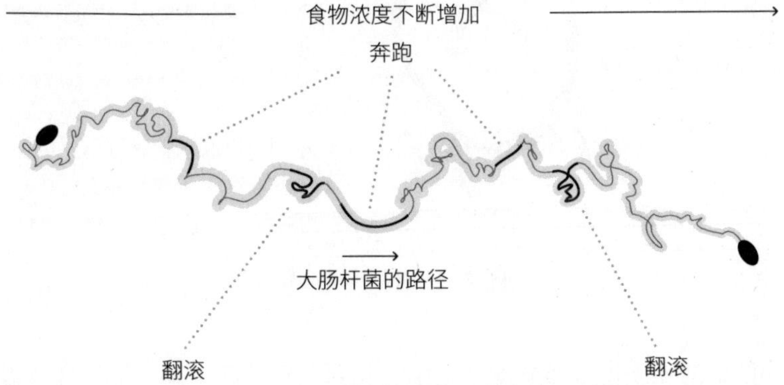

图 4-2　大肠杆菌在食物梯度中的运动路径

大肠杆菌并非在同一时刻比较身体不同位置的食物浓度，而是在两个不同时刻比较身体同一位置的食物浓度。因此，空间问题就变成了时间问题。如果细菌在附近探测到比以前更多的食物，这意味着它正在进入一个更高浓度的区域："太棒了！继续前进！"如果它检测到的食物比以前少，这意味着它正在进入一个较低浓度的区域："哎呀！最好停下来！"

要想使用这种基于时间的方法来评估食物梯度，大肠杆菌的心智必须以某种方式存储它最近一次探测到的食物数量的信息。

换言之，它必须形成记忆。[2]

适应，解决梯度难题

让我们来和大肠杆菌埃斯卡打个招呼吧（见图 4-3）！

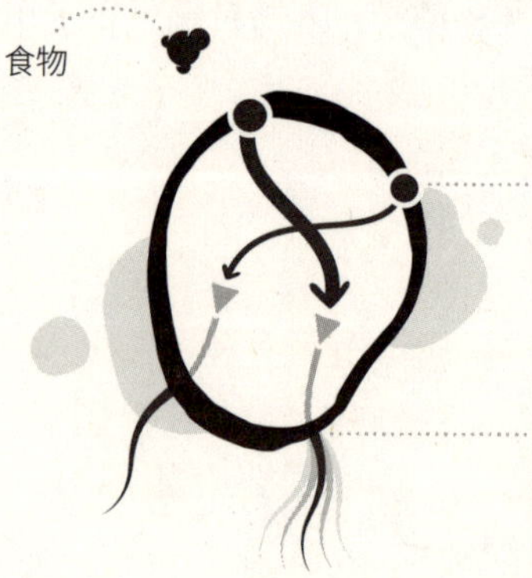

图 4-3　埃斯卡的心智

埃斯卡的 4 个思维要素配置与萨莉相同：它的两个感受器对食物做出反应；两个执行器被感觉信号激活时会转动，没有信号时则会颤动。当附近有食物时，埃斯卡会奔跑过去，没有食物时则会翻滚。我们对这些都很熟悉，但是埃斯卡炫出了自己的升级版：再次的分子层面的微调。

心智进化精要
JOURNEY OF THE MIND

适应，让心智不陷入无休止的心理循环

到目前为止，我们遇到的所有感受器的反应强度都与刺激强度成正比，比如强光诱发强信号，弱光诱发弱信号。但埃斯卡的感受器并非如此。在它们遇到食物等刺激物后，它们会逐渐降低反应。它们向执行器发出的信号越来越弱，就像余烬中逐渐黯淡的微光。这就是众所周知的反应模式：适应。

当埃斯卡的感受器探测到食物时，它们的反应与阿奇和萨莉的感受器一样。它们向鞭毛发射的信号与刺激的强度成正比：大量的食物等于强信号。但区别在于，一旦埃斯卡的感受器发射了信号，它对食物的反应就开始降低（见图 4-4）。

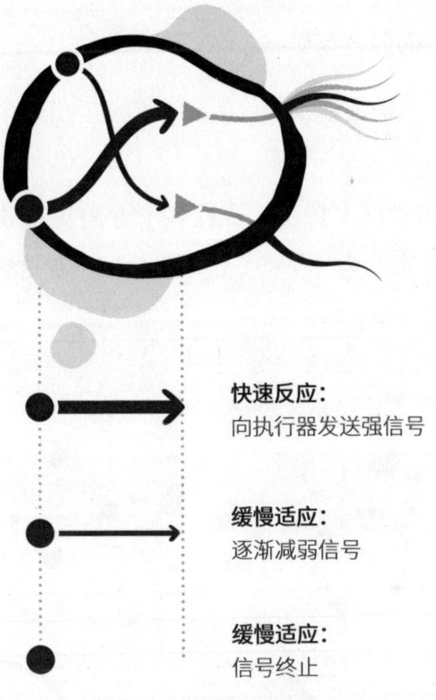

图 4-4　埃斯卡的感受器

即使在食物浓度保持不变的情况下，感受器的信号也会逐渐减弱，直至完全停止。在埃斯卡的感受器适应之后，即在它们对食物不再有反应之后，它们需要时间来“充电”，之后相同浓度的食物才能再次激活它们。

这种细菌感受器的微调机制，显然不像是一个高效记忆系统的运行方式。记忆储存和检索的位置在哪里？更确切地说，适应是如何帮助埃斯卡确定最高浓度的食物位置的呢？

让我们漫步于埃斯卡追寻食物时可能遇到的3种基本情景中：

- 情景1：前面和后面的食物数量相同。
- 情景2：前面的食物更多。
- 情景3：前面的食物更少。

首先，让我们把埃斯卡置于一个在各个方向食物颗粒均匀分布的环境中，科学家将这种状态称为“平衡”（见图4-5）。在这种环境中，埃斯卡会怎么做呢？

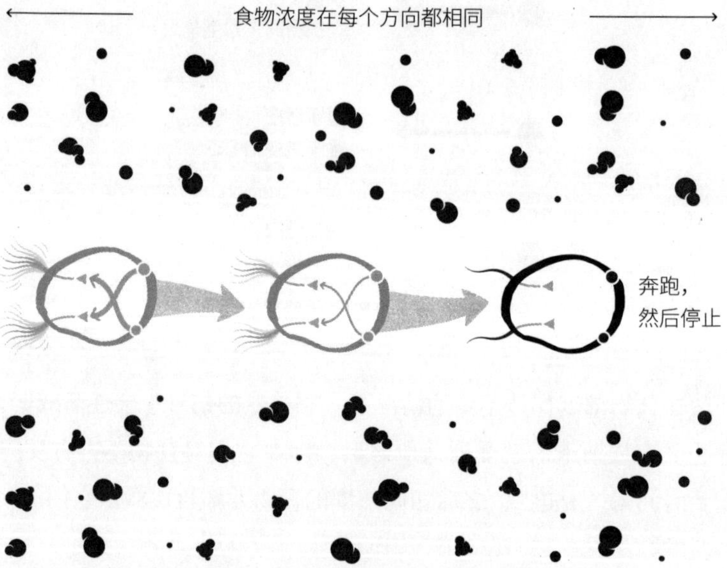

图4-5 埃斯卡在食物浓度保持不变的环境中移动

起初，埃斯卡会快速向前移动，因为它的感受器探测到前面有丰富的食物，激发了它的鞭毛产生最强烈的反应。但它的感受器很快就开始适应，因为随着埃斯卡的前进，食物浓度仍然没有变化，它的感受器逐渐丧失敏感性，所以感受器停止向执行器发送信号。很快，埃斯卡就停了下来。这十分合乎情理，如果食物浓度在哪里都一样，浪费能量就毫无意义了，不妨就让自己停在食物中间。

如果我们把埃斯卡放到前面食物浓度更高的环境中，那会怎样呢（见图 4-6）？

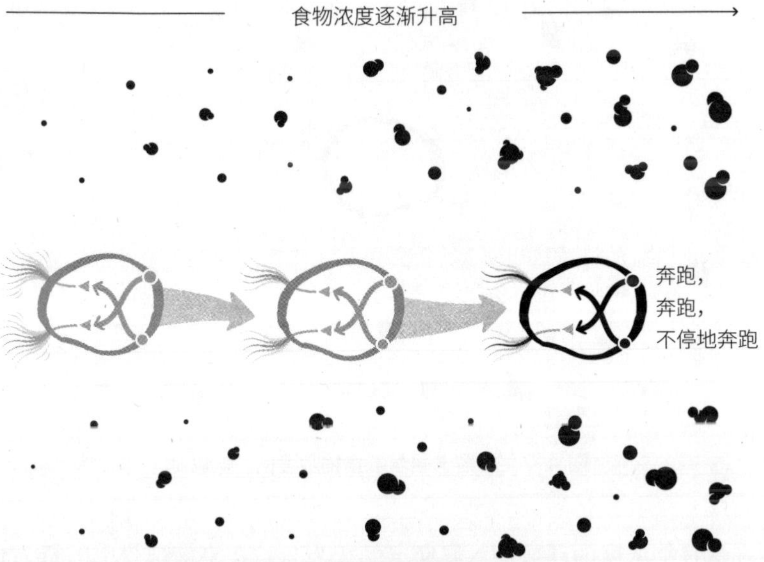

图 4-6　埃斯卡朝着高浓度食物的方向移动

埃斯卡会再次立刻开始奔跑，因为它感受到前面有很多食物。它的感受器也再次开始适应。但这一次，随着埃斯卡的前进，食物浓度稳步上升。食物刺激强度的增大将战胜感受器反应的减弱，并激发再次奔跑。

只要埃斯卡处在食物浓度递增的环境中，它就会继续向前冲。当它最终进入一个食物浓度不再变化的区域时，它就会停下来。埃斯卡会一直沿着食物浓度增加的方向前进，直到到达浓度的顶峰区域，再停下来饱餐一顿。

最后，如果我们把埃斯卡放到一个食物浓度逐渐降低的环境中，又会怎样呢（见图 4-7）?

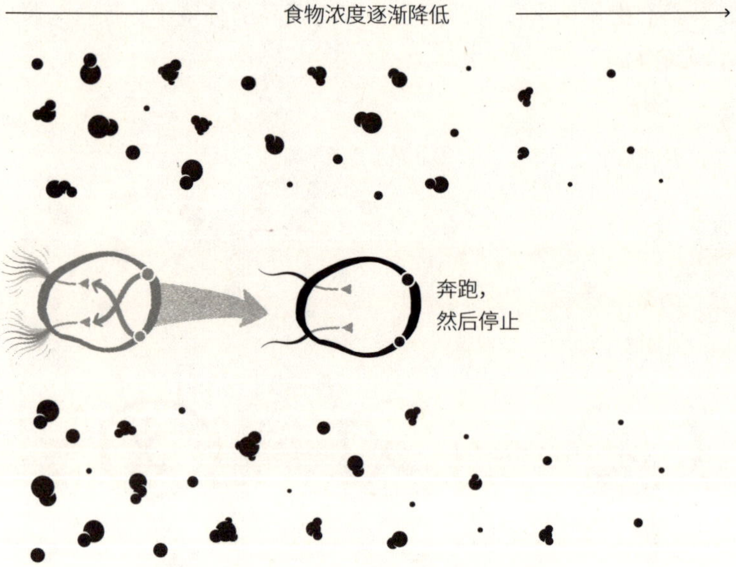

图 4-7　埃斯卡朝着低食物浓度的方向移动

在低食物浓度的环境中，埃斯卡的行为与它在平衡情景中的行为相似。当它发现前方有食物时，它会立即开始奔跑。与此同时，它也开始适应，在它品尝到食物的下一刹那，感受器的反应就会减弱。但它也探测到现在的食物比以前更少了，因为浓度在下降。这意味着相比在平衡情景下，它的感受器的反应会降低得更快。在意识到自己正要从满载食物的列车上滑落的瞬间，埃斯卡迅速“刹车”。

适应帮助埃斯卡破解了食物梯度问题，[3] 它也是我们心智中大多数思维形式必不可少的动态，因为它能确保心智不会陷入无休止的心理循环之中。如果我们的神经元缺少分子层次的适应过程，我们就无法认出我们的朋友，无法区分土豆和西红柿，无法感受激情或暴怒，无法制订一天的计划或阅读一本书。

细菌的渺小心智拥有自然界最简单的记忆系统，但这是一种独特的记忆。如果你试图在大肠杆菌中寻找储存食物“记忆”的精确位置，那你将一无所获。你也无法找到大肠杆菌对食物位置和食物梯度进行编码的区域，甚至也无法找到对最近探测到食物的时间进行编码的区域。试图从细菌中提取特定记忆就如同水中捞月一样徒劳。

事实上，即使你能以某种方式瞬间冻结大肠杆菌，并确定它的每个感受器和执行器的确切状态，你仍然无法重现它最近一次探测到食物的时间和地点。你能辨别的仅仅是，它正向一个食物浓度较高的区域移动，还是向食物浓度较低的区域移动。埃斯卡的记忆很像通过检查地板现在看起来有多脏来“回忆”你最后一次拖地的时间，或者通过检查瓶子里的剩余水量来“回忆”你喝了多少水。

心智 = “大脑” + 身体 + 环境

到目前为止，我们遇到的3个分子心智的行为与我们的直觉完全不同。阿奇在无视觉系统或运动控制系统的情况下向光移动；萨莉在无决策系统的情况下做出了决定；埃斯卡在无记忆系统的情况下有了记忆。无目标的目标、无决策的决策和无记忆的记忆听起来可能像禅宗的经文，但当我们遵循具身思维原则时，它们就开始变得有意义了。

如果我们想要了解心智是如何思考的，具身思维原则建议我们不能只考虑生物体的“大脑”，即只考虑思维要素。我们还需要考虑生物的身体与环境。我们用带引号的大脑来指代生物中所有思维要素的集合，其中可能包括也可能不包括神经元。**具身思维原则对心智的定义可以简化为一个公式：心智 = “大脑” + 身体 + 环境。**如果我们希望揭示任何特定形式的思维，这三大构成要素都至关重要。

事实上，埃斯卡的记忆存储在它的心智中，而不仅仅在它的“大脑”中。埃斯卡对食物的记忆散布在它的身体、它的思维要素和周围的食物颗粒构成的迷雾的实时动态中，就像野餐包含了一队饥肠辘辘的食客、一篮子午餐和一个宜人的户外地点一样。人、食物和地点都是野餐的必要条件，而对于大肠杆菌的心智而言，“大脑”、身体和环境都是记忆的必要条件。我们在本书后面讨论三大要素时，这种非传统的思维观念将变得尤为重要。

一旦我们认可了具身思维原则，我们就可以开始理解心智之旅中的一个有趣现象：与发展出新陈代谢和自我复制的生命机能这一艰巨过程相比，发展出复杂的心智似乎再容易不过了。想想看，埃斯卡无比简单的 4 要素心智可以执行至少 5 种不同的思维形式：

- 感觉。
- 决策。
- 导航。
- 运动控制。
- 记忆。

这是何等惊人的智力成果。同样值得注意的是，这 5 种思维形式是相互交织的，这使得我们无法干脆利落地将导航行为与感觉行为等区分开，这种心智功能的重叠也是心智不同于计算机的原因之一。当我们探索包括人在内的脊椎动物的心智时，我们将重新讨论思维的这种复杂性。

这是一个很好的机会，我们可以借此停下来思考生命起源和心智起源的区别。[4] 虽然我们可能永远无从知晓地球上第一个心智的确切构造，甚至无从知晓它的确切目的是寻找光亮、硫、甲烷还是氨基酸，但我们目前所邂逅的简单的分子心智给了我们些许信心，那就是初代心智的诞生可能并不像初代身体的诞生那样困难。时至今日，科学家仍然对最早的生命体的构成要素、机制，以及发展路径感到困惑，但心智发展的历史脉络则相对清晰。心智的出现需要的是一个已经具有极其复杂生化结构的无心智生物进化出一个单一的分子感受器和一个单一的分子执行器，从此通往意识的康庄大道就在眼前展开。

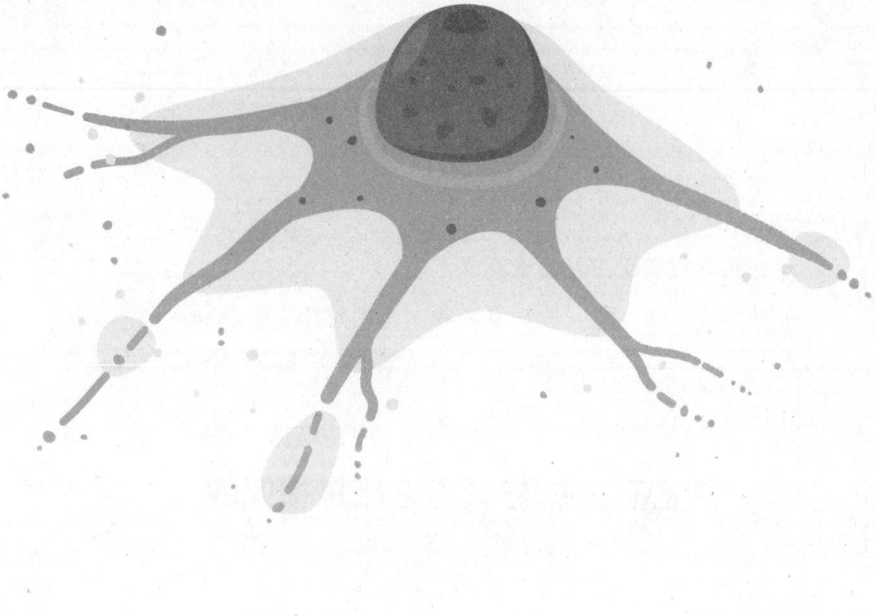

第 5 章 / JOURNEY OF THE MIND

变形虫的心智，
社会行为首次出现

一整张被单比单块布料更重要。

——罗因顿·米斯特里（Rohinton Mistry），

《微妙的平衡》（*A Fine Balance*）

心智之旅与城市之旅是相似的

在土耳其中部连绵不断的绿色山丘中，埋藏着迄今为止发现的最古老的人类城市。它建立在沼泽和肥沃的冲积土上，沿着蜿蜒的河流延伸，仰望着离地中海不远处的哈桑山双峰火山。这座城市的名字叫作恰塔霍裕克，[1]意为“分叉的山”，不过这座城市的原名已永远消逝在漫长的岁月中。恰塔霍裕克大约形成于9 000年前，正值石器时代末期，文字和首个青铜时代的文明尚未出现。它比《圣经》中提到的尼尼微、孟菲斯、巴比伦和乌尔等著名城市要古老得多。人类在恰塔霍裕克居住了1 000多年，没人知道它为何被遗弃。这座城市建立在中东地区的农业刚发展起来的时期，考古学家认为它是人类首次尝试大规模共同居住的典范。这个人类史前对于城市建设的尝试，最令人震惊之处在于城市的构造。

恰塔霍裕克没有道路，这种文明社会的基础设施在当时还没有被发明出来。这座城市也没有任何人行道或连通的小径。事实上，这座城市是由许多四四方方的房子组成的一个密集拥挤的区域。

这座城市的起源似乎是有人在离农田不远处用泥砖修建了一座方形房子。这座房子的里里外外都被仔细地涂抹上了灰泥，看起来就像一个光滑的白色立方体。房子的地板甚至都被平整地抹上了灰泥。随后，有人在它旁边建了一座几乎完全相同的房子。这座房子紧挨着第一座房子，甚至和第一座房子共用一堵墙。随后，又有人建了一座白色的方形房子，紧挨着前面两座房子。一座又一座的房子拔地而起，就像一个孩子随意地拼接乐高积木一样。越来越多的“黏土盒子”被拼接在一起，直至形成一座结构紧密的住宅迷宫，看起来就像一个骨白色的立方体蜂巢。

这些房子通过瑞士奶酪上小孔般的洞和门互联互通。屋顶上不仅有供炉火烟气逸出的洞口，也有方形的木梯穿过洞口，通向屋顶。有些屋顶上的洞口是作为前门使用的，其他洞口则用作窗户或穿过相邻房子的通道。在陡峭的梯子顶上，通常还有从一个房间通向另一个房间的门廊。整个结构看起来就像是史前版的滑道梯子棋。

如果居住在恰塔霍裕克中心的人想去周边地区，他们有两个选择：爬上屋顶，沿着别人家的屋顶行走至城市边缘；或者穿过别人家的客厅。对于第一代从野外露宿的游牧生活方式转变过来的人们而言，他们可能还没有什么隐私概念。

恰塔霍裕克体现了终极的平等主义设计理念。[2]没有哪一座房子比其他房子更大或更豪华，这表明当时还没有贵族和平民之分。这里没有寺庙、市场或公共空间，但有一些“历史馆”，里面堆放着带牛角的牛头骨艺术品，看起来就像抹了灰泥的肋骨架，地板下埋藏着人类头骨，还有描绘狩猎与庆典场面的赭色壁画。即使是这样的神圣之地，它的大小和设计也与其他房子相同。男性和女性似乎扮演着同等角色，共同耕种、狩猎、烹饪、完成仪式和进行艺术创作，这也许是以往游牧生活方式产生的结果，因为这种生活方式要求每个人共享他们的劳动与资源。显然，在恰塔霍裕克，所有人都是受欢迎的。

几个世纪以来，恰塔霍裕克的人口不断增长，一直达到约 2 万人的顶峰。城市的稳步扩张迫使居民寻找新的方法来应对出行、社交和其他公共活动。毕竟，生活在城市中心的人，不能指望每次想去周边森林或小农场时，都要穿过数十个邻居的家。为了应对这一挑战，城市的总体几何结构发生了明显变化：恰塔霍裕克的屋顶被改造成了人行道和街道。

公共活动开始在屋顶上进行，如交易、制造工具、在公共炉灶做饭，以及在开放的广场上举行集会。屋顶之下，家庭成员从事家庭活动；屋顶之上，公众从事民生、商业，以及可能的宗教活动。尽管这种构造既奇怪又不方便，但在人类探索文明道路的 1 000 多年里，拥有双层房屋结构的恰塔霍裕克可能是当时地球上最繁华的城市之一。

当然，它并不是一个现代大都市。这个石器时代的“城市”与最终在中东地区兴起的城市截然不同，如乌尔是一个拥有庞大宫殿和高耸塔庙的苏美尔城邦；尼尼微有着令人敬畏的塔楼、巨幅人首翼牛像和人首翼狮像；巴比伦有着传说中的空中花园和庄严的蓝色伊什塔尔城门；雅典的卫城顶上也耸立着巍峨的大理石建筑。恰塔霍裕克早期的无街道设计可能妨碍了它进一步的发展，这对于那些希望建立持久辉煌与繁荣城市的未来城市规划者而言，也许具有警示作用。

城市之旅与心智之旅有诸多耐人寻味的相似之处，这种相似性首先体现在人类最早的城市与第一代多细胞生物的心智之间。

“社会变形虫”，有社会行为的生物

无论你如何称呼它，都不要简单地称它为“黏菌”。生物学家会对你不恰当的称呼摇头以表示不满。毕竟，盘基网柄菌与真菌毫无关系，黏菌的称呼却将二者混为一谈。盘基网柄菌是一种肉眼不可见的单细胞斑点状生物体，至少在它独自移动时是这样的。当一群盘基网柄菌结伴而行时，它们就像一条黄色的鼻涕，这就是“黏菌”中“黏”字的由来。“社会变形虫”（以下简称变形虫）是盘基网柄菌公认的绰号，这一绰号也突出了为什么这种生活在土壤中的微生物是第 5 章的主角：**变形虫是心智之旅中遇到的第一个引领风潮、展示了社会行为的生物。**

变形虫展现了一个令人惊叹的飞跃，这一飞跃体现在心智的 3 个构成要素上，即“大脑”、身体和环境。变形虫的体型可以比细菌大 1 000 倍。如果细菌是一艘小拖船，那么变形虫就是一艘战舰。变形虫含有一个细胞核，而细菌和古菌的细胞中并没有细胞核。细胞核的存在使变形虫成为真核生物，变形虫与所有动物、植物和真菌之间存在亲缘关系。与细菌相比，变形虫通过更多、更复杂的生理过程来完成诸如产生能量、废物代谢和繁殖等生命活动。一般来说，真核生物拥有高度结构化的内部结构，相比之下，原核生物的内部结构则更加随意。变形虫更复杂、更庞大的身体促使它需要一个更复杂且更庞大的“大脑”。

变形虫可以终生作为一个自由的个体独立生活，至少在食物充足时是这样的。当食物变得稀缺时，这种独居的微生物就会有所改变。它们会将注意力集中到迫在眉睫的生存问题上，将所有心智资源倾注于一个新的目标，即寻找同样饥肠辘辘的战友，与它们联合起来建造一个逃生舱。

当饥饿笼罩这片土地时，变形虫就会聚集在一起，进行一项巨大的土木工程。这种集体努力确保了它们在艰难时期得以生存，也标志着心智进化史上的一个重大转折点。

为了完成这项宏大的工程，所有参与者必须协调两条关键信息。首先，每个人都需要知道什么时候碰面。如果一个工人今天露面，另一个明天露面，再一个下周露面，这就大事不妙了。其次，每个人都需要知道上述地点的确切位置。急切的工人们该带着他们的钳子和锤子去哪里报到呢？

在人类社会，独裁政权可能通过指定最高领导人来解决时间和地点的问题，并由他负责将信息传达给每一个人。但是变形虫无法采用这种中央集权式的自上而下的沟通方式，原因有二：

1. 变形虫是个人主义者。它们缺乏社会结构，因此没有最高领导人，也没有显而易见的办法来任命一个。每一个变形虫都是平等的，与《动物庄园》（*Animal Farm*）中的动物不同，变形虫之间是绝对平等的。
2. 变形虫是自在漂泊的“游牧民”，它们的分布遍及环境中各个未知的角落。即使有“至尊变形虫”存在，它也无法向所有变形虫传递信息，因为它不知道它们住在哪里。

这给变形虫的心智带来了必须破解的关键性挑战，我们把它称为“协调问题”。协调问题将在心智之旅中反复出现，而它的解决总会引发重大变革。

变形虫版本的协调问题是：独立的心智如何聚集在一起，为了一个共同的目标密切合作？

变形虫心智的多元创新

变形虫的心智有许多创新之处，最突出的是它拥有显著增强的运动控制系统。之前的 3 种分子心智依靠鞭毛来运动，而变形虫使用伪足。变形虫会朝它想去的方向伸出一个胶状突起，然后将身体流动到突起中，以此向前蠕动。

变形虫的心智还使用了另一种新的机制来评估食物梯度。大肠杆菌通过在两个不同时刻比较身体同一位置上的食物浓度引导自己移动到食物浓度最高处；由于变形虫的体积要大得多，所以它可以通过同一时间比较身体上两个不同位置的食物浓度来评估食物梯度。

尽管支配伪足运动和分析食物梯度的心智机制引人入胜，但本书不会对此进行详细介绍。在我们的探索之旅中遇到的所有心智都具有大量有趣且富有成效的思维创新，但在大多数情况下，我们会礼貌性地忽略它们。反之，本书会将重心放在能够阐明心智之旅并帮助我们探索三大要素奥秘的概念和原则上。

出于这种考量，我们可以将变形虫的导航系统与沙门菌萨莉的导航系统看作具有同等功能的系统。这种简化之所以是可取的，是因为即使变形虫依靠伪足而不是转动鞭毛在附近懒散地游动，并通过空间而非时间来评估食物浓度，但其导航系统发挥作用的方式与细菌的导航系统大体相同。我们可以说，变形虫不是在奔跑和翻滚，而是在爬行和抖动，它们沿着食物梯度爬行，当到达食物浓度峰值区域时原地抖动。生物学家将这种由古菌、细菌及变形虫共有的聚焦梯度的导航方法叫作趋化性（chemotaxis）。

如图 5-1 所示，我们来看看具有趋化性的变形虫米拉。

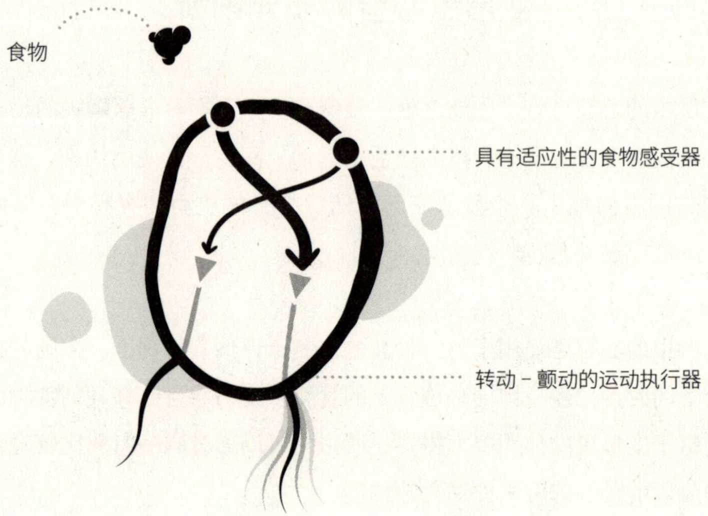

图 5-1　米拉的心智

此时，米拉的协调问题变成了：它必须在自己的导航系统中加入哪些新的思维要素才能与其他饥肠辘辘的同伴沟通呢？答案是两种元素：一种新的感受器和一种新的执行器。

心智第一次意识到自己的存在

米拉的新型感受器之所以具有开创性，并不是因为它感应的方式，而是因为它感应的位置。它不是感应熙熙攘攘的外部世界，而是向内感应自身，它监测的是米拉的饥饿状态。

心智不是从外部环境状态中获取信息，而是从身体内部状态中获取信息，这是我们这趟旅程的首例。简言之，**这是心智第一次意识到自己的存在。**

请注意，这不是意识，至少不是人类所赞颂和永无止境思索的那种自我意识。米拉那微不足道的“自我意识”是发育不全的，类似于一个通过检查自身的温度设置来决定是否打开暖气的恒温器。然而，在由无意识主导转变为受意识支配的漫长进程中，这是一个转折点——关于身体生理过程的细节第一次对“大脑”的心理过程产生了影响。这确立了一种新的具身思维形式，即思维动态实际上依赖于身体动态，就像地球的潮汐与月球的轨道运动有关一样。

随着我们继续探索，自我意识的动态将变得越来越复杂，因为身体动态与“大脑”动态日益交织在一起，但这一切都始于一个微小的分子感受器展现出的极其简单的行为：当我的身体并未感受到饥饿时，维持不活跃状态；当我的身体处于饥饿状态时，开启活跃状态。

尽管这是一项不错的成就，但这种能进行自我监测的感受器并非米拉心智中最重要的创新。我们更应该关注的是，这个新的感受器会触发什么？在体验长时间的饥饿带来的痛苦之前，米拉一直在追求与古菌阿奇和大肠杆菌埃斯卡相似的目标，例如寻找营养物质和避开毒素。但是，当它体内的感受器检测到自身因缺乏关键的营养物质而陷入饥饿状态时，它就会发出警报信号，唤醒处于休眠状态的感受器[3]和执行器。

被唤醒的执行器不关心身体的移动，而是担任一种前所未有的新角色——发送器。在米拉爬行的途中，这种发送器在米拉身后留下“信息”。每条信息都是一个有机分子，在分子生物学术语中被称作环磷酸腺苷[4]。这些信息并不是复杂的公报，提议：“我们明天早上在亚伯家见面！”相反，它们更像是宣告“我来过这里”的醒目文字（见图 5-2）。

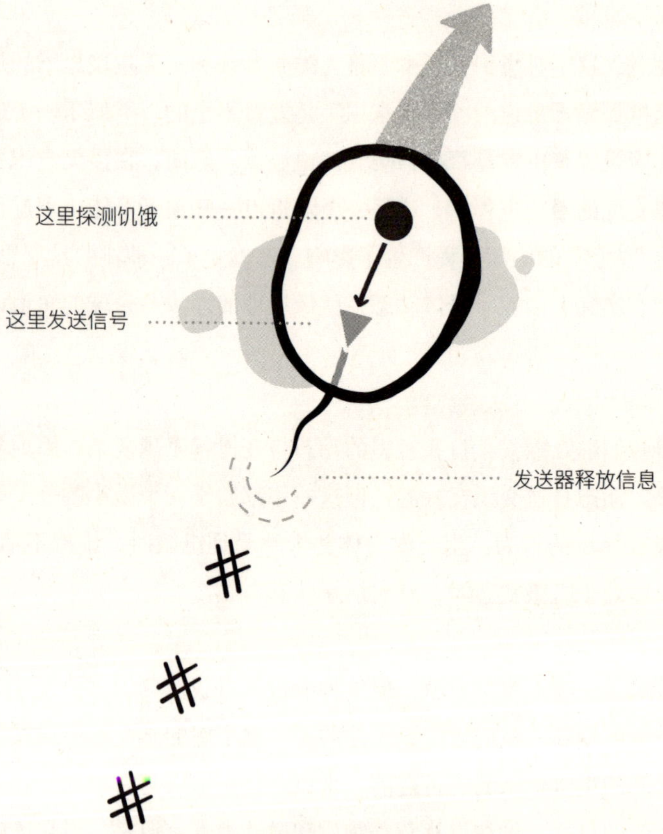

图 5-2 米拉的内部感受器和发送器

与此同时，米拉被唤醒的感受器则起到接收器的作用，它是衡量信息的探测天线。这个新型感受器构成新导航系统的一部分，用大肠杆菌埃斯卡寻找食物的方式来搜索信息分子。米拉并不寻找最近的信息，而是寻找信息浓度最高的地点，这就好像根据沿途被丢弃的一次性空塑料杯的密集程度来寻找校园派对的举办地点一样。最高浓度的“我来过这里”的信息可能暗示了饥饿的变形虫最集中的方位。

一个探测信息的感受器和一个发送信息的发送器组成了一个极其简单的通信系统（见图 5-3），这个系统解决了协调问题。这一通信系统使饥饿的变形虫群体能够确定它们应该在何时、何地联络，并开始工作。“何时”通常取决于饥荒出现的时间。当各地食品供应变得匮乏，许多变形虫将不约而同开始寻找彼此。

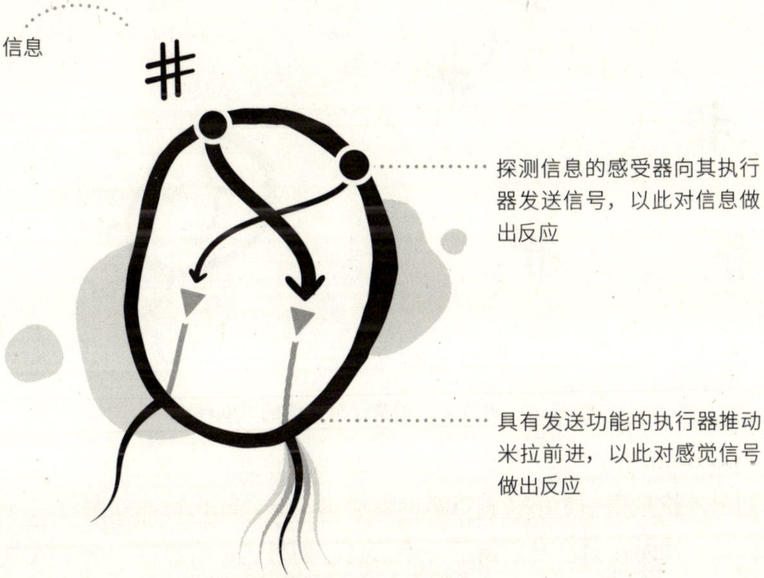

图 5-3　米拉的通信系统

“何地”是任意且事先未知的，但多个饥饿的变形虫同时追随信息并留下信息的过程可以可靠地确定地点。最终，每个变形虫都会偶然发现另一个变形虫的踪迹，并以不断收紧的螺旋状路径彼此跟随，直到它们汇聚至同一地点（见图 5-4）。这个地方将被最高浓度的信息包围，从而以越来越高的效率吸引其他变形虫。

图 5-4　米拉朝着最高信息浓度的方向移动

如果米拉是第一个感受到饥饿的变形虫，它会随机地四处爬行，寻找饥饿的同伴，同时在自己身后留下一串信息。如果它是附近唯一一个饥饿的变形虫，那么，它很可能注定要消瘦下去。但是，如果其他变形虫也感到饥饿，要么米拉会偶然发现它们留下的信息轨迹，要么它们会偶然发现米拉留下的信息轨迹，它们将会彼此跟随，直到拥抱在一起（见图 5-5）。

这就是奇妙事情发生的时刻。

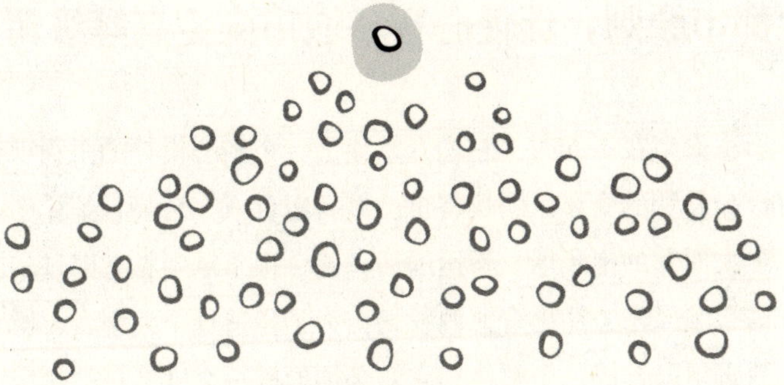
(a)

(b)

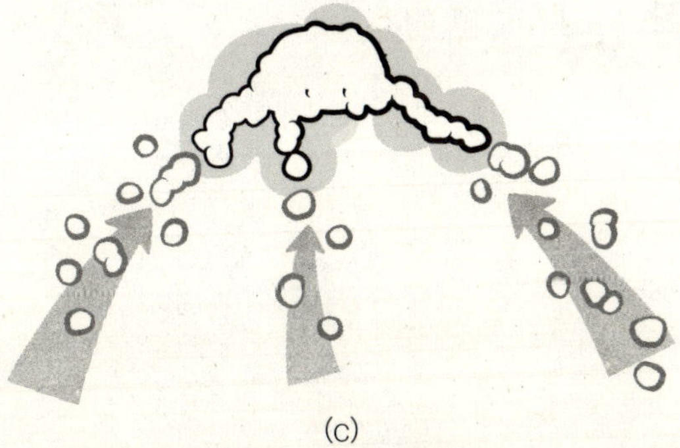
(c)

图 5-5　变形虫的融合

注：图（a）中，第一个饥饿的变形虫开始发送信息。

图（b）中，当其他变形虫开始搜寻信息时，它们可能会注意到第一个饥饿的变形虫留下的信息并跟随这些信息，从而形成第一个团块。这创造了其他变形虫可以跟随的更多信息轨迹。

图（c）中，变形虫聚集在不断增大的团块上。

大都市原则，促使心智和城市向更高等级转变

当变形虫聚集在一起时，它们开始建造一个精心设计的工程项目——逃生舱发射台。黏稠的变形虫团块将自己重新组合成一个高且细长的茎，上面覆盖着一个大而黏的孢子球。幸运的话，这个孢子球会粘在路过的昆虫或动物身上，搭乘顺风车去往更青葱的牧场。为了建造这个发射台，所有变形虫的个体心智必须融合成一个整体，它们必须形成一个变形虫“超级心智”。

不为一己私利，每个变形虫都致力于无私的合作，去追求一个共同的超级目标——确保后代的生存。图 5-6 说明了变形虫超级心智的生命周期。

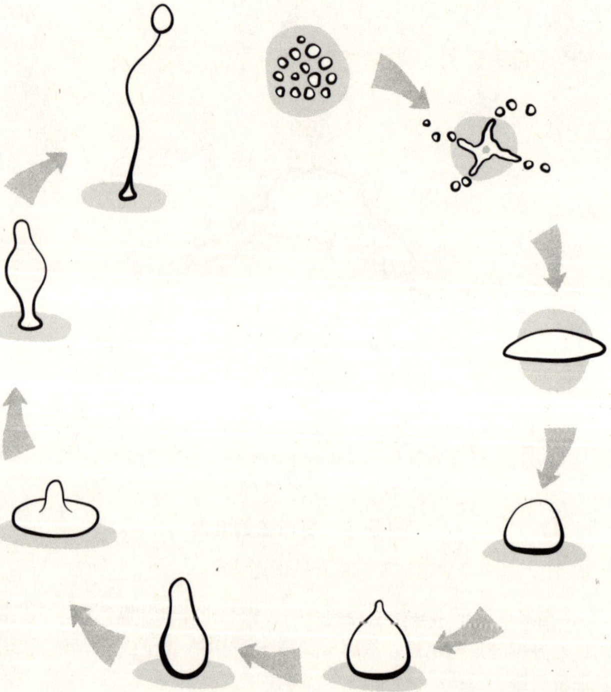

图 5-6　变形虫逐渐形成超级心智

每一个加入超级心智的变形虫以及超级心智本身都是“烈士”。所有融合在一起的个体心智都愿意为了共同利益牺牲自己，以确保它们的遗传物质，或者更准确地说，确保它们原生质血统的延续。

变形虫和恰塔霍裕克的艺术品之间存在一种耐人寻味的、可能是巧合的联系。考古学家在古民居中发现的最常见的艺术形式之一，就是在光滑的白墙上用鲜红色绘出的几何图案。有些壁画像堆积在一起的细胞，类似于显微镜下观察到的变形虫。在这些图案中，每个细胞的大小和形状都略有不同，每个细胞的内部都有一个看起来像大细胞核的结构，周围环绕着较小的细胞器。这些壁画中最有名的一幅如图5-7所示。

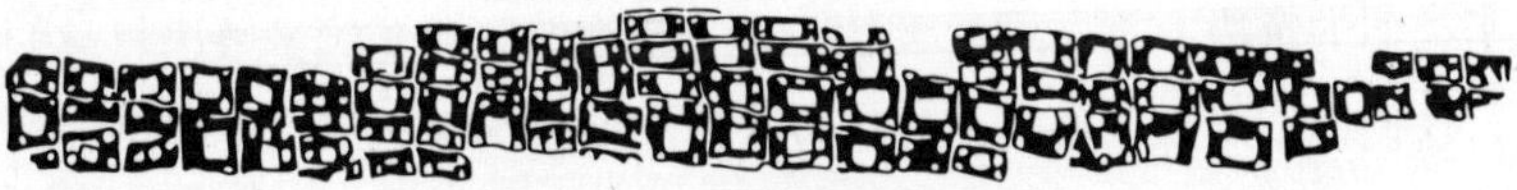

图5-7　恰塔霍裕克壁画

不管恰塔霍裕克居民的初衷是什么，这些引人注目的石器时代的绘画在视觉上描绘了个人和集体之间的层级关系。当许多小盒子聚合成一个单一的形状时，更大的形状将具有明显不同于其组成元素的属性。变形虫也是如此。

将不同的分子心智融合成一个超级心智是生命史和心智史上最重要的里程碑之一。变形虫超级生物体是我们的心智之旅中遇到的首个多细胞生物，而多细胞变形虫超级心智则预示着我们旅途的下一阶段将遇到的心智，即神经元心智。

变形虫似乎与意识、语言和自我没有任何关系，但这种黏稠的生物说明了心智之旅中一个意义深远的原则—— 一个制约心智发展的深层数学原则。这个原则不仅阐明了单个心智如何在超级心智中发挥作用，而且可以帮助我们理解三大要素的出现。同样的原则也恰好制约着城市的发展。随着城市和心智的发展，它们将会进入产生等级组织的新阶段。为了获得保护和社会支持，为了形成规模经济、开展贸易，成千上万人聚集在一起，居住在恰塔霍裕克的一个公共地点，这是一种适应性行为。与在荒野中拼凑的临时住宅相比，将模块化的住宅联合在一起具有显著的优势。但最终，这种泥砖住宅的大联合需要新层次的组织，以适应新兴城市的需要，所以恰塔霍裕克面临着城市协调问题。

这个问题通过在城市屋顶建造道路和大型公共空间得以解决，变形虫也采取了类似的解决方案。通过设计一个心智间的交流系统来解决自身的协调问题，这使得变形虫的心智从使用分子思维要素的单一层次的思维转变为由相互作用的细胞思维要素[5]构成的更高层次的思维。

无论是心智还是城市，向更高阶段的组织转变是由同一个内在原则驱动的。或许我们可以将这一推动发展的强大动力恰如其分地称为“大都市原则”。

JOURNEY OF THE MIND

第二部分

神经元心智，从认知营地到心智大都市

大都市原则对我们心智之旅的高潮阶段将有怎样的发现做出了明确且可证伪的预测：不管地球上最复杂的心智最终是什么，在其低层次上也应该拥有最复杂的思维要素，包括最复杂的神经元和最复杂的分子机制。

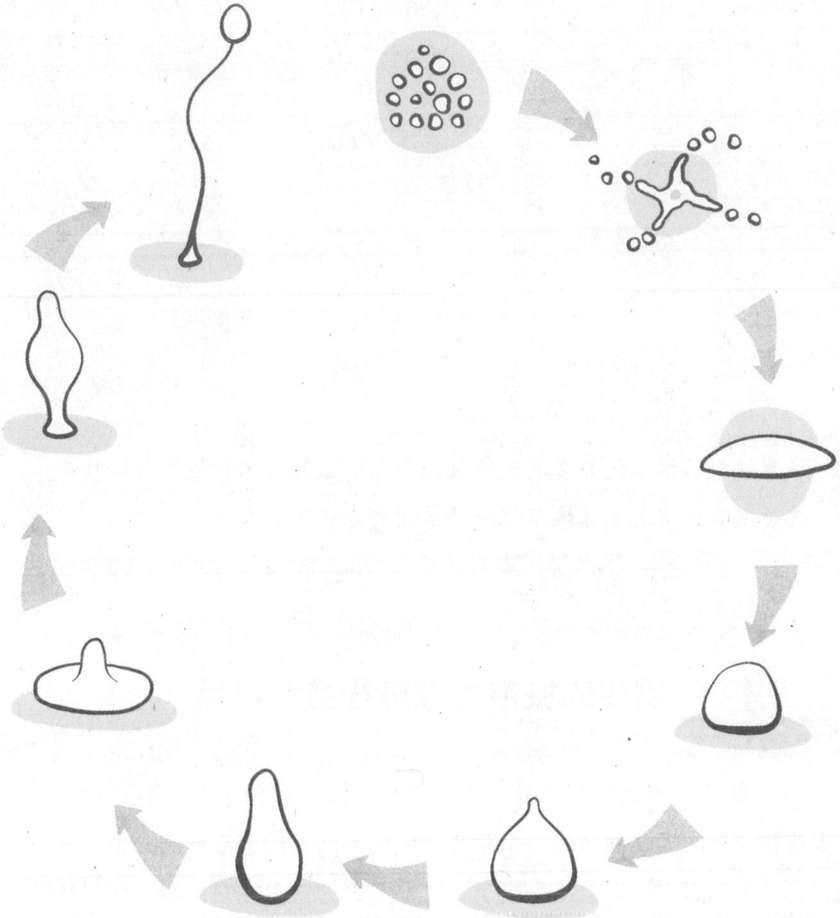

第 6 章 / JOURNEY OF THE MIND

大都市原则，驱动心智迈向更高阶段

城市规模的扩张能非常有效地兼顾个人利益的增长和集体利益的系统性增长，这是全球城市化持续暴增的内在驱动力。

——杰弗里·韦斯特（Geoffrey West），《规模》（*Scale*）

孟买的城市发展进程势不可当

10万年前，当冰川像冻僵的舌头一样耷拉在地球上时，旧石器时代的人类挤在亚洲次大陆西海岸一个阳光明媚的半岛上的玄武岩洞穴里。这些史前狩猎－采集者之所以被半岛吸引，可能是因为这里相对温暖，而且环印度洋水域有着丰富的可食用海洋生物。他们的居所很简陋，可能是几十个人一起睡在山洞里或睡在露出地表的岩石下。这个地方甚至不能称为村庄，它只不过是一个露营地。但在接下来的10万年里，这个冰河时代的露营地将发展成为世界上最具影响力的大都市之一。

随着冰河时代的结束，海平面上升，半岛变成了群岛。居住在群岛上的首个有历史记载的土著群体是一个被称为科利（Koli）的渔民部落，他们在布满沼泽的岛屿上建立起了季节性的渔民社群。公元前5世纪，佛教僧侣抵达这块大陆的海岸，并在洞穴中定居。该地区的佛教文化在公元前 3 世纪阿育王的统治期间发展到了顶峰，这位皈依佛教的帝王几乎统治了整个印度次大陆。当地佛教僧侣在沿海洞穴中精心制作了大量精美石雕，并将它们打磨得像玻璃一样光滑。这个沼泽密布、疟疾肆虐的岛屿成为印度次大陆佛教城镇中最不起眼的一个。

在接下来的 1 500 年里，这个城镇及其事务被快速更迭的印度王朝控制。这些王朝统治着大陆，但除了从该地区现有居民的名字略窥踪迹外，如莫雷（More）源自孔雀王朝（Maurya dynasty），肖尔克（Cholke）源自遮娄其王朝（Chalukya dynasty），谢拉里（Shelar）源自希拉哈拉王朝（Silahara dynasty），贾达夫（Jadhav）源自亚达瓦王朝（Yadava dynasty），几乎没有留下什么。当地的岛屿由于受到季节性强季风和洪水的影响，一直被废弃，无人居住。当马可·波罗的舰队在 1292 年沿着印度西海岸航行时，他完全无视了这些岛屿，而是停靠在附近的河港塔那。随后，在 13 世纪末，印度王公比玛德瓦爱上了马希姆岛的海景。他把马希姆岛定为自己小王国的首都，为自己和随从建造了一座王宫和几座房子，还种植了椰树。当他在马希姆岛定居时，群岛上唯一值得关注的地方是一座古老的神庙，里面供奉着科利大地女神，也就是现在的孟巴女神。

16 世纪初，当第一批欧洲人接管这座沉睡的群岛时，岛上的城镇总人口仅有几千人。1509 年，葡萄牙国王若昂二世的顾问多姆·弗朗西斯科（Dom Francisco）的船队停靠在最著名的岛屿上，并将它的天然深水港称为“好海湾”，在葡萄牙语中意为“美丽海湾”。

1661 年，这个岛上城镇的命运开始发生转变。在过去的 2 000 年里，这个群岛人烟稀少、发展落后，从未成为文化、工业或贸易中心。1661—1675 年，岛上人口从 1 万人增长到 6 万人，整整增长了 5 倍。人口突然膨胀的催化剂是1661年英国查理二世与葡萄牙凯瑟琳公主联姻，群岛作为嫁妆的一部分转让给了英国。查理二世认为这些沼泽密布、风暴肆虐的岛屿毫无价值，于是数年后将这些岛屿转让给了当时世界上最富有的英国东印度公司，每年只收取10英镑租金。

不同于查理二世，东印度公司很看重这些岛屿的战略位置，将它作为通往印度的海上门户。1686年，东印度公司决定将城镇作为它在印度所有业务的总部。这个岛上城镇在当时是该公司最大的海外分支机构，公司根据其中一个最著名岛屿的葡萄牙名字给整个群岛重新命名为孟买（Bombay）。就这样，整个岛屿成为东印度公司的财产。

东印度公司迅速展开了大规模建设。它建造了码头、仓库、海关、造币厂、印刷厂以及越来越多的防御工事。公司还组建了一支名为“孟买海军”的庞大舰队，成功清除了印度西海岸的海盗，该舰队在近3个世纪后演变成为印度海军。很快，孟买开始涉及椰子、象牙、象牙制品、铅、盐、宽幅布匹、槟榔、大米和剑刃等商品贸易，来自各个种族和社会阶层的印度商人涌入孟买。1744—1764年，孟买的人口从7万增至14万，翻了1倍，孟买已经成为一座真正的城市。

管理一个分布在7座岛屿上的城市是一项艰巨的任务。因此在1784年，东印度公司挖掘孟买的山丘，并将泥土和瓦砾倾倒在岛屿之间的海洋里，将城市群岛合并成一个连续的半岛。这一举措极大地推动了孟买的快速发展。学校、医院、棉花交易所和大批银行相继成立。随着马车道路、汽船线路、有轨电车以及3条堤道的建设与开通，交通也得到了革命性的改善。印度铁路公司在孟买修建了第一座火车站。1864年，孟买人口激增至80万，比除纽约之外的所有美国城市的总人口都要多，而且还在成倍增长。在美国南北战争导致美国南部的棉花出口受阻后，印度的工业革命以孟买为中心，其纺织业迅速发展成为全球最具主导地位的纺织业之一。孟买证券交易所是亚洲最古老的交易所，于1875年开始交易。1911年，孟买人口突破了100万。孟买已然成为一个全球性大都市。

1948年印度脱离英国获得独立后，孟买的人口激增至300万，超过了当时的罗马、圣保罗和中国香港。1995年，为了摒弃殖民历史的象征，这座城市被重新命名为孟买（Mumbai，英文不同），取当地科利渔民曾经崇拜的大地女神的名字。2020年，孟买的人口超过2 000万，与北京和墨西哥城的人口并列排名世界第7。

如今，孟买是印度人口最多的城市，也是无可争议的金融、商业和娱乐之都。这座城市是多元宗教的汇聚地，拥有18种常用语言和独特的孟买式印地语，后者是一种由马拉地语、古吉拉特语、乌尔都语、孔卡尼语和印地语杂糅而成的语言。孟买市中心与其他21世纪的大都市别无二致，街道两旁有星巴克、H&M、Zara、Coach和必胜客、三星、名创优品，以及本土的Fabindia和Tanishq等连锁店。放眼望去，目之所及尽是高耸入云的摩天大楼。纺织业和港口仍然是孟买的支柱产业，但遍布全球的金融、工程、珠宝、保健、皮革、信息技术和娱乐等产业则进一步增强了孟买的经济实力。宝莱坞是孟买和好莱坞的谐音，与洛杉矶相比，这里制作的电影数量更多，也吸引了更多的观众。亿万富翁街是一条位于孟买岛前部的街区，这里有世界上最昂贵的房产，包括世界上最昂贵的私人住宅。

是什么推动了孟买看起来势不可当的城市发展进程呢？是什么数学原理使一个沉睡的小渔村能够跨越不断涌现的物质和社会阻碍，成长为一个超级大都市的呢？

从认知营地到心智大都市

心智进化精要

JOURNEY OF THE MIND

大都市原则，[1] 相互促进的循环

大都市原则由横跨城市不同层级运作的简单动态构成。一个城市的整体发展促进了其较低层级的发展，而城市较低层级的发展又促进了城市的整体发展。这种相互促进的循环是城市和心智发展的主要动力。

与居住在城外相比，恰塔霍裕克的史前住宅联盟为居民提供了更好的工具、更多的文化艺术品和更丰富的食物。这些优势产品又推动了城市的进一步发展，而城市的进一步发展又有助于生产更多的工具和食物。孟买的史前居民居住在几乎没有经过任何物理改造的天然洞穴中。后来，古代居民在岛上用木材搭建了第一批可长久居住的建筑。在中世纪，许多建筑都使用半透明的贝壳作为窗户玻璃。17 世纪，木制建筑被瓦片屋顶、石头和石灰砂浆所建造的房子取代，随后的英国殖民时期，这些建筑又被以砖块和灰泥建造的房子取代。19 世纪，受维多利亚哥特式风格影响的建筑如雨后春笋般涌现，其特点是用黄色马拉德石制成的华丽圆顶、拱形屋顶和猴子滴水兽，以及用波纹铁、钢和混凝土筑成的拱形门。20 世纪初，这些都被由水泥塑造而成的圆角艺术装饰造型取代，这些造型由热带波浪和光芒四射的太阳幻化而来。

今天，孟买的建筑由高科技材料建造而成，这些材料包括高分子复合材料、气凝胶、有机网状绝缘材料和具有自修复能力的纤维增强水泥基复合材料。随着低层级建筑材料的改进，他们能够制造出更加坚固且实用的建筑，这又反过来促进了整个城市的繁荣和生产力的发展，进而产生了发明或获得

更好建筑材料的知识和资源。这种相互促进的循环持续滚动着。

神经元心智的各个层级之间也以类似的方式运作：**神经元内部的分子机制随着神经元的成长而变得更加复杂，而神经元本身也随着其所属神经元心智的整体成熟而变得更加成熟。**

我们不应该忽视这样一个事实，即大多数城市，尤其是孟买，也有人饱受肮脏、贫穷和无家可归之苦。对于数以百万计的孟买人来说，即使这个城市积累了令人眼花缭乱的财富，但他们每天也都在挣扎度日。没有任何数学原则能够确保社会层级中的上层人士认为自己有义务帮助底层人。然而，大都市原则能够表明的是，如果孟买或其他任何城市能够找到一种方法为那些家徒四壁的人们改善生活，那么这个城市可能会因此变得更加繁荣。

大都市原则产生了塑造城市和发展心智两个客观结果。城市或心智的发展往往会导致协调问题，只有在现有层次上建立一个新的连接层，这个问题才能得以解决。中世纪的比玛德瓦王公首次将孟买群岛统一为一个政治单位。东印度公司通过贸易在经济上统一了孟买，将中世纪的岛城转变为一个商业城市。英国人还填平了岛屿之间的海洋，将城市统一为一个半岛，消除了各岛之间所有的地理划分。1822年，亚洲历史上最悠久的连刊报纸《孟买新闻》（*Bombay Samachar*）开始发行，从而开创了众媒时代，将孟买人团结在对城市事件的共同认知中。此后，新的通信技术接踵而至，每一项都将人们更紧密地联系在一起：砖砌信号塔、电报、电话、传真机、拨号调制解调器、手机、互联网、移动热点、移动通信技术。我们回过头想一想，变形虫也在自己专属的心智交流系统的基础上，建立了新层次的心智连接。

每当一个城市或心智建立起一种新的连接形式，它就开启了社会组织的新阶段，提升了自身的整体适应性，这是一个城市或心智主宰自己命运的能

力。适应性的实例包括面对混沌时增加的稳定性、面对挑战时增强的灵活性，以及自我修复和自我完善能力的增强。一旦孟买通过填埋、修路和电报实现了统一，孟买某个岛屿中部发生的火灾就可以由全市消防员骑着班巴赶到火场扑灭，班巴是一种马拉的蒸汽机车。一旦建立了全市范围的消防队，整个孟买都会因安全保障的提升而受益，这进一步推进了发展循环，提高了适应性。

神经元心智由分子心智结合而成，因此获得了更强的适应性。神经元心智比分子心智更稳定、更灵活、更有弹性，也更聪明，因此能够更好地抵御不可预测的物理混沌的不断攻击。大都市原则对我们心智之旅的高潮阶段将有怎样的发现做出了明确且可证伪的预测：**不管地球上最复杂的心智最终是什么，在其低层次上也应该拥有最复杂的思维要素，包括最复杂的神经元和最复杂的分子机制。**

我们可能会问一个关于城市的问题，这一问题对于我们应该如何思考心智之旅有着有趣的启示：将现代孟买看成与史前科利渔村、古代佛教城镇，以及英国企业自治市相同的“城市”是否有合理依据？大都市原则表明这是有依据的。随着时间的推移而存续下来的不是大都市的任何特定物理元素，而是其寻求适应的内在动力，也就是部分与整体之间促进彼此发展的循环。定义一座城市的是城市建设这一游戏本身，而不是其中的游戏玩家。

除了孟买这个名字和“科利”这个常见的姓氏，科利渔村原址上的孟买已不复存在。尽管孟买的物质实体在几个世纪里发生了翻天覆地的变化，但仍有一条绵延不绝的发展线将 21 世纪的孟买与旧石器时代的定居者联系起来。按照同样的逻辑推断，人类的心智与生活在 30 亿年前能够思考的微生物的心智之间，也有一条关联二者的绵延不绝的发展线。游戏还是那个游戏，但随着游戏的发展，玩家也在不断进化。[2] 这就是大都市原则推动孟买从渔村发展为大都市，以及推动心智从认知营地到心智大都市的旅程。

第 7 章 / JOURNEY OF THE MIND

水螅的心智，开启多任务处理的新阶段

人们仍然在问，如果多件事情同时发生，那这些事情是否就成了某一事件发生的多重原因。毕竟划船者的齐心协力就是船在水中行驶的原因。

——亚历山大的克莱门特，《杂文集》（*The Stromata*）

多任务处理和神经元心智

一边走路一边嚼口香糖对大多数人而言完全不成问题。6 000 多年来，人类一边用脚转动轮子，一边用手给旋转的黏土塑形，以此来制作陶器。如今，许多人一边准备晚餐，一边用聊天软件聊天。我们将人类心智中最熟悉的一项能力，也就是多任务处理能力看成理所应当。

为了进行多任务处理，我们的心智需要同时追求两个或更多目标。这一过程涉及对两个或更多身体部位进行控制，且两项任务之间不能互相干扰。同时做两件事情对我们而言毫不费力。然而，到目前为止，我们所遇到的所有分子心智都不能进行多任务处理。

古菌、细菌和变形虫拥有简单的、同质的身体，它们的身体类似于药丸、鸡蛋、球或团块。它们不具备独立于身体其他部位运作的解剖结构，单个执行器的活动将不可避免地显著影响它们身体其他部位的活动，比如鞭毛的转动或伪足的伸展会移动身体。因此，阿奇、萨莉、埃斯卡和米拉的分子心智在它们所处环境中每次只能追求一个活动目标，它们可以奔向食物或逃离毒素，但不能兼得。

当生物体发展出专门的身体结构时，情况就发生了巨大变化。如果你拥有一根手指，你需要能使它弯曲，但这不会引起你整个身体的弯曲；如果你拥有一条尾巴，你需要尾巴能够缠绕在树枝上，而爪子也能牢牢抓住食物。任何多肢动物的心智必须能够同时控制身体的两个不同部位，这意味着它必须有能力同时追求多个目标。**多任务处理是拥有神经元心智的多细胞生物所面临的最基本的心智挑战。**这不足为奇，在心智之旅中，最简单的神经元心智就找到了解决这一问题的新方法。

水螅是一种生活在淡水中的无脊椎动物，形似一把鸡毛掸子，大小和孩童的睫毛相仿。它的身体结构简单，正如一位科学家描述的，水螅是“一根有触手的肠子”。它有一个薄而有弹性的空心柄，上面长着几根橡胶质感的触手。它的空心柄将水螅固定在水下的岩石上，而它的触手则四处挥舞，捕捉更小的有害生物，如水蚤作为食物，通过一个位于空心柄顶部和触手中间位置的孔洞，也就是它的嘴巴来吞咽食物。

水螅属于刺胞动物门，刺胞动物门包含了 1.1 万种水母、海葵和珊瑚。刺胞动物门和类似的栉水母动物门代表了两个拥有神经元最古老的生命分支，神经元是神经元心智的主要思维要素。神经元是一种特化细胞，具有与其他细胞完全相同的内部结构，如原生质、细胞器和细胞核。神经元心智中所有神经元的集合构成了心智的“大脑”。这里的大脑加双引号仍然是必要的，因为包括水螅在内的许多神经元心智并不是一个真正的大脑器官，而是一个分散的神经元网络。

感受器神经元和执行器神经元与分子心智中的感受器和执行器扮演着相同的角色。每个神经元都由分子思维要素构成，包括将神经递质释放到突触中的分子执行器和检测神经元膜上电压的分子感受器。从功能上讲，每个神经元都是一个独立的分子心智。[1]

关于神经元的起源存在着巨大的争议。[2] 神经元可能是由分泌细胞、皮肤细胞或电信号细胞中的一种演化而来，也可能是同时从这几种细胞中演化而来，抑或是来自与这几种细胞完全不同的其他细胞。我们也不清楚是刺胞动物门还是栉水母动物门率先发育出了神经元；是两类动物各自独立发育出了神经元，还是神经元产生于两类动物的共同祖先，比如海绵动物。

水螅心智中的神经元是我们在旅途中遇到的最原始的神经元。与动物界的大多数神经元不同，水螅的神经元是非极化的，它们可以通过与另一个神经元的任意连接来接收、输入信号，并通过所有神经元之间的连接来传递、输出信号。相比之下，更先进的极化神经元则使用单个专用的输出连接来传递信号。

神经信号比分子信号传播得更快、更可靠、更有针对性，且更远。这使得神经元心智比分子心智更稳健，拥有更多的功能，就像电话通信比挥舞着旗帜的旗语通信更稳健、功能更多一样。和其他所有心智一样，在将感觉输入转变为行动输出的过程中，神经元心智的思维过程是由其所有思维要素通过整体性、实时的互动过程来实现的。

互补性思维，心智之旅的终极原则

既然水螅的触手、空心柄和嘴巴各自执行不同的功能，它们就需要一种能够同时管理触手思维、柄思维和嘴巴思维的心智。例如，水螅必须能够在不摆动空心柄的情况下挥舞它的触手；能够在不干扰其触手的情况下张开和闭合嘴巴；空心柄必须能够在不干扰嘴巴吞咽食物的情况下伸展或收缩。

水螅的身体体积可以比变形虫的大 1 亿倍，这种体积的增加意味着神经元心智所处的环境范围也在扩大，鹅卵石、树叶和种子这样的宏观物体成为有用的资源。单细胞生物，尤其是细菌和古菌，不断受到随机热噪声，也就是布朗运动的冲击。当它们试图移动时，例如以转动鞭毛的方式前进，由于受到大量分子的撞击，它们会偏离轨道，最终不可避免地沿着一条不规则的路径朝着目标前进。但对包括水螅在内的多细胞生物而言，布朗运动不再能影响它们，执行器可以更可靠地执行有目标的行动。

更广阔环境中的机遇与危险需要如触手这样新的身体部位来应对。当一个心智的身体和环境发生巨变时，它的“大脑”也必须产生巨变。

为了了解神经元心智的运作，请允许我们向您介绍触手博士（见图 7-1）。

触手博士拥有自然界最简单的神经系统。它的整个身体仅由薄薄的胶质状皮肤和分两层排列在皮肤内的感受器和执行器构成。感受器神经元位于面向环境的外层，即外胚层，与执行器神经元相连。执行器神经元也叫神经节神经元，位于外胚层和内胚层之间，且与位于这两层中间的肌细胞相连。

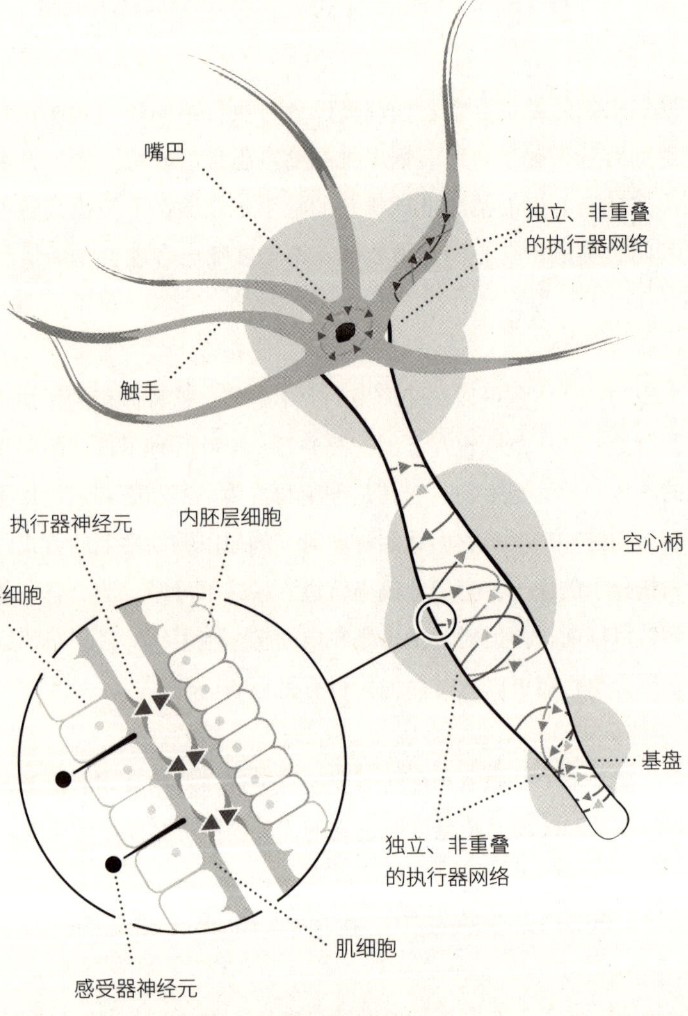

图 7-1　触手博士的心智

执行器神经元连接在一起形成网络，[3] 这些执行器网络使得触手博士能够解决多任务处理问题。

触手博士身体的每一部分都以不同的方式与环境进行交互，它的每个身体结构都包含一个独立的执行器网络，每个网络都由相互连接的执行器神经元构成。由于触手博士的执行器神经元是非极化的，如果任何一个神经元被激活，其信号将迅速向外传播到它所连接的每一个执行器神经元，直到其网络中的所有神经元都被激活。如果一个神经元启动，那么所有神经元都将启动。而当执行器网络中的所有神经元都启动时，它们会激活与该网络相连的所有肌肉。

触手博士身体的每个部分都有一个全有或全无的执行器网络，这为它提供了一种简洁的方式来控制自己的身体结构。例如，当触手网络被集体激活时，触手会向嘴巴弯曲；当嘴巴网络被激活时，嘴巴会张开；当基盘网络被激活时，基盘会紧紧抓住地面；当柄部网络被激活时，柄会伸展。

触手博士还会执行相应的相反行为，比如让触手向远离嘴巴的方向弯曲、松开地面、收缩空心柄。一些执行相反行为的执行器网络在水螅中成对排列。例如，一个执行器网络使空心柄伸展，而另一个执行器网络则使空心柄收缩。将两个具有互补目的的神经元网络进行配对生动体现了心智之旅的终极原则——互补性思维原则。

让我们回顾一下前 3 个原则：

1. 具身思维原则认为，每个心智都是由“大脑”、身体和环境组成的，而思维与这三个部分之间的相互作用有关。
2. 篮球比赛原则认为，思维是由整体性的、实时互动的行动所构成的，即思维是“同时发生的”。
3. 大都市原则认为，当心智整体上变得具有适应性时，其较低层次会变得更具有适应性，反之亦然。同时，当心智在整体上变得更加适应时，它自然会建立一个新的思维层次，这个新的思维层次会统一前一个层次的思维要素。简言之，心智之旅往往会产生一个不断上升的思维要素的层次结构。

心智进化精要 JOURNEY OF THE MIND

互补性思维原则，追求共同目标的统一心智动态

互补性思维原则认为，心智变得更智能，即更有适应性的最常见方式，就是将两种服务于不同目标的心智动态结合起来，从而建立一个可以追求新的共同目标的统一的心智动态。

每个心智都会使用互补性思维，连不起眼的古菌也不例外。自然界中最简单的互补性思维赋予了古菌思维的能力：通过对光线做出反应的感受器与用于推进的执行器之间的互补配对来实现共同目标——寻找光线。互补性思维也是更复杂的心理活动的基础，包括视觉、听觉、对象识别、寻找目标、计划、意识、象征性、语言和爱等。我们将在接下来的章节中更深入地探讨互补性思维，而现在我们要注意到，通过整合两个追求不同目标的网络，心智可以通过相互交错的活动来达成第三个更高级的目标，比如水螅通过柄部伸展网络和柄部收缩网络实现肠道波浪式的蠕动以帮助消化。

水螅如何同时执行多个目标

触手博士没有感受器网络。触手博士的每个感受器都与一个执行器相

连，而不是与另一个感受器相连。如果一个感受器的神经元被刺激触发，那么与该感受器连接的整个执行器网络就会启动。这意味着单个感受器可以触发整个身体的运动。然而，这种机制的简单性也意味着触手博士不具备感知能力，即无法识别多感官输入的模式，它甚至无法辨别出特定的感觉到底发生在身体的哪个部位。触手博士的感觉系统就像办公大楼里的火警报警器：当你听到警报声时，你知道发生了火灾，但不知道起火的确切位置。虽然你很清楚该怎么做——快逃！

那么，这种感受器与执行器网络的连接是如何解决多任务处理问题的呢？为了找到答案，让我们来仔细看看触手博士是如何张嘴的。

触手博士的嘴巴周围环绕着一圈感受器神经元。每个感受器都向一个执行器发送信号，每个执行器又是执行器网络的一部分，而这个执行器网络也环绕着嘴巴。这些执行器与从孔洞中心向外辐射的肌肉相连接，这些肌细胞被称为放射状肌纤维。如果一个触手将一块食物推到嘴巴上，也就是说嘴巴周围的一个感受器通过接触被激活，那么这个感受器就会启动，整个嘴巴执行器网络就会开始行动。

激活的感受器会向它的执行器发送信号。执行器会立即激活其两侧邻近的执行器，这些邻近的执行器又接着激活邻近它们的执行器，从而形成一连串的激活反应，像浪潮一样向着远离被激活的初始感受器的方向传播。当执行器的激活反应在嘴巴周围移动时，它就会引起嘴巴放射状肌环的收缩，从而将触手博士的嘴巴张开，就像瞳孔放大一样。它张嘴的过程并没有打断它触手的弯曲、基盘的紧抓或空心柄的伸展，这种目标的划分就是多任务处理（见图 7-2）。

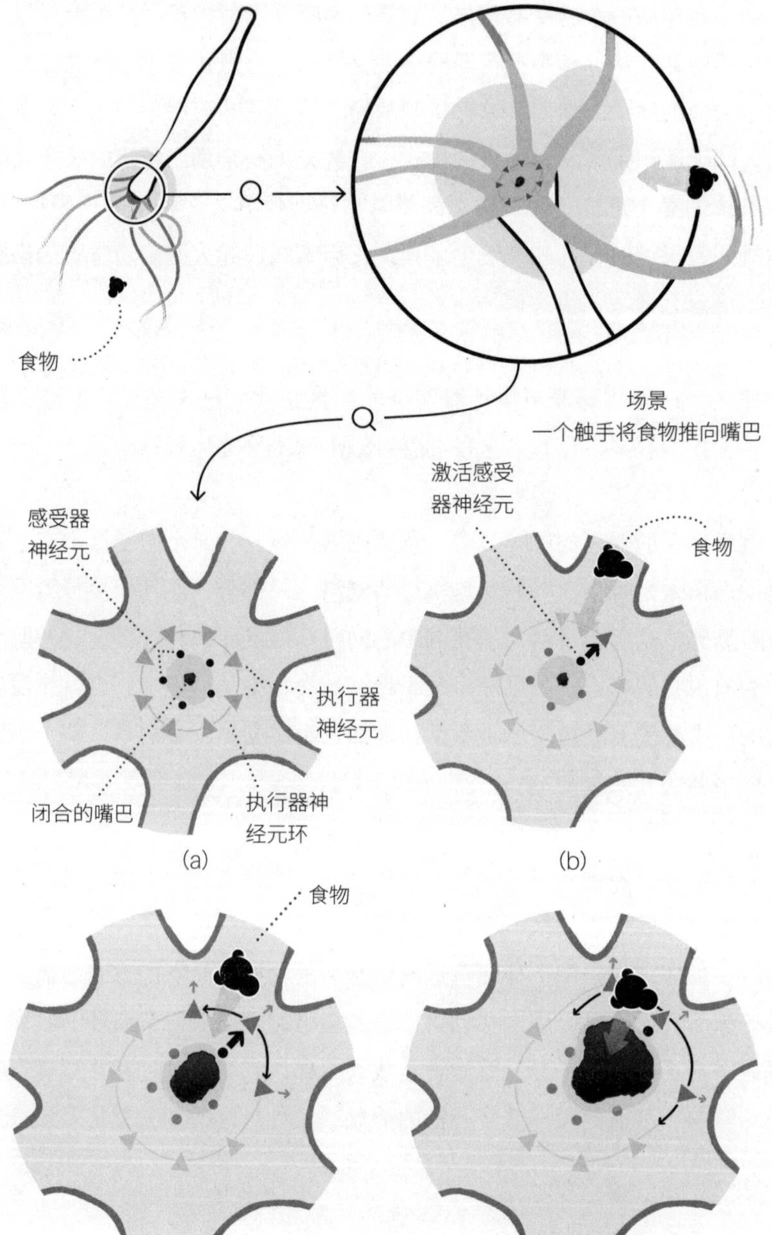
食物
场景
一个触手将食物推向嘴巴
感受器
神经元
执行器
神经元
闭合的嘴巴
执行器神
经元环
(a)
激活感受
器神经元
食物
(b)
食物
(c)
(d)

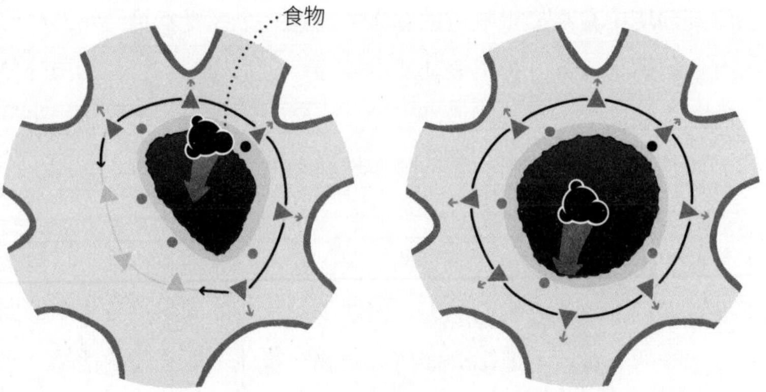

图 7-2　触手博士张开嘴巴

注：图（a）中，嘴巴被感受器和执行器神经元环绕着。

图（b）中，一个感受器神经元被接触到的食物激活，向执行器发送信号，执行器伸展以张开其一侧的嘴巴。

图（c）中，每个执行器神经元都是双向执行器神经元网络的一部分。当一个执行器神经元被激活时，它会将信号传递给它邻近的执行器神经元。

图（d）中，每个邻近的执行器神经元又激活与它相邻的执行器神经元。每个激活的执行器伸展其一侧的嘴巴。

图（e）中，信号最终穿过整个神经元环，在另一侧相遇。

图（f）中，所有的执行器神经元被激活，它们伸展后，触手博士张开了嘴巴。

水螅的嘴巴与身体的其他部位一样，都由相同的“皮肤”或上皮细胞组成。奇怪的是，当水螅的嘴巴闭合时，它能无缝地自我密封，就像《黑客帝国》中尼奥的嘴巴被特工缝合的场景一样。然而，即使闭合得平滑且完整，当嘴巴再次张开时，总有一些中心区域的细胞像括约肌一样分开。

从水螅的执行器网络的心智创新中获得的一个关键信息是，与分子心智一样，在水螅的心智中没有中央控制器或“决策者”，也没有专门的回路或专门的神经元来决定张开嘴、伸展空心柄或弯曲触手。相反，“决策”是由恰好探测到环境中存在值得响应的刺激的任意一个感受器神经元发起的。水螅也没有任何感觉表征、价值表征或运动指令。水螅的心智与细菌的分散决策方式有很多共同之处，奔跑或翻滚的“决定”不是由一个指定的决策回路做出的，而是贯穿整个细菌心智的整体性活动的结果。

不具备真正大脑的心智有明显的局限，这也是我们在比水母更复杂的动物身上没有发现水螅式心智的原因。因缺少对执行器网络进行集中控制的控制中心，水螅的心智就不能学会如何“协调”身体不同部位的活动。水螅可以勉强执行某些复杂行为，比如用触手将食物推向嘴边，然后自动张开嘴巴进食。但这样的心智永远不可能学会使用陶轮。水螅能同时执行多个目标，但它不能同时“协调”多个目标。

尽管水螅有多任务处理的天赋，但它象征着心智之旅的一条死胡同。为了得到进一步发展，神经元心智必须找到一种方法来协调它的执行器网络。

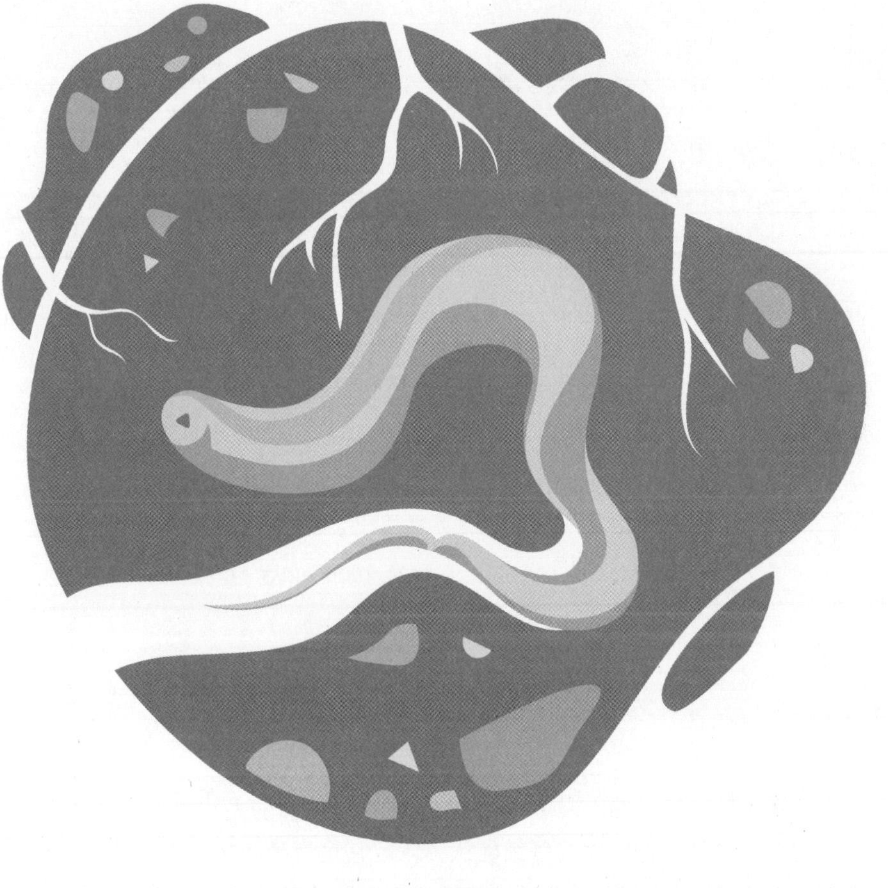

第 8 章 / JOURNEY OF THE MIND

线虫的心智，
首次实现思维的集中控制

左想想，右想想，上想想，下想想。
啊，只要你肯想，你就能有奇思妙想！

——苏斯博士，《你能有多少奇思妙想》
（*Oh, the Thinks You Can Think!*）

双头羊驼，两个脑袋争夺控制权

小说《怪医杜立德》[1]（*The Story of Doctor Dolittle*）介绍了一种四条腿的怪兽，经过杜立德医生的仔细确认，认定它是瞪羚和独角兽的杂交后代。它有一个尤其与众不同的特征——两个脑袋。一个脑袋朝向前方，就像所有瞪羚一样；另一个脑袋则径直向后。这种据说是“非洲丛林中最珍稀的动物”，它被称为双头羊驼。

由于脑袋朝向相反的方向，双头羊驼可能会进行持续的拉锯战，那它是如何去往各地的呢？当两个大脑被拴在一起时，它们是如何做决定的呢？虽然杜立德在书中对这一关键点只字未提，但我们能设想一种可能的解决方案：在任何特定时刻，哪个脑袋有更强的移动动机，哪个脑袋就能获得控制权，并随心所欲地移动身体。

当然，如果另一个脑袋持续反抗，这可能会引发麻烦。因此，让我们在双头羊驼的神经系统中再增加一个设定吧：失败的脑袋会进入睡眠状态。换句话说，当动机更强的脑袋赢得了对身体的控制权，另一个脑袋就安静地打个盹。但是，一旦第一个脑袋的动机减弱，也许它找到了梦寐以求的燕麦槽，并饱餐了一顿，那么另一个脑袋就会醒来，它们将再次争夺控制权。

这种双头羊驼式的思维有助于阐明心智之旅的下一个创新：首个专门的决策回路。

线虫心智的优势，神经多样性和网络复杂化

本章聚焦于地球上最伟大的幸存者之一——不起眼的线虫。请注意，它不是蚯蚓，蚯蚓是蠕虫进化史中一个相对年轻的存在。这一章的主题是线虫中的秀丽隐杆线虫。

早在动物移居至陆地之前，这种微小生物就已经在海底滑行了。如今，线虫繁盛地生长在地球上的每一个栖息地，包括森林、海洋、苔原和山脉，偶尔还会出现在我们的身体里。如今，线虫的数量大约占到地球上所有动物数量总和的 80%。它们至少在 3 次生物大灭绝中幸存下来，包括恐龙灭绝的那次。一些用于科学研究的线虫，甚至在坠毁的火光冲天的哥伦比亚号航天飞机中幸存了下来。

秀丽隐杆线虫是生物学研究中最受关注的研究对象之一。因此，我们对它的身体、环境和“大脑”都有相当多的了解。在温带气候下，秀丽隐杆线

虫栖身于土壤之中，以腐烂植被中的细菌为食，尤其是腐烂水果中的细菌：奔跑和翻滚的大肠杆菌是它的美味佳肴。将线虫誉为“泥土中的主宰者”似乎合情合理，毕竟每平方米的土壤中可能包含100万条线虫。

秀丽隐杆线虫长约1毫米。除了最小的水螅，它比几乎所有的水螅要小。乍一看，线虫的心智发达程度似乎落后于水螅。秀丽隐杆线虫的身体不仅更小，结构也更简单。事实上，它根本没有四肢。如果说水螅是“一根有触手的肠子”，那么线虫就是一根肠子，仅此而已。

每条雌雄同体的秀丽隐杆线虫恰好拥有959个细胞，不多也不少，如此固定的细胞数量在自然界中是极其罕见的。[2]一只成熟的水螅有数千个神经元[3]，有时甚至超过6 000个，但秀丽隐杆线虫只有302个神经元。整个秀丽隐杆线虫的突触总数约为7 000个，大约是你大脑皮质中单个锥体神经元上突触数量的1/4。

然而，尽管线虫拥有比水螅更简单的身体和更小的“大脑”，但线虫更聪明。它朴实无华的心智能够向我们阐明让神经元心智变得更具适应性和更智能的两种主要方式：

- 神经多样性。
- 网络复杂化。

第一种方式是通过神经多样性[4]，即创造新种类的神经元。尽管教科书经常将神经元描述为具有单一输出连接的轴突和许多输入连接的树突的斑点状细胞体，但不同于书中的标准形式，科学家们已经在整个动物界中发现了成千上万种不同的神经元。

为什么线虫比水螅更聪明

神经元的形状、大小、新陈代谢、胚胎发育、感知方式、信号传递方式、反应方式和髓鞘形成模式各不相同。神经元的形状可以是星形、锥体、球体、纺锤体、线形、金字塔状或多面体，类型包括杏仁核多棘神经元、嗅觉簇状神经元、卡列哈侏儒神经元、浦肯野神经元、包钦格神经元和佐伊伯格神经元等。自然界中一些最简单的神经元是在一种名为缨小蜂的胡蜂中发现的，这种昆虫体型微小，长度不及变形虫的一半，它的神经元极度简化，甚至没有细胞核。

虽然水螅的心智包含12种不同类型的神经元[5]，但秀丽隐杆线虫拥有至少70种神经元。举例而言，线虫有一个复杂的嗅觉神经元，它可以利用一系列新的分子思维要素来检测1 700多种化合物。神经元多样性是神经元心智变得更聪明的一种主要方式。

第二种方式是通过网络复杂化，即将神经元以新的结构连接在一起，从而产生新的心智动态。网络复杂化为线虫应对复杂环境中的决策挑战提出了创新性的解决方案。在不确定性情景中做出选择是每个心智存在的意义。无论是蝌蚪、大黄蜂、线虫，还是你的心智，皆是如此，这也体现了探索困境的内涵。细菌决定奔跑还是翻滚，变形虫决定进食还是逃跑，水螅决定吞咽还是吐出，这些心智都依靠对刺激的非条件反射做出决定，这与医生用橡胶锤敲打我们的膝盖时，我们无意识踢脚的“决定”别无二致。这些心智中没有也不需要专门的决策回路，但线虫的情况则有所不同。

线虫使用两个执行器网络来控制它的运动，其中一个网络控制前进运动，另一个则控制后退运动。这种执行器网络的配对是互补性思维原则的另一个例子。请记住，互补性思维使得两个网络在追求各自目标的同时，也能为共同的目标合作。在线虫的互补性执行器网络中，这个共同的目标就是在土壤中钻进钻出。

水螅的执行器网络由一个来自感受器神经元的信号作为简单的触发器激活，但线虫所面临的挑战需要用更复杂的方法来激活执行器。秀丽隐杆线虫生活在一个满是土壤和腐烂植被的世界，它必须努力地钻进钻出。为了适应这种更复杂的环境，具有神经多样性的线虫心智使用比水螅种类更多的感受器神经元来评估气味、味道、触觉、振动、重力和温度。但是，感受器种类的增加也带来了新的问题。

线虫不能像水螅那样对每一个新的刺激都做出非条件反射，因为强行穿过土壤比在水中弯曲触手需要更多能量。如果线虫对每一缕气味或每一次模糊的振动都做出新的反应，它就会不停地消耗能量。因此，线虫必须仔细评估在任何特定时刻冲击它的所有感官信息，然后决定是继续沿着原来的方向前进，还是朝向其他地方。在决定是探索还是继续开发之前，线虫必须权衡现有的证据。

解决这一证据权衡问题的心智创新，将一个史无前例的神经元和一个史无前例的网络结构结合了起来。

思考者，“胜者为王”

女士们，先生们，让我们有请泥土公爵。

迄今为止，我们旅程中的所有“大脑”都是由感受器和执行器这两种思维要素构成，如今**线虫增添了第三种思维要素——思考者。**

思考者总是位于感受器和执行器之间，它的工作是将感觉转化为行动。它接收来自感受器或其他思考者的信号，并将信号发送给执行器或其他思考者。思考者与外部世界或内部身体没有直接联系，它只是通过它的感受器和执行器兄弟们间接地认识世界（见图 8-1）。

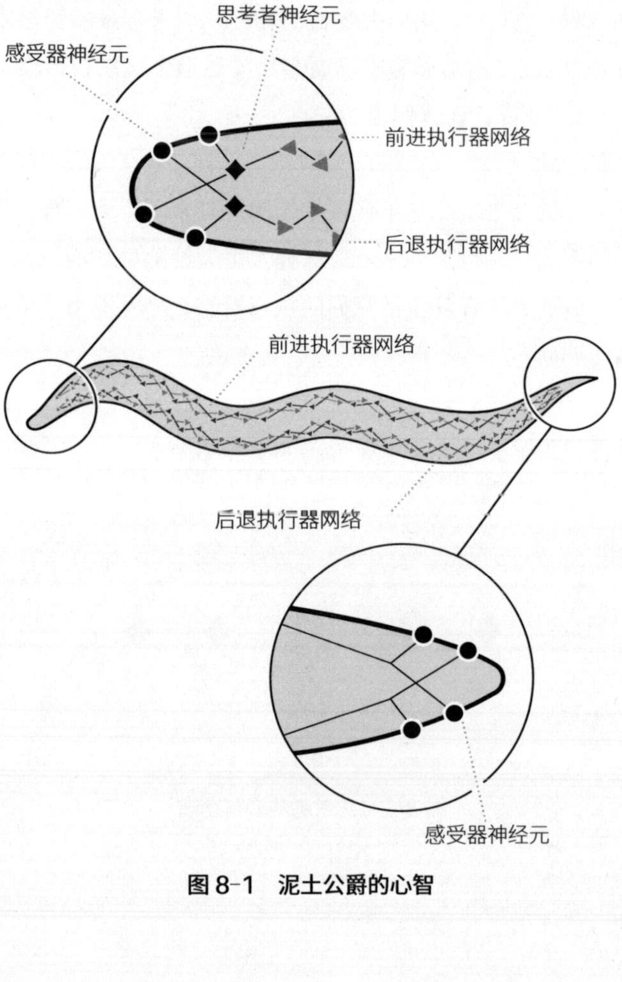

图 8-1　泥土公爵的心智

泥土公爵拥有两个思考者神经元，其中一个用于激活向前运动的执行器网络，另一个用于激活向后运动的执行器网络。每个思考者神经元都能接收感受器输入的信息。

思考者神经元权衡[6]由公爵的感受器神经元提供的环境输入信息，然后将评估结果转换为信号，发送至执行器网络。这个信号的强度与感觉证据的强度成正比。例如，如果公爵前端的嗅觉感受器探测到前方有一股强烈的美味细菌的气味，“前进－运动思考者”就会给“前进－运动执行器网络”发送一个强烈信号：“来吧，我们去吃自助餐！”如果毒素感受器嗅到前方有毒素的迹象，“后退－运动思考者”就会给“后退－运动执行器网络”发送一个微弱信号：“或许，让我们退后一点……”

这些竞争性的指令也凸显了证据权衡问题带来的主要困难：如果嗅到前方既有可口的细菌又有危险的毒素怎么办？更笼统地说，如果相互矛盾的证据促使前进与后退思考者都激活它们的执行器怎么办？泥土公爵如何解决这些互相矛盾的冲动？

答案是像双头羊驼那样行事（见图 8-2 和图 8-3）。

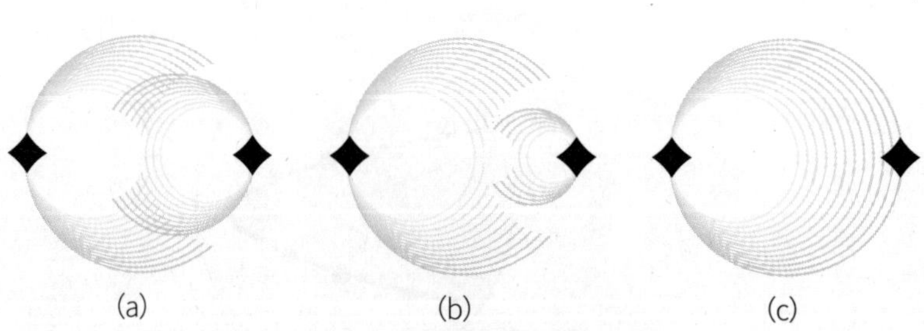

图 8-2　思考者的心智动态

注：每个思考者神经元发出一个抑制性信号试图关闭另一个神经元，信号更强的神经元获胜。

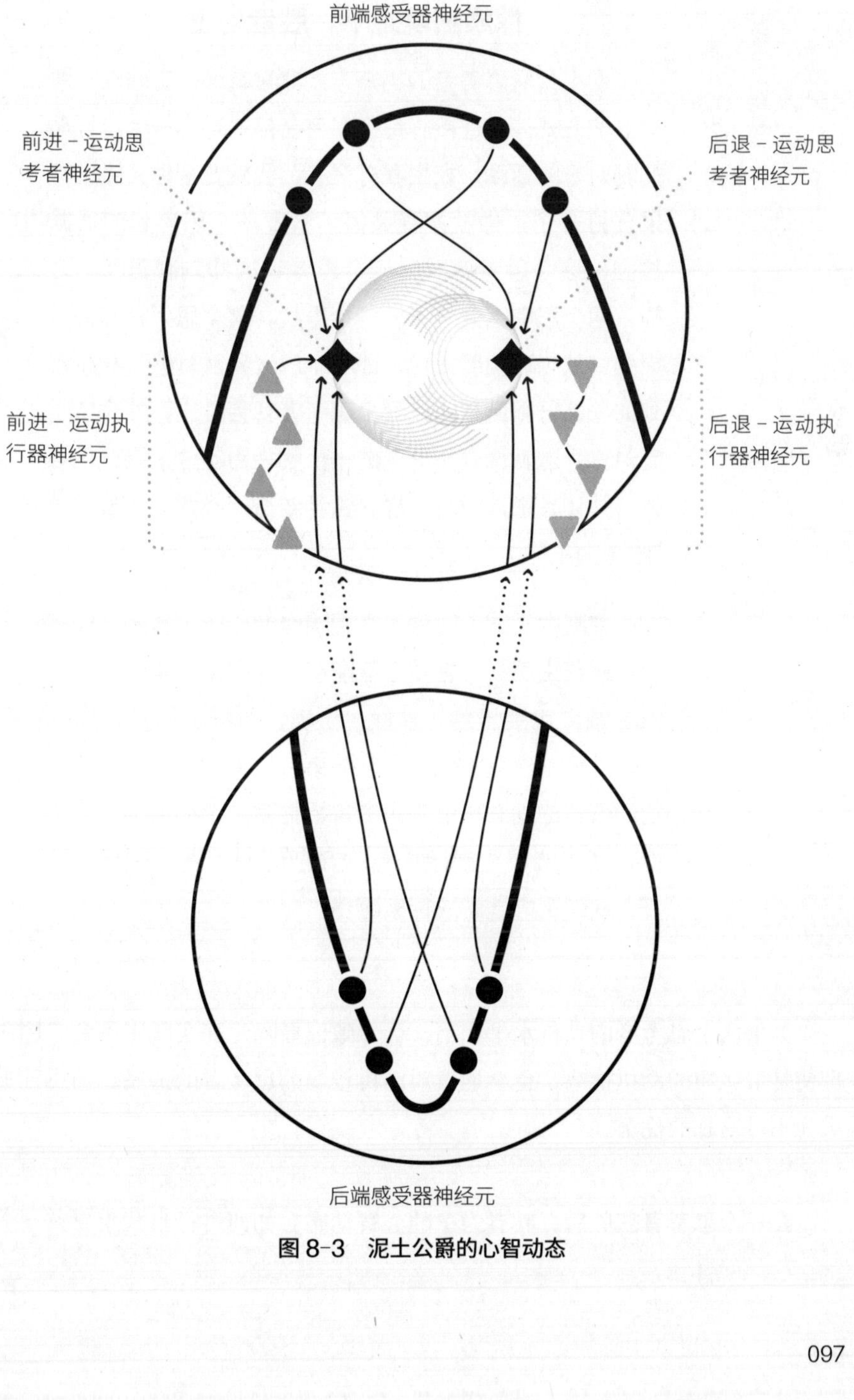

图 8-3 泥土公爵的心智动态

探索困境之下，胜者为王

泥土公爵思考者的构造方式非常有趣，它们以一种对立的方式彼此连接。每个思考者都能发出一个信号来抑制对方的活动：如果我打开了，我就要把你关掉；如果你打开了，你就把我关掉。激发一个思考者的证据越强，这个思考者对另一个思考者的抑制就越强。这样，两个思考者会陷入一场拉锯战。哪个思考者的动机更强，从物理角度来说，即哪个思考者从其感受器接收到的总信号强度更大，哪个思考者就会胜出，并完全压制对方，这就像双头羊驼的一个脑袋钳制住了另一个脑袋，并让其进入睡眠一样。这种新奇的心智动态被称为“胜者为王”。

胜者为王的心智动态在更高级的心智中普遍发挥作用。对线虫而言，它使心智能够同时权衡环境中的多个信息源，包括温度、盐度、湿度、气味、质地、振动等，并辨别出有吸引力的刺激集合带来的吸引是否比令它们厌恶的刺激集合带来的抗拒更强。这种增强的敏感性让线虫能够在前所未有的复杂情况下做出明智的选择，从而更好地解决探索困境。

如果两个思考者的动机水平相当，会导致僵局吗？在实践中不会，因为即使是最微弱的动机优势，也会通过对动机较弱的思考者的抑制，而迅速放大为不可逾越的优势。

在一个思考者获胜后，胜者为王的心智动态会如何进行自我重置并重新开始呢？步骤就像双头羊驼一样：一旦获胜思考者的感觉证据开始减弱，特别是当失败思考者突然被扑面而来的新感觉证据所激发时，抑制信号就会减弱，从而减弱对失败思考者的控制。获胜思考者的适应也起到了一定的作用。比如，很多人觉得芝士蛋糕很好吃，但不管第一口有多好吃，连续吃了 50 口之后，你就会渴望品尝新的东西了。

线虫通过神经多样性和网络复杂化两种方式，即引入思考者神经元和胜者为王的心智动态，迈出了产生意识、语言和自我的过程中不可或缺的一步。**线虫的心智中仍然没有专门的“决策神经元”，但首次有了一个决策回路。**泥土公爵的思考者就像一对没完没了斗腕的市长，每个回合的获胜者将决定这座城市接下来的行动。

通过在线虫的两个运动网络之间插入一个决策回路，线虫成功地避开了阻碍水螅分散式心智进一步发展的死胡同。具有胜者为王心智动态的思考者神经元，不仅能够决定激活哪一个执行器网络，而且具有协调多个执行器网络同步活动的潜力。

简言之，线虫的心智首次实现了对思维的集中控制。[7]

第 9 章 / JOURNEY OF THE MIND

三角涡虫的心智，货真价实的大脑出现了

如果我有一个大脑，生活将无限美好。

——《绿野仙踪》中的稻草人

解决感知问题，身体首次重构自己适应“大脑”

点和圆之间有何区别？一点杂音和一串叹息之间呢？乙醇的气味和香奈儿 5 号香水的气味之间呢？每一对事物都表明了“感觉”(sensing) 和“感知”(perceiving) 之间的区别。事实上，它们也表明了有没有大脑参与的区别。

在我们的心智之旅中，目前还没有心智具备感知能力。事实上，我们可以毫不夸张地说，以往所有的心智都是以相同的方式体验着每一种感觉。尽管分子心智和先前所述的两种神经元心智拥有光感受器、化学感受器、温度感受器和振动感受器，但在这些心智中，看、闻、触摸、尝和听的心智动态毫无区别：它们都是在用不同形式的感受器，玩相同的感觉游戏。

在这些朴实的心智中，感觉来自单一的感受器。感受器探测刺激，并直接向执行器或思考者发送信号。这些感觉信号传递着简单的信息，即是否存在刺激，也许还包括刺激强度的大小。但你仔细想想是否缺失了什么——这些心智并没有试着将多个感觉信号结合起来，形成一个感觉模式。

古菌阿奇的感受器对光的强度做出反应，但它的心智没有形成边缘、表面、层次或形状的概念。如果阿奇是个画家，它的视觉作品将仅限于在全黑的画布上点缀着亮度不一的白点。沙门菌萨莉的感受器对食物颗粒做出反应，但在它的心智中并没有一个特定的活动模式对食物的浓度进行量化。食物梯度的概念是隐含且推断而来的。它的心智中也没有形成“风味剖面”的概念，比如“虽然难闻，但香甜可口”。相反，萨莉的心智将“尝到的”分子分为可食用的、有毒的，或可忽略的。触手博士的感受器会对触碰做出反应，但它的感受器并不能彼此合作来判断到底是棉签还是铅笔戳了它。它甚至不能确定到底是自己的哪个部位被触碰了，它只能做出有没有东西触碰自己的判断。

线虫标志着心智感觉动态的一个关键转变。秀丽隐杆线虫拥有复杂的嗅觉感受器神经元，能同时评估多种气味，如酒精、苯甲醛和丁酮等。这些神经元能够辨别气味，形成了嗅觉模式。

感觉模式是多种感觉刺激的集合，这正如数字图像是由许多单个像素块组成的。**从形式上看，我们可以将感知定义为：对不同的感觉模式进行区分，并根据特定的感觉模式启动行为的能力。**根据这一定义，线虫仍然不具备真正的感知能力。因为在线虫的心智中，检测到特定的感觉模式并不能引发特定模式的行为。尽管线虫的感受器神经元可以区分出不同的气味混合体，但每个神经元仍然将一个特定的气味混合体转换成一个简单的一维信号，而不是输出一个气味模式，比如它传递的信号是“这里有一种强烈的吸引自己的气味！”，而不是“这个泥土充满了玫瑰和薰衣草的气味，还有一丝令自己愉快的腐烂味！”。线虫的嗅觉神经元是能够“感觉”气味的分子心智，但它的神经元心智却不具备感知能力。

任何心智，如果能够学会利用物理环境中的模式，那它将受益匪浅，但要做到这一点并不容易。每一类物理刺激都需要独特的感觉动态来感知。飘浮在空气中的挥发性化合物与在潮湿表面相互作用的化合物的表现不同，前者是嗅觉，后者是味觉；物体之间的碰撞与物体内部振动的表现不同，前者是触觉，后者是温觉；光子与声音振动的表现不同，前者是视觉，后者是听觉。照相机和麦克风不能通用，原因就在于照相机利用电路处理视觉模式，麦克风利用迥然不同的电路处理音频模式。

为了利用物理现实所固有的丰富的模式结构，心智必须形成各种新的动态，每一种动态都需要契合不同类别感觉输入的特性，包括气味、视觉图像、味道、触摸和声音，这就是感知问题。

为了解决感知问题，身体首次需要重构自己来适应“大脑”，而不是“大脑”重构自己来适应身体。

货真价实的大脑，三角涡虫的重大创新

三角涡虫有一个柔软、扁平、褐色的楔形身体，头部呈圆角三角形。三角涡虫大约有 1 厘米长，比线虫大得多，这意味着它是我们旅程中第一种易于被肉眼看见的生物。当沿着植被匍匐前进或在地上蠕动时，它看起来很像水蛭或蛞蝓，这或许是一种只有博物学家才会喜欢的生物。它的嘴位于身体的腹侧，因为不具备循环或呼吸系统，所以直接通过皮肤呼吸。

乍一看，三角涡虫似乎并没有比线虫升级多少。它的体型更大，但没有

四肢，而是像其他蠕虫一样蠕动着。即便如此，在进化史上，三角涡虫的可追溯时间要比秀丽隐杆线虫早 1 亿年左右，这使它成为这两种古老蠕虫中的前辈。然而，三角涡虫比它的后辈远亲更聪明，因为它有感知能力。

毫无疑问，三角涡虫的心智处理的是集合感觉模式，而不是单个感觉信号。看，有一只三角涡虫正扬扬得意地炫耀感觉器官。让我们来认识一下扁头教授吧！

三角涡虫最引人注目的特征也许是它的两只单眼，看起来就像一双交叉的眼睛。因为缺乏晶状体和瞳孔，它们并非生物学家认定的真正的眼睛，但它们的确是视觉器官。单眼通常被称为眼点或眼杯，凹面用于收集和聚焦光线，从而为三角涡虫心智的处理过程提供更结构化的视觉输入模式。

三角涡虫的头部两侧还伸出两个尖尖的小附属物，看起来像耳朵，这也是它们被误称为“耳突”的原因。虽然它们确实是感觉器官，但耳突并非用于倾听声音，而是用于闻气味。耳突含有感受器神经元，可以辨别自由漂浮的化学物质。因此，眼点和耳突不仅仅是感觉器官，而是感知器官（见图 9-1）。

感知器官的诞生以及对环境模式的感知能力需要三项创新。前两项创新与推动所有神经元心智发展的创新相同：新型神经元和新型网络。三角涡虫至少有 150 种不同类型的神经元。耐人寻味的是，这种 5 亿年前就已出现的三角涡虫神经元与人类神经元有着众多相同的特征，包括相同的神经递质[1]，如 5- 羟色胺、多巴胺、乙酰胆碱和 γ- 氨基丁酸等，以及相同的神经元结构，即胞体、树突和轴突。多极神经元在无脊椎动物中很罕见，它具有一个传出轴突和多个传入树突的神经元，但在脊椎动物和三角涡虫中无处不在……

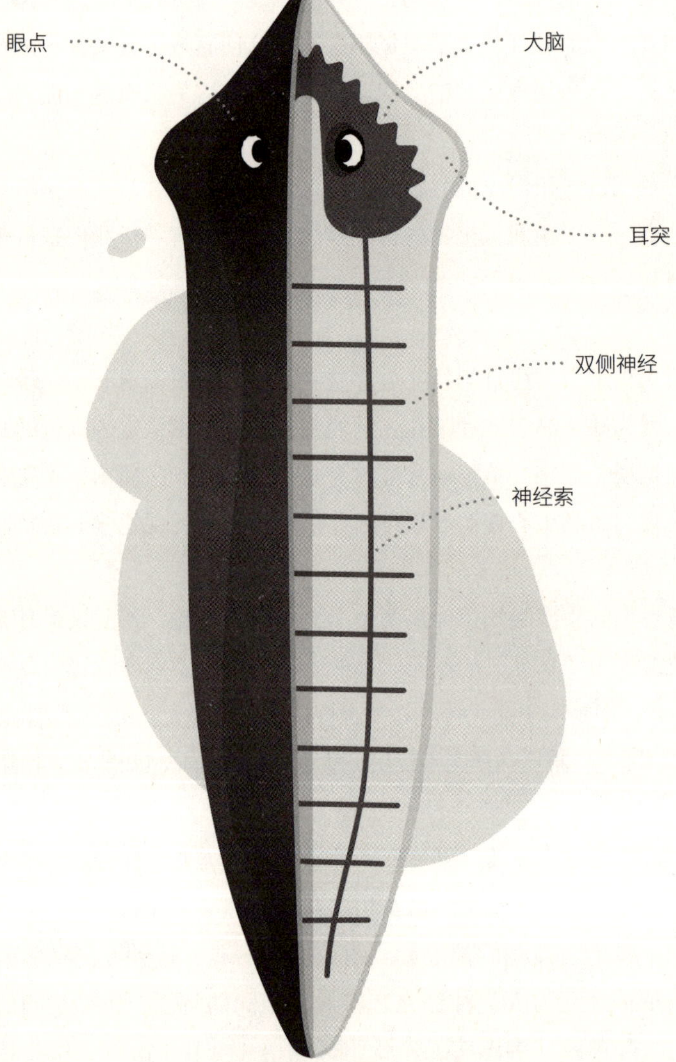

图 9-1　扁头教授的构造

在心智之旅中，三角涡虫创新性地引入第一个感受器网络来解决感知问题。但拥有知觉不仅需要一个统一的感受器网络，还需要一副改进了的身体。到目前为止，集合了所有思维要素的心智“大脑”主要是由身体结构决定的。例如，水螅的执行器网络沿着触手、嘴巴和空心柄的轮廓排列，线虫的思考者神经元镶嵌在贯穿线虫整个身体的两个运动网络之间。但是在三角涡虫身上，为了适应“大脑”的需要，身体被重塑了。

其实，已经没有必要再加上双引号了。三角涡虫最重大的创新就是出现了一个货真价实的大脑。[2]

头部出现，三角涡虫获得主动感知能力

图 9-2 所示是扁头教授的大脑。

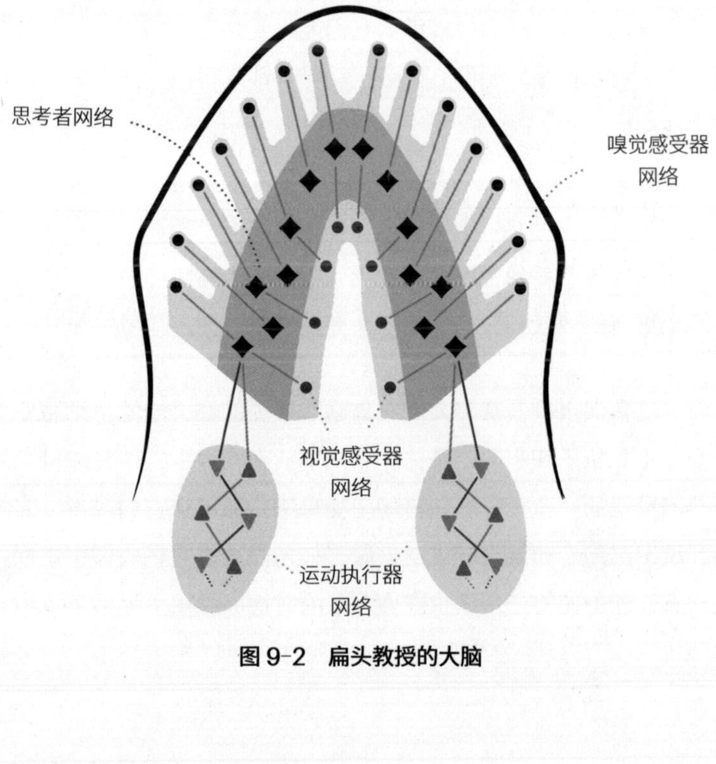

图 9-2　扁头教授的大脑

扁头教授的大脑像一个倒U形，几个不同的区域对应着不同的神经元网络。在U形的底部边缘和每个眼点的正下方都分布着视觉感受器网络。嗅觉感受器网络在U形顶部的周围，其分支从大脑中延伸至耳突皮肤上的毛孔。思考者网络位于视觉和嗅觉感受器网络之间。思考者网络与运动执行器网络相连，顺着扁头教授的左右两侧向下延伸，这和泥土公爵的构造相同。

在我们的旅途中，扁头教授的心智是首个[3]对混沌的现实世界分开刻画的心智。通过感知物理环境中的不同模式，扁头教授可以利用特定感觉的模式来执行复杂的行为。

三角涡虫是第一种能够在复杂环境中导航的生物，会对触碰做出消极反应。与水螅不同的是，它们的触觉感受器网络可以识别身体被触碰的部位，然后它们会移动身体，远离挑衅者。它们能感觉到自己翻倒了，并立即将自己翻转过来。对水流很敏感的它们会主动寻找活水，当发现水流时，它们会逆流而上。

三角涡虫甚至可以表现出捕食等更复杂的行为，比如一种名为水蚤的小型甲壳动物就是它的食物之一。当三角涡虫发现水蚤时，它会分泌一种黏性液体，使水蚤无法动弹，然后像蟒蛇紧紧地盘绕老鼠一样盘绕猎物。

有时，三角涡虫也会从猎人变成猎物。一类已经灭绝的单细胞原生动物类似于变形虫和精子细胞的结合体。它们生活在淡水中，经常成群结队地捕食，用充满毒素的“鱼叉”刺向猎物。如果三角涡虫被它们攻击，它将剧烈地扭动，试图逃跑。如果没能成功逃脱，三角涡虫就会将头伸出水面，防止被刺伤。感知能力使得三角涡虫在面对危险时能够做出更灵活的反应。

心智进化精要
JOURNEY OF THE MIND

头部形成引入主动感知，将混沌的现实世界分开

三角涡虫的大脑是由具身思维原则驱动的两大发展趋势的产物。将眼点放在身体前端非常合乎情理，因为这样能够让三角涡虫看到自己想去的地方。耳突也是如此。嗅觉器官也应该位于前端，这样就可以嗅到正前方的气味。一旦感知器官集中在身体的一端，就相当于在身体前端和后端之间建立了一个从解剖学上看具有重大意义的结构区隔。简言之，三角涡虫已经创造了一个头。这个过程被称为头部形成，科学家认为头部形成可能首先出现在三角涡虫身上。

头部形成还引入了一种新的心智动态：主动感知。一旦获得了一个带有感知器官的头部，并且可以独立于身体其他部位移动头部，就意味着获得了一种被科学家和工程师称为“主动感知”的能力。主动感知是一种新的心智动态，它使心智能够实时扩展感知环境。三角涡虫可以在一个地方停留的同时来回摆动头部，这样它的眼点就可以审视四周，耳突就可以嗅到更大范围内的空气。

在上一章中，我们看到了线虫是如何成为思维集中化的先驱的，它们建立了一个集中的思考者神经元网络，从而评估所有的感觉输入。然而，线虫的前端并没有专门的感觉器官，它的前、后两端是数量差不多相等的感觉神经元。尽管它的 10 个思考者神经元都位于前端，但它的前进神经元和后退神经元之间的区别太过细微，不足以称为“头”或者成为头的原型。但是，

一旦心智发展出像眼点和耳突这样的感知器官，以及支持它们的感受器网络，那么为了获得速度与效率的最大化，这些感受器网络应尽可能地靠近思考者网络。感觉信号需要由思考者网络评估，二者之间的距离越短，心智的反应也就越迅速。集中化缩短了心智信号传播的必要距离，从而提高了思考的速度，这也是依赖快速获取和处理信息的金融企业通常集中在城市中心的原因，如纽约的华尔街。

头部形成往往会促进集中化，因为集中于一处的神经元越多，这些神经元就越能更好地掌控心智中其他地方发生的事情。集中化也会反过来促进头部形成，因为实施控制的心智动态越集中，身体就越需要做出改变以支持这些动态。与大都市原则的互惠循环非常相似，头部形成和集中化彼此增强是推动大脑形成和智力发展的强大动力。

形成的大脑会重构生物体的身体，以适应自身的需要。身体为大脑制造保护层，例如头骨和脑膜；身体产生更多流向头部的血液来满足能量需求旺盛的大脑迅速增长的需要；身体为大脑创造新的支持组织，如神经胶质细胞；身体构造推动了解剖学上的创新，例如颈部以及灵长类动物和少数其他动物的直立姿态能增加头部的高度和提高灵活性，从而进一步提高主动感知的能力。随着大脑的不断发展，它的活动更加独立于身体其他部位的神经活动，并形成了中枢神经系统和周围神经系统功能上的区别。

真正大脑的出现带来的最重要的影响，也许是未来的心智无须再对整个身体和“大脑”构造进行实验了。一个拥有大脑和周围神经系统的两侧对称的身体就像一辆四轮汽车，这种灵活的设置可以将四轮汽车改装成吉普车、豪华轿车、皮卡、公共汽车、坦克，发挥一点创造力，甚至可以是一架飞行器。

第 10 章 / JOURNEY OF THE MIND

苍蝇的心智，
表征促动模块心智出现

我知道人的天性就是有所偏好的，

总会发现有些东西比别的更有意义。

——苏珊娜·克拉克（Susanna Clarke），《皮拉内西》（*Piranesi*）

能对直觉模式进行评价的大脑

这款亮黄色的马桶座套看起来并无特别之处。它是一件毛茸茸的、可机洗的棉－尼龙混纺品，正中间是一个印花图案，粗糙地印着一条卡通化的、从夸张的红唇中伸出来的巨大红色舌头。对于那些需要保护马桶的人而言，类似质量的马桶座套大约价值 15 美元。但在 2020 年 9 月 12 日，这个有舌头图案的马桶座套以 1 152 美元的价格售出，创下了最昂贵的马桶座套纪录。为什么有人愿意花如此高昂的价钱来装饰他们的马桶呢？因为这个座套属于滚石乐队的原贝斯手比尔·怀曼（Bill Wyman），他在自己的瓷制马桶上使用了很多年。

2011 年，一位俄罗斯投资者花费 288.25 万美元的天价买下了一个重约 500 千克的铝球，它的大小与日产奇骏差不多，很像在企业大楼的大厅里常见的几何雕塑。是不是有人为了这个球体的美学价值而支付了一笔巨款呢？并非如此。这个铝球是东方 3KA-2 太空舱，是人类工程学上最早携带活体动物进入太空的成果之一。一只名为“小星星”的狗乘坐这个太空舱安全返回地球，为尤里·加加林在 20 天后乘坐同一太空舱升空、成为第一个摆脱重力束缚的人类奠定了基础。

2021 年，在佳士得举办的一场网络拍卖会上，有人以 6 930 万美元的价格拍下了一份 JPEG 格式的电脑文件，这是一种你可以在网站上找到或者从数码相机中导出的数字图像。

存储在电脑文件中的视觉艺术作品名为《每一天——最初的 5 000 天》（*Everydays—The First 5 000 Days*）。创作该作品的艺术家名叫比普尔，他以俏皮和煽动性的数字艺术而闻名，这些作品捕捉到了 21 世纪生活的恐惧、梦想和焦虑。他的作品售价超过了许多艺术家，甚至超过了梵高、伦勃朗和乔治·修拉（Georges Seurat）等大师的传统画作。

网上充斥着这份作品的副本，与卖得比三架 F-16 战斗机还贵的原件一模一样。你完全可以自己去下载一份。那么，为什么有人会花这么多钱去买一个可以免费得到的物品呢？

好问题！

本书不会试图探究中标者或参与竞拍的其他 32 人，探究他们在竞拍这一无实体形态且可无限复制的由 0 和 1 组成的图案时的动机。[1] 相反，本书将试图揭示促使个体产生从环境中获取物品的潜在心智动态，这些动机往往令人费解。

心智进化精要 JOURNEY OF THE MIND

客体评价，所有高级心智都具备的基本思维形式

客体评价是所有高级心智都具备的一种基本思维形式。价值是心智将感知模式转化为复杂行为的手段。看见一碗西班牙番茄冷汤，闻到它的味道，这些会促使我们伸手去拿勺子；看见或闻到一碗呕吐物又会促使我们把椅子往后推，并捏住鼻子。介于知觉和行动之间的就是评价。

评价使我们能对新事物做出快速反应，并制订计划来获取或回避已知事物，从而很好地在充满着复杂与不断变化事物的世界中生存。价值使得心智能够区分哪些事物是息息相关的或无关紧要的，哪些是有营养的或有害的，哪些是有益的或致命的。因为所有的心智都要面对源源不断的琐碎事件，所以它们必须通过经验来评估大多数事物的价值，而不是通过大脑中的固定模式。

不同心智对同一物品赋予的价值千差万别，这表明价值习得的本质在不同心智上存在着差异。想象一下，向乌兹别克斯坦的一位农民解释为什么一个户外厕所的装饰品比一头奶牛还要贵，这个解释需要阐述流行音乐的历史、蓝调的起源、英国人的入侵、滚石乐队主唱米克·贾格尔（Mick Jagger）和他的嘴唇、摇滚乐队中贝斯手的作用，以及滚石乐队在全球的成功和影响力。即便如此，你还需要解释为什么你想拥有一个曾经在别人的浴室里使用了多年的物品，还是一个与音乐制作毫无关系的物品。如果加加林还活着的话，他可能会想急切地拍下他自己曾经生活过的东方 3KA-2 太空舱，但可以肯定的是，小狗小星星不会认为这个铝球有任何价值，除了将它看作自己标记过的地盘。

在本章中，我们将面对面地了解一种能够对感知模式进行复杂、特异性评价的最简单的大脑——苍蝇那罂粟籽般大小的大脑。

表征的出现，心智之旅的革命性创新

5 亿年前，昆虫曾是陆地上最聪明的生物。大约 3 亿年前，昆虫的黄金时代达到了顶峰，当时的地球还是一片潮湿的沼泽，上面长满了足足有两只长颈鹿那么高的巨大蕨类植物，甚至还有更高的树木。因为它们还没有长出稳固的根系，所以有栽倒在淤泥里的现象。石炭纪的沼泽可能不像现在的沼泽那样臭气熏天，因为那时还未形成由分解者组成的生态系统来分解枯木。所有那些倒下的树木都没有被微生物消化，没有腐烂或腐败，而是最终变成了煤炭。也就是说，那些倒下的树木在原始大陆上肆虐的大火中幸存了下来。由于当时助燃的氧气含量比现在高出 50% 以上，这些熊熊大火让这片大陆如同末日炼狱。

沼泽地球的统治者是昆虫，它们利用高氧环境提供的浮力和更顺畅的呼吸，让自身的体型变得十分庞大：蜻蜓有斗牛犬那么大，千足虫有鳄鱼那么大。

而如今，昆虫占据了陆地上的每一寸栖息地，并在无数次气候变化和物种灭绝中幸存下来。它们的身体构造多变，可以轻松适应新的环境；它们的大脑构造也很灵活，可以轻松适应新的身体。昆虫的智力远超我们探访过的所有其他心智。尽管我们不断尝试消灭它们，但昆虫还是在叮咬我们的皮肤、吮吸我们的血液、在我们的果盘里产卵、在我们的床垫里交配、啃咬我们的衣服，以及偷吃我们的野餐。它们愉快地生存着，逍遥自在。

一些昆虫的心智非常适合它们的生态位，甚至堪称完美，这一点已经在时间的长河中得到了充分证明。1 亿年前，当恐龙踏上陆地的时候，包括蚊子、飞蛾、甲虫和苍蝇在内的许多昆虫，就与现代的昆虫几乎一模一样。

苍蝇大约在 2.4 亿年前就从其他昆虫谱系中分离出来，它们最初是水生生物。现存最古老的苍蝇种类是长着长腿和长翅膀的怪异物种，生活在湍急的山中水域。与蜜蜂、蝴蝶和甲虫等其他昆虫群体一样，许多苍蝇种类与开花植物共同进化。最早的花朵很可能是由昆虫授粉的。如今，包括苍蝇和蚊子在内约有 100 万种双翅目昆虫，其中就包括 11 万种已命名的苍蝇。这些都是庞大的数字。随机挑选 10 个现存物种，其中一个可能就是苍蝇。苍蝇几乎生活在地球上所有营养丰富的环境中，包括石油、温泉、千足虫的粪便、螃蟹的鳃、蜂巢，以及腐烂的水果等。

苍蝇的身体结构相较于线虫的身体有一个显著的进化飞跃。苍蝇拥有 6 条关节分明的腿，上面覆盖着能感知环境的刚毛。它有一张结构复杂的嘴，包括下颚和长喙。此外，它还拥有翅膀。所有这些复杂的解剖学新结构，使得苍蝇可以做各种复杂行为。苍蝇可以表演求偶舞、展示攻击姿势、梳理自己、产卵甚至利用翅膀“唱歌”。最重要的是，苍蝇具备飞行的能力。

苍蝇可以在空中振翅、俯冲，进行“之”字形飞行。它可以飞越巨石和河流，而这些对于没有翅膀的神经元心智生物来说是不可逾越的。**苍蝇的飞行能力从根本上扩大了它的活动范围。**一个细菌在它的整个生命周期内只能移动几厘米，一条线虫的活动范围可能和人的手掌一样大。但一只苍蝇可以飞上好几千米。这种行动的自由赋予了苍蝇惊人的复杂心智，这个心智中包含的思维系统能够直接与人类心智主要思维系统中的大多数相匹敌。

苍蝇在一个充满各种奇妙事物的三维世界中飞行。它可以在森林或沙漠、草原或山坡上盘旋，可以在砾石、泥土、花朵、巨石、垃圾桶、汽车、活着的大象或死亡的老鼠身上降落。这些着陆点具有不同的质地、形状、温度、声音和气味。为了处理这种爆炸级数量的感觉刺激，苍蝇的心智需要通过增强版的感受器和思考者网络来强化感知器官。

话不多说，让我们来认识一下巴兹船长[2]，它是一种很常见的果蝇，是黑腹果蝇的模型（见图 10-1）。

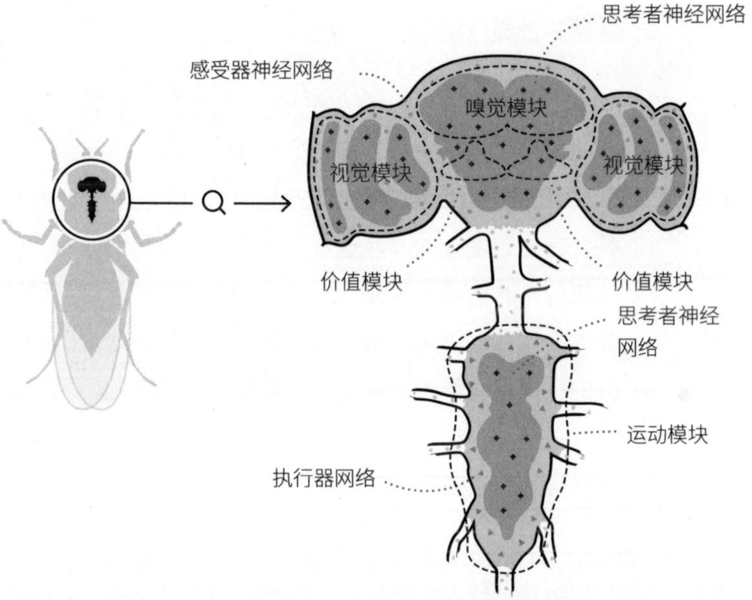

图 10-1　巴兹船长的心智

果蝇有两只凸起的猩红色眼睛和两根短小的羽毛状触角。触角对多种感觉刺激敏感，包括振动、味道和气味。在果蝇的心智中有两个主要的感知系统：视觉系统和嗅觉系统。每个系统都是互补性思维的体现，因为每个系统都由一个感受器网络和一个思考者网络配对组成，以处理特定类别的感觉模式。

心智进化精要

JOURNEY OF THE MIND

每个模块都有自己独特的神经结构和心智动态

本书将由多个思维要素网络组成的、为追求一个共同目标而协作的思维系统称为模块。因此，对视觉场景进行协同处理的视觉感受器网络和视觉思考者网络将被称为视觉模块。苍蝇的心智还拥有一个负责气味感知的嗅觉模块，它包括嗅觉感受器网络和嗅觉思考者网络。视觉模块和嗅觉模块是完全不同的。每个模块都有自己独特的神经结构和心智动态。

考虑一下场景和气味之间的区别。当我们看这个世界的时候，我们注意到的光子是从纷繁复杂、五颜六色的物体中反射出来的，有些是有棱角的，有些是弯曲的，有些是发光的，有些是阴暗的，有些是快速向我们飞来的，有些是无生命、冷冰冰的。当我们闻这个世界的时候，我们吸入的是一股弥散、无形的味道，比如新鲜的柠檬、发霉的地毯、热沥青或变质的牛奶。场景和气味在环境中形成了不同类型的物理模式，因此需要不同种类的思维去感知它们。

让我们比较一下巴兹船长的这两个模块（见图 10-2）。

巴兹船长的视觉模块分为 5 层。第 1 层是视网膜，其中包含对光敏感的感受器神经元。它的原始感觉信号被传送到由 3 层结构化的思考者神经元和最后一层非结构化的思考者神经元组成的堆栈中，4 层思考者神经元逐步提取颜色、形状和运动模式。这有点类似于漫画插画师根据故事情节，先用铅笔勾画出一张关于主要对象的草图，然后用墨水在粗略的草图上绘出黑白细节，再填充颜色，最后加上所有文字和运动效果。

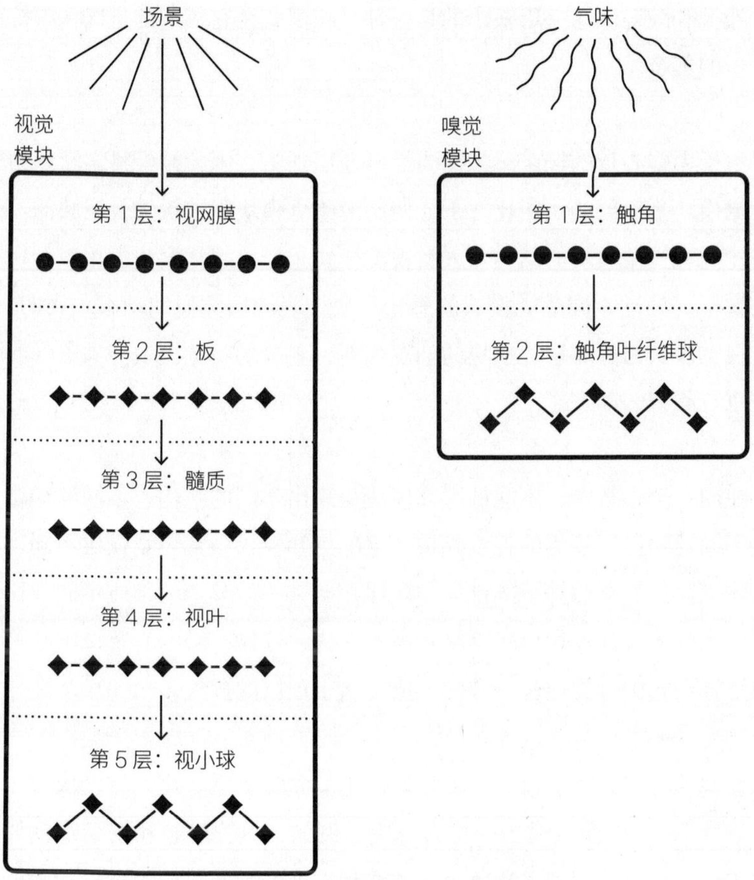

图 10-2　视觉模块 vs 嗅觉模块

气味是比场景简单得多的感觉模式。一个场景包含颜色、边界、形状、深度、层次和运动。相比之下，气味则由一团飘移的分子构成，就像一束五颜六色的氦气球，所以重要的是如何识别出一缕气味中都有哪些气球。嗅觉模块的第 1 层是结构层，位于触角中，由数十种感受器神经元组成，每种神经元对一种或几种特定的气味做出反应。第 2 层是非结构层，由思考者神经元组成，它们将原始的嗅觉感觉转换为 45 种不同的气味组，包括醇类、酮类、酯类和酸等。这一层输出的是一种气味模式，它描述的是气味中特定气味分子的集合。

由于果蝇心智的场景感知需要经过 5 层加工，因此神经科学家认为果蝇的视觉模块是深层的。相比之下，两层的嗅觉模块则被认为是浅层的。有趣的是，果蝇视觉模块的结构与人类视觉模块相似，嗅觉模块也相似。在不同的心智中，处理相同感觉模式的感知模块会表现出类似的动态。我们发现，人类视觉模块与蟑螂视觉模块的动态相似，老鼠的嗅觉模块与大黄蜂的嗅觉模块也有相似的动态。

在同一个心智中，不同的感知模块表现出不同的结构、不同的动态，并产生不同的输出。苍蝇的视觉模块产生的感知模式与其嗅觉模块不同，因为从物体上反射的电磁光子的性质与飘浮在空气中的分子的性质不同。比较视觉模式和气味模式就像比较苹果和橘子一样，这对苍蝇的心智试图在不同种类的感知模式中分配一套一致的价值提出了艰巨的挑战。

苍蝇的心智必须把每个感觉模块产生的独特的感觉模式转换成统一的评价“语言”，从而激活适当的行为反应。例如，尽管气味和场景在神经模式上的体现不同，但闻到毒药的气味和看到同样的毒药，应该触发相同的回避反应。

为了给感知模式赋予有用的价值，苍蝇的心智必须解决神经元心智的终极挑战，这也恰恰是分子心智的终极挑战——协调问题。对于变形虫的心智而言，这个问题是：不同的分子心智如何相互沟通？对于苍蝇的心智而言，这个问题是：不同的神经模块如何相互沟通？

变形虫用一个简单的信号，即一个信息分子解决了它的协调问题。但是，苍蝇面临着一个更大规模的协调问题。它的模块必须使用复杂的模式而不是单一的信号来相互交流。更困难的是，每个模块都会生成自己的特异模式，就好比视觉模块说法语，嗅觉模块说汉语，价值模块说斯瓦希里语，运动模块说克丘亚语。

要解决这一心智挑战，需要一个革命性的创新，这一创新引领思维迈向了一个全新的阶段，那就是表征。

模块心智出现的标志，表征解决协调问题

生活在数字时代，我们对“表征”这一概念的直觉理解深受计算机科学的影响。当想到表征时，我们脑海中可能会浮现出存储在硬盘上、由某种固定数字代码组成的音乐文件。但是对于苍蝇的心智，或对任何心智的表征而言，这样的思考方式都是错误的。

从这次心智之旅中，你应该获得的一个最重要的启示是：心智不是一台电脑。有时人们会将心智比作运行在大脑硬件上的软件。但事实并非如此，这样的类比也是不恰当的。实际上，用这种方式看待心智会使我们更加难以理解不同思维形式中最有趣的部分，包括意识、语言和自我。如果心智是软件，那就意味着你可以在大脑上运行一些其他软件，也许是微软的办公软件、谷歌浏览器，抑或是别人的心智？你能从米歇尔·奥巴马的大脑中下载她的心智软件，然后安装在你的大脑中吗？

无论是我们笔记本电脑上进行的实际计算，还是科学家和工程师研究的正式计算都需要精确、离散的指令，且这些指令必须按顺序执行。计算需要 0 和 1，而心智几乎与此完全相反。心智由连续和不精确的实时活动组成，这些

活动同时发生在任何地方。在心智中，这些 0 和 1 往往十分模糊，有时它们会变成 1/2、1/3，或 0、1 并存。实际上，电脑是一种物品，是一台操纵符号的机器，而心智是一种活动。与笔记本电脑相比，心智与篮球比赛更为相似。

心智进化精要 JOURNEY OF THE MIND

心智表征是由一系列特征集合而成的动态代码

心智表征更像跳投、盖帽和传球，而不像数字文件、信息字节或逻辑运算。心智表征是模糊的，而非精确的；是转瞬即逝的，而非固定不变的；是整体性的，而非简化的。

心智表征是由一系列特征集合而成的动态代码。例如，一个视觉表征可能会在神经元网络的实时活动中，对对象的颜色、形状和大小进行编码。这个概念可能不太形象，有一个比喻可以帮助我们更好地理解，那就是将表征看作一段旋律，即一组音符。

每个音符都代表感知模式的一个独特特征，例如太阳的黄色或一杯黑皮诺葡萄酒中的黑莓香味。如果有人演奏一段旋律时弹错了或跳过了一个音符，你通常仍可以识别出这段旋律。表征也是如此，即使其中一个表征的某些特征被改变或丢失，心智仍然可以识别出这两个表征代表着相同的模式。当然，如果走调或缺失的音符越多，心智就越难以识别这首乐曲。

让我们来看看，这种旋律的比喻是如何帮助我们思考巴兹船长将气味模式转变为行为时的表征的。

巴兹船长的嗅觉模块需要评价一种由 5 种不同气味组成的新气味。该模块识别出每一种气味，并将全部 5 种气味编码进一个统一的气味表征中。接下来，嗅觉模块将这一包含 5 种特征的气味表征发送到价值模块（见图 10-3），这相当于你听到了一段 5 个音符的旋律。

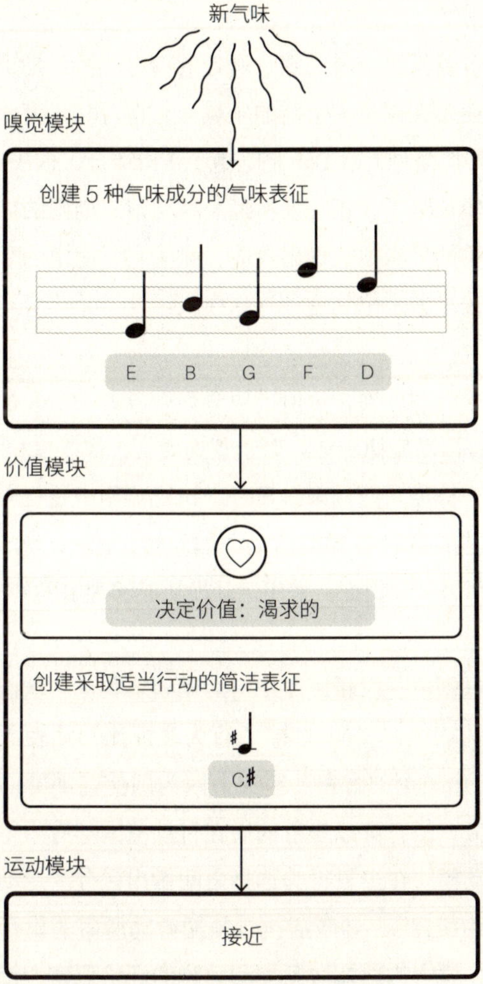

图 10-3 对一种新气味做出反应

如果某些特征与毒素有关，比如气味中有一种对果蝇有害的土臭味素的气味，那么价值模块就会赋予这种气味“危险的”价值。但是，如果该气味与以前遇到的食物气味相似，也许5个“音符”中有4个与美味的腐烂葡萄柚的气味“旋律”相符，而另一个“音符”也与危险无关，那么价值模块将会赋予这种气味“渴求的”价值。

巴兹船长的价值模块会考虑到它所处的特定环境：是饿了还是吃饱了？是被捕食者追赶还是在探索一个新的领域？它将对气味模式的评价（渴求的还是危险的）与环境条件（饿了还是吃饱了）相结合，以决定执行何种行为。例如，如果巴兹船长饿了，正在漫不经心地探索它周围的环境，那么价值模块将对与食物有关的气味模式做出反应，赋予它“渴求的”价值，从而将巴兹船长的飞行路径重新定位到这种气味模式。

为了执行这个行动计划，价值模块必须生成另一个表征以发送至运动模块，就像创造出一段新旋律一样。对于苍蝇而言，像线虫和水螅的心智那样，用一个简单的单一神经元信号来触发一个执行器网络是行不通的，因为苍蝇的运动模块能够进行各种各样的活动，如左转、俯冲、着陆、攻击、交配。价值模块必须使用另一种表征，采用运动模块能够理解的“语言”与之交流。

价值模块通过创造一段新旋律来与运动模块共享，从而将评价“渴求的气味”转换为行为表征“飞向气味”。行为表征比知觉表征简单得多，行为“旋律”甚至可以由单个“音符”组成，因为即使苍蝇可以探测到的潜在感觉模式的范围很大，但它可以执行的潜在行动范围却有限得多。一个更简明的旋律有利于运动模块在少量行为选择之间做出区分。运动模块从价值模块接收简明的“行为旋律”，并激活执行预期行动所需的执行器网络。**这就是昆虫智能的秘密：强大的感知敏感性和敏锐的评价洞察力指导着有限但高效的行为类型。**

表征对于有效评价世界上的事物至关重要，因为世界上有许多不同种类的事物，每种事物都需要有自己稳定而独特的表征。表征越丰富、越复杂，即“旋律”越复杂，心智就能做出越丰富、越复杂的评价，比如“这种马桶坐垫上的特殊图案是‘非常渴求的’”。

表征通过动态的活动模式实现不同模块之间的互相交流，从而解决了神经元心智的协调问题。大都市原则告诉我们，当一个心智解决了协调问题，那么将会出现一个新的思维阶段——模块心智。

表征引入注意困境，意识正在悄悄萌芽

在心智之旅中，表征的出现引入了新的心智挑战。在这些心智挑战中，有 3 种挑战是如此普遍和重要，以至于每个模块心智都必须直面它们：

1. **稳定性困境：“哪些表征需要保持稳定并长久存在，哪些表征可以被忽略或消除？”**
   你应该记住 1 小时前的晚餐吃了什么吗？如果吃了让你生病的食物，这可能是有用的。但是，你应该记住上周的晚餐吃了什么吗？去年的呢？ 10 年前的呢？是将宝贵的精力和资源用于保存表征，还是通过让表征重新融入混沌，节约精力并释放资源呢？这些都是心智为了摆脱稳定性困境所必须进行的内在权衡。

2. **不确定性困境：“我怎样才能消除与这种表征有关的歧义，并确保该表征被正确识别？”**
   那个橙色的球体是篮球、柑橘，还是太阳？那个人是在向我眨

眼，还是在想办法清除眼睛里的灰尘？卡夫卡的《变形记》到底想表达什么？任何感觉表征都有无数种可能的解释，对于每个模块心智而言，心智的关键挑战是确定哪种解释是正确的。

3. **注意困境：“我应该注意哪个表征？”**

这是模块心智必须面对的最紧迫，也最棘手的挑战。在任何特定时刻，都有许多不同的知觉、感受和想法在一个模块心智的周围跳动，决定专注于哪一个是令人生畏的难题。我应该把注意力集中在那条朝我扑来的小狗身上，还是我身后怪异的喇叭声？是我对另一半的愤怒或是越来越浓烈的硫黄味，还是电话中喋喋不休的客服代表？“集中注意力”到底是什么意思呢？

注意困境将苍蝇的神经元心智与随后的模块心智区分开来，因为模块心智已经想出了一个非常特殊的创新来解决注意困境，这一创新名为意识。在心智之旅的下一个阶段，我们将了解意识为何会存在，它是如何运作的，以及为什么我们几乎可以肯定昆虫没有意识。

但为了做到这一点，我们必须首先配备一套新的思维工具。

JOURNEY OF THE MIND

第三部分

模块心智，不同心智模块的共振如何产生意识

共振的心智动态同步、放大和延长了体现表征的神经活动。共振犹如相同的旋律同时在两种不同的乐器上演奏，例如长笛和小提琴。当这两种乐器同步演奏，即在同一时间演奏同一音符时，旋律会愈加响亮。共振触发了各种其他心理活动：触发内容模块的学习，引起了其他模块的注意，催生出意识，也就是“知晓”你在观看何物的超然体验。

第 11 章 / JOURNEY OF THE MIND

自我的数学统一性，所有心智都遵循同一个原则

每当你声称自己是人工智能领域“第一个”做这件事或那件事的人时，你总会习惯性地加上“除了斯蒂芬·格罗斯伯格（Stephen Grossberg）”，这也是正确的。

简单来说，格罗斯伯格是一位在该领域仍在世的伟大奠基人。

——卡尔·弗里斯顿（Karl J. Friston），神经科学家

斯蒂芬·格罗斯伯格，心智科学领域的牛顿

从很小的时候起，牛顿就迷恋于事物运动的方式，如球在空中穿梭或坠落地面、影子的膨胀与收缩、微风吹动树叶。幼年时期的热情让牛顿对物质的动态产生了持久的兴趣。总之，他沉迷于事物的变化。

牛顿的童年是在制作日晷和风车中度过的。他对在风中上升和下降的风筝尤其着迷，还尝试通过改变风筝的形状和大小来不断完善他的设计。由于牛顿比同龄人都更矮小、瘦弱，因此相较于与他们进行身体上的竞技，他更倾向于与他们展开心理上的比拼。当被迫参加体育比赛时，他便会发挥自己所谓的“哲学思维”。有一次，在一场跳远比赛中，牛顿打败了比他更高大、

更强壮的对手，获得了第一名。他的诀窍是：把握好跳跃的时机，以配合有利的阵风。

当牛顿进入剑桥大学三一学院时，他年少时期的满腔热情遇到了一个预料之外的障碍。当时，英国的大学普遍支持亚里士多德推崇的“地心说”，认为太阳围绕地球旋转。剑桥大学的科学研究很少运用数学公式，而是依赖于对物体和事件进行定性描述。学生们被告知，一套规则掌管着地球上的事物，另一套规则掌管着天上的事物，即天体数学和地球数学是不重叠的。这样的学术教条对日渐着迷于物质动力学的牛顿而言，几乎没有吸引力。相较于参加学校课程，牛顿更愿意在课程之外寻找灵感。

牛顿开始阅读哥白尼和开普勒的著作，这些拥有自由思想的天文学家主张日心说。他还阅读了伽利略的作品，伽利略基于对惯性的研究提出了关于物质动力学的新观点。笛卡儿的观点也让牛顿激动不已，因为他提出了一个极富争议的概念，笛卡儿认为自然界是一个错综复杂、客观运行的机器。牛顿发现，这一概念与德谟克里特的观点不谋而合，后者认为现实是由物质的不断运动形成的。

牛顿醉心于这些非传统的想法，私下里进行着他特立独行的研究。他开始将世界看成一个持续变化的模式的集合，而非持有世界是由静态物体构成的传统宇宙观。牛顿推测，这些持续变化的模式并不代表随机混沌，很可能代表着一种隐藏的秩序。他意识到，如果他想理解这种隐藏的秩序，就需要创造新的思维工具来支持这一颠覆性的想法，尤其需要创造一种新的数学。

然后，牛顿碰上了一个不寻常的时机：一场大瘟疫。鼠疫开始在 17 世纪的英国肆虐。剑桥三一学院被封锁后，牛顿回到家中，为自己创建了一个家庭办公室。在这里，他与世隔绝般继续他的古怪研究。在与教授和同学们隔绝的这段时间里，他开始构建物体运动模型。这些模型产生了新的数学思想，牛顿通过自己设计的实验和不懈的计算来验证这些数学思想。

很快，牛顿开始专注于研究时间。他将时间视作一种稳定、无限的时间流，这种时间流为所有的运动提供了基本框架。他发明了新的数学概念：一个是代表流动数的流量；另一个是代表变化率的流数。牛顿 23 岁时就已经推导出一整套关于流量和流数的数学运算，这种史无前例的数学计算方式使他能够对事物的产生、变化和消失的方式做出准确预测。今天，我们称这种数学计算为微积分。

到 1666 年末，在经历了被鼠疫和伦敦大火搅闹得动荡不安的一年之后，年轻的牛顿独自工作，在几乎与外界隔绝的情况下，成为世界一流数学家。在接下来的 20 年里，他始终致力于将其革命性的数学工具应用于运动的研究之中。最终，在 1687 年，牛顿出版了《自然哲学的数学原理》（*Philosophiae Naturalis Principia Mathematica*），这本书首次阐述了关于物质动力学的统一理论。天体和地球首次被结合在一个统一的概念系统中，这是一个遵循精确、严格方程式的数学系统。

物理学历史上天才无数，这些人在年轻时便大放异彩，然后在该领域内做出非凡贡献。曼哈顿计划的领衔物理学家之一恩里科·费米（Enrico Fermi）在 17 岁时写了一篇关于振动的博士级别的论文。电磁学领域的奠基人詹姆斯·麦克斯韦（James Maxwell）在 14 岁时发表了他的第一篇科学论文。但牛顿让所有这些天才都难以望其项背，因为这位人类历史上首位数学物理学家在学生时代就能凭直觉感受到，石头、木棍和砖瓦平淡无奇的运动与月亮、行星和太阳的天体运行遵循着同样的原则。

心智科学领域的情况则截然相反，该领域的天才凤毛麟角，鲜有杰出的心理学家或神经科学家在青少年时期就表现出对心智超凡的理解能力。然而，凡事皆有例外。有一位数学先驱的故事在许多方面与牛顿颇为相似，他就是波士顿大学的名誉教授格罗斯伯格[1]。

在心理学课堂上，被系列位置效应吸引

格罗斯伯格于 1939 年出生于纽约，是匈牙利移民的后裔。他的母亲是一名教师，继父是一名会计师，生父在他 1 岁时便去世了。他在纽约皇后区的杰克逊高地长大，那是一个中下阶层人士聚集的社区，到处都是争强好胜的犹太男孩。从年轻时起，格罗斯伯格就敏锐地觉察到这样一个事实：**生命要么生长，要么死亡；要么繁盛，要么衰败。**这种觉察让他对生命动态产生了长远的兴趣。简言之，他被事物的变化深深吸引。

格罗斯伯格从孩提时代就怀有一种强烈的信念，他认为人类只是地球上的匆匆过客。这种信念让他迫切地想要接触比自己短暂的生命更持久的事物。“于我而言，这是一种非常虔诚的情感：如何触及世界的永恒之美，纵使你的生命短暂如荧光。”格罗斯伯格说，“我想做一些能够触及永恒的事情。由于我父母手头拮据，我别无选择，唯一能做的就是在学校里表现优异。”

格罗斯伯格就读于史岱文森高中，这是曼哈顿的精英学校。格罗斯伯格勤奋学习，所有课程都名列前茅。他在美国高中毕业生学术能力水平考试中取得了满分，在数学和语言方面尤其表现优异。正是这样的成绩让他获得了继续攻读大学的机会，最终他决定入读达特茅斯学院，因为该学院开设的课程可以让他在大四时全身心投入研究，尽管此时他对于究竟要研究什么还不甚清楚。

大一时，格罗斯伯格选修了一门心理学的入门必修课，这是他首次接触心智科学。“没想到，这门课程在我的脑海中引发了一场思想风暴。”他回忆道，“我被人类和动物学习的数据中隐含的意义深深吸引，这些数据揭示了我们的心智每时每刻是如何对事件进行加工的，它们揭示了心智的动态。”

在心理学课堂上，这位年轻人被老师介绍的一个尚未解决的问题深深吸引，那就是系列位置效应。19 世纪 80 年代，德国心理学家赫尔曼·艾宾浩斯首次发现了这个问题，这一问题从此困扰了科学家们近一个世纪。系列位置效应描述的是当一系列事件逐个呈现时，例如一张杂货清单，其中包括牛奶、糖果、土豆、苹果、西红柿、培根、酸奶、南瓜，我们是如何记住它们的。该效应指出，无论列表有多长，人们都更容易回忆起列表中前面及后面的事件，遵循了首应效应和近因效应，而列表中间的事件则通常会被遗忘。未解之谜就是：为什么会这样？

青年格罗斯伯格对解决这一难题的尝试最终改变了他的人生历程，也改变了心智科学的发展历程。

心智像一场篮球比赛

20 世纪 50 年代末，格罗斯伯格在达特茅斯学院上学。当时，巴迪·霍利（Buddy Holly）、大波普（Big Bopper）和里奇·瓦伦斯（Ritchie Valens）还未登上夺命航班，夏威夷尚未成为美国的一个州，福特公司还在生产埃德塞尔系列汽车。在美国，两门对立的学派统治着心智科学：精神分析学派和行为主义学派。弗洛伊德关于无意识的伪科学理论，毫无疑问是未经实验验证的、定性的和非数学的。精神分析学派认为，思维以某种方式产生于无法被明确定义自我（意识本身）、超我（吉明尼蟋蟀式的角色）[①]以及本我（不受道德约束的自私欲望）之间的冲突。行为主义学派则以严格的动物实验为依据，如研究鸽子在灯下啄食、老鼠在迷宫中奔跑。它是定量的，经实验验证的。最重要的是，它排斥一切思维模型。行为主义的核心假设是：通过关注感觉输入和行为反应之间的统计关系，你便可以理解所有的生物行为，而无须推测中间变量。中间变量是行为主义学派对思维、感知或感觉使用的轻蔑术语。

无论如何，精神分析和行为主义均无法解释系列位置效应。毕竟，系列位置效应的独特形式与任何心智理论都不匹配，而这一谜团让格罗斯伯格沉迷其中。

格罗斯伯格解释道："关于系列位置效应最有趣的事情之一是，它似乎涉及可以在时间上向前和向后的学习。在列表开始之后的事件会被遗忘，在列表结束之前的事件也会以某种方式被追溯性遗忘。事件可以在时间上倒退的想法让我着迷。"

在心理学课程结课后，格罗斯伯格仍在与系列位置问题做斗争，确信它就是打开守卫森严的心智奥秘之门的钥匙。这迫使他思索如何表征心理状态和心理事件，以及如何表征这些事件和状态在不同时间段的相互作用。格罗斯伯格虽是孤军奋战，但这也使得他得出了有关思维本质的开创性见解。

格罗斯伯格意识到，对系列位置效应的任何解释都需要实时描述其运行

① 吉明尼蟋蟀是迪士尼动画电影《木偶奇遇记》中的角色。他是匹诺曹的良心，经常引导和提醒匹诺曹做出正确的道德选择。这里用吉明尼蟋蟀来形容超我，意味着超我就像一个内在的道德监督者。——编者注

过程，即必须阐明在每个新事件呈现时，大脑是如何在刹那间发生变化的。更广泛地说，格罗斯伯格逐渐认识到，在任何对思维进行解释的理论中，都需要将时间本身作为一个复杂的处理因素。时间不是用于标记心理事件流逝过程的中性记号，也不是为所有思维提供框架的稳定的牛顿流体。相反，**时间被缝合进了心智的结构中，心智完全是为了操纵和利用时间流而被设计出来的。**

在这些独到见解的基础上，格罗斯伯格认识到，在系列位置效应中必然存在两个彼此不同但相互依存的心理过程，而每个过程都与不同的时间速率相关联：

1. 快速的短时记忆过程，这一过程随着新事件的出现而实时变化。
2. 缓慢的长时记忆过程，这一过程在更缓慢的时间尺度上发挥作用，并受到短时记忆结果[2]的影响。

每一个心理过程都是为了实现一个特定的目标，但每一个心理过程都需要与另一个进行合作以达成更大的目标。两个心理过程的观点最终促成了他提出互补性思维原则。[3]

格罗斯伯格同时认识到，由于心智是一个物理系统，因此不能将其视为一个抽象、非物质的实体，而应将其视为一个与特定物理环境实时互动的、由物理元素组成的特定结构。因此，他也欣然接受了具身思维原则。

接下来的这个想法可能是格罗斯伯格最具独创性的直觉飞跃，这一想法以达尔文在进化论中首次提出的一个概念为基础。格罗斯伯格意识到，当每个项目在心智中呈现时，项目的表征之间必然存在着某种竞争。就好像“牛奶”“糖果”“香蕉”这些词都在争夺心智“购物清单”中的位置。格罗斯伯格发现，当心智在表征一个序列性的列表时，这种胜者为王的动态是必不可少的。多年后，他还将证明，这种动态也能有效防止细胞活动产生的持续的生物噪声[4]导致的心理列表的丢失。

根据这些独创性的见解，在大三结束时，格罗斯伯格提出一种独创的方法对思维进行建模。**他得出的结论是，理解心智的最佳方式是将它表征为一个神经元网络，这一神经元网络以实时运行的非线性微分方程为特征。**

用更简单的话来说，格罗斯伯格将心智看作一场篮球比赛。

全新科学范式，心智是一个异常复杂的动态系统

我们完全有理由怀疑，格罗斯伯格当时正步入一条研究心智的死胡同。毕竟，他还只是个孩子，在自娱自乐地进行着特立独行的研究，他的研究与其他人的研究几乎毫无联系。几年后，当他与同时代的知名神经科学家分享他的模型时，得到的反应普遍是疑惑与冷漠。[5]实际上，随后几十年内出现的研究心智的方法，包括 21 世纪的两种主导性观点，即将心智视为计算机[6]以及将心智视为统计机器[7]，与格罗斯伯格当时提出的观点都迥然不同。

这两种主导性观点都存在一个缺陷，那就是它们采用的理论或数学基础，原本都是为其他学科的发展而提出的：主张“心智是一台计算机”的人借用了逻辑学、信息论，以及计算理论中的旧思想；而主张“心智是一台统计机器”的人，则借用了贝叶斯统计学和概率论中更古老的思想。这些“自上而下”的方法试图削足适履，将心智硬塞进以往为研究非大脑与生物思维

现象而建立的前人假设中。相反，格罗斯伯格采取的则是“自下而上”的方法，不对心智如何运作做任何假设，而是如牛顿一般通过实验和不懈的计算，一边前行一边摸索出其中的原理。

格罗斯伯格的探索得到了幸运之神的眷顾。任何人都没想到他偶然在心理学入门级课程中发现的令人沉醉的系列位置效应谜题是人类心智中一种最为重要和最为复杂的神经模块的产物，这一神经模块对音乐、工具制造和语言来说都是不可或缺的。除格罗斯伯格正在开发的关于动态系统的理论框架外，其他任何方法均无法对这一模块的运作做出完备的解释。实际上，这就像一位天体物理学教授在给大一新生分享一些未解之谜，包括金星奇特的逆向自转、冥王星形状怪异的卫星，以及水星围绕太阳的轨道偏离。水星的轨道偏离是一个无法用牛顿力学来解释的著名反常现象，而格罗斯伯格不仅本能地认识到它是最深层次的难题，并且在研究这个难题一年后就草拟出了一份相对论大纲。

根据格罗斯伯格新提出的理论，**系列位置曲线中的首因效应和近因效应是心智神经网络整体动态的涌现性质。**鉴于涌现性质的概念在心智科学中首次被提出，因此这又是一个非常具有创新性的见解。事实上，此时复杂性理论，即涌现性质的理论基础尚未被正式提出。

尽管青少年时期的格罗斯伯格尚未接触过任何神经生理学方面的知识，但他的模型已经自然而然地作为动态系统的数学结果，推导出每个生物神经系统的几种基本特性，包括存在单个思维要素（神经元），它们通过具有方向的神经元（轴突和突触）定向连接在一起，并在激活水平达到阈值（动作电位）时通过这些连接发送信号。直到他与一位正在学习神经科学的医学预科生朋友聊天时，他才知道自己的模型与生理事实非常匹配。这对格罗斯伯格来说是一个极具启示性的时刻。他意识到，通过对心理学数据进行数学分析，他推导出了物理机制的存在和运作过程！

格罗斯伯格说："当我意识到这一点时，我兴奋得无以言表。当我逐渐明白，通过对行为动态进行实时表征可以推导出大脑机制时，我开始如饥似渴地阅读神经生理学著作。"

除所有具体模型之外，格罗斯伯格在 1961 年大学毕业时，为理解生物思维引入了**一个全新的科学范式：将心智视为一个异常复杂的动态系统**。他意识到，应该能够像牛顿推导出物质的统一动态一样，推导出一个统一的心智动态。换句话说，格罗斯伯格相信，用于解释系列位置效应的那种严格的非线性数学，可以解释像意识、语言和自我等捉摸不定的心智现象。这听起来像违背直觉的异端邪说，正如牛顿认为可以通过研究地球来解释天堂一样。

然而，还存在着一个大问题，类似的问题也曾让年轻的牛顿感到困惑，即支持心智动态的数学方法还没有被发明出来。

开发新的数学方法来证明自己的直觉

如同牛顿不得不发明微积分来证实他对物理过程的直觉一样，格罗斯伯格也逐渐意识到，他需要开发新的数学方法来证实他对心理过程的直觉。"20 世纪众多革命性思想的转变，在新的直觉突破产生之前，比如物理学上的相对论和量子力学产生之前，都已经有了数学方法来支撑这些新的变革。我们研究的领域则不同。关于复杂适应性系统，我们亟须新的直觉和新的数学方法，因为这些复杂适应性系统产生的行为具有'三非'特征，即非稳定、非线性、非局部。"

在接下来的60年时间里，格罗斯伯格开发出了新的手段、模型和数学方法来支持他提出的关于思维的非正统概念。格罗斯伯格在17岁时为“触及永恒”提出了开创性见解，而在61年后，也就是2017年，他发表了一篇划时代的论文。该论文提出了一种数学框架，描绘了一幅令人惊叹的心理活动的全景图，其中涵盖了每一种主要的思维形式和每一种主要的大脑结构，涉及从视网膜神经元到符号交流的方方面面。这篇论文汇总了超过100位合作者的500多篇文章[8]，并得到行为学、心理学、神经生理学、神经解剖学、生物物理学和生物化学等多领域数据的支持。格罗斯伯格运用数学来阐释心智的每一个部分及每一个层次。

格罗斯伯格的统一心智理论[9]阐述了模块心智如何运用各种特定的神经模块解决稳定性困境、不确定性困境和注意困境。尽管本书将以一种定性的方式来描述这些模块，读者在阅读时无须任何数学或其他学科背景，但实际上，格罗斯伯格是用方程式准确而定量地对心智进行了阐述。[10]

然而，**格罗斯伯格的统一心智理论最杰出的贡献是，它解决了科学界中最令人疑惑的谜题之一：意识是如何工作的，以及意识究竟为何存在**[11]？这一解释并非在某个瞬间突然出现的启示性见解，而是多年来随着格罗斯伯格煞费苦心地积累和整合不同见解[12]而逐渐形成的成果，该过程就像牛顿的《自然哲学的数学原理》的诞生一样。正如牛顿表明，苹果从树上掉下来所遵循的原则与卫星围绕木星运行所遵循的原则相同；**格罗斯伯格表明，意识所遵循的原则与古菌寻找光源时所遵循的原则相同。**

格罗斯伯格的数学思想将带领我们度过心智之旅的下一阶段。我们将通过研究内容模块、位置模块、时间模块、动因模块和方法模块来探索模块心智中的思维过程，并了解当这些模块化的思维要素整合在一起时，心智如何揭开意识的神秘面纱并产生自我。

第 12 章 / JOURNEY OF THE MIND

鱼的心智，
看见不存在的边界

世界地图不再是一片空白；
它变成了一幅丰富多彩、生机勃勃的画卷。

——查尔斯·达尔文，《小猎犬号航海记》
（*The Voyage of the Beagle*）

意识特权，我们关于意识的偏见

芸芸众生的欢乐源于愉悦的体验：在一个闷热难耐的日子里舔舐着冰激凌，聆听蹒跚学步的孩子发出咯咯的笑声，在一个大雪纷飞的周末纵情追剧，在经历长时间的大流行病后首次邀请朋友来家里做客……

我们体验着这些经历、感受、感知以及启示。虽然其他人也可能有类似的体验，但由于它们无法传递给别人，我们能强烈感受到的这些体验就为我们独有。这些独有的感受让我们知道我们还活着，还能呼吸，仍然保有意识。而当我们身处无意识状态时，那将毫无体验可言。

因为意识如此神秘和捉摸不定，如此难以描述和理解，我们理所当然地认为，我们体验现实的能力是超然物外的，就好比索然无味的物理世界中产生了真正的魔法。我们甚至可能会怀疑，我们能够意识到自己的想法、感知和感受的能力根本不是大脑的产物，而是某种未知维度的神圣力量显灵的结果。纵使我们承认意识是以某种方式诞生于黏糊糊的原生质团，可能仍然相信它是某些高级物理过程的结果，或许还涉及亚原子的奥秘。

我们却不会赋予其他心理活动同样崇高的地位。手碰到热铁锅时下意识缩回的反射性行为不过是电路罢了；人在人行道上漫步时，大脑无意识进行的计算与水螅蜷伏的机制没什么不同；对血糖水平的监测、对呼吸的持续调控、阅读书本时眼睛的快速扫视与智能手机上的信息处理 App 所采用的计算方式同样令人乏味。即使我们还无法解释我们的心智是如何进行这些日常活动的，但仍满怀信心地认为，理解心智的运作与理解烤面包机的运作没有本质区别。相反，我们可能会猜想或希望，人类永远无法充分理解自身黏糊糊的神经是如何产生意识的。

心智进化精要
JOURNEY OF THE MIND

意识特权，服务于伟大与绝妙的意识宫殿的仆从

这种自我服务性的推定反映了一种意识特权。意识特权的偏见使我们将大脑中有意识的部分视作优越与特殊的，却将其他部分视为简单的自动装置，即一种“前意识的基础工作者”，它们只不过是服务于伟大与绝妙的意识宫殿的仆从。

意识特权的偏见阻碍了人们对高级思维形式的理解，包括意识、语言和自我这三大要素。它“教唆”我们相信，任何对意识的解释都必须建立在某种神秘莫测

> 的宇宙属性之上，这就像牛顿之前的学者相信天体由不可知的天体力量所支配，而这种力量与控制下雨、马蹄铁和泥土的力量迥然不同。

对那些希望摆脱意识特权的人而言，最需要思考的问题是：为什么一些神经模块会产生意识体验，而另一些则不会？

视觉场景的两种功能：看见事物与识别事物

接下来关于模块心智的几章采用了与前两个阶段不同的方法。心智之旅将不再是纵向上升，而是横向前进。每一章都展示一个不同的模块。就如先前一样，我们将看到每个模块的创新是如何解决特定心智挑战的，但我们将不再按照心智的逐步发展来介绍这些模块，因为每一项新的创新都建立在先前的创新之上。此后 7 章中所要介绍的全部模块都存在于从鱼类到猿类的所有模块心智中，事实上，这些模块中的大多数都与在苍蝇心智中发现的更简单的版本相呼应。这个横向前进的旅行路线旨在揭示这些模块如何相互协作，从而产生无与伦比的感知、认识和感觉体验。

模块这一概念可能会让读者想起计算机程序的模块化，这似乎意味着我们不再考察低等心智之间模糊的因果联系，而是步入一个像软件那样可以清晰划分不同逻辑过程的思维领域。事实并非如此。我们将邂逅一些模块，它们的动态不受其他模块的干扰，但大多数模块之间彼此交织，持续实时地影响彼此的内部运行。

我们有充分的理由相信格罗斯伯格的模块反映了所有脊椎动物的心智动

态，但格罗斯伯格本人则希望他的模块仅作为人类心智的模型，而非作为动物心智的模型。如果你愿意，你可以将本书中聚焦动物模块心智的章节简单地看作一篇导论，这篇导论中一系列有关观念或直觉的介绍，对于我们充分理解格罗斯伯格对人类意识的解释必不可少。

在模块心智的旅途中，我们拜访的第一个模块是视觉场景模块[1]。这一神经模块是光子的实时模式，能将感觉输入转换为对视觉场景有用的表征。值得注意的是，只要这种表征仍处于视觉场景模块的范围内，它将永远不能被我们的意识所觉察，毕竟我们永远不会“看到”表征内编码的视觉模式。视觉场景模块中的场景表征是前意识的，它有可能进入意识，但前提是这一表征得到其他模块的进一步加工。

这意味着，我们可以重新界定我们的先导性问题，从“为什么一些神经模块会产生意识体验，而另一些则不会？”转换为：

为什么一些心智表征进入了意识，而另一些则没有？

有人可能会说，视觉表征进入意识，这样我们便可以如英国圣公会的赞美诗中所设想的那样，去欣赏世界的柏拉图式之美。这首赞美诗宣扬造物主创造了“紫色的山峰”和“奔腾的河流”，“赐予了我们欣赏它们的双目”。

当然，一个至高无上的神灵本应为我们配备一种更加强健的方式让我们看到紫色的山峰，而不是配备两个黏糊糊的小球。它们会逐渐变得远视，并因青光眼而变得视线模糊，更不用说薄薄的视网膜容易脱落了。人类视觉系统的瑕疵和脆弱似乎在暗示我们：意识本身只不过是另一种物理产物，而非某种超凡的典范。在思索我们为什么拥有有意识视觉时，一种更务实的方法是关注它在模块心智中想要达成的目标。

有意识视觉有两个目标，每个目标都各自解决了一种独特的挑战，并受不同的模块所支配：

1. 看见事物。
2. 识别事物。

乍一看，看见与识别似乎是一回事，对二者进行区分似乎只是哲学上的文字游戏。但思考一下：我们是否经常看到我们无法识别的事物，以及是否经常识别我们没有看见的事物？

前一种情况或许更显而易见。墙上可能有一团你无法识别的斑点，你会疑惑，这是阴影吗？是污渍吗？是霉菌吗？即使你完全不知道它是什么，你也可以用抹布擦拭它。或许，你的眼角余光瞥见了什么东西正猛地冲向你的头，它移动得太快了，以至于无法识别，但你仍会本能地躲避，以免被击中。

我们也经常识别一些看不到的东西。如果一瓶水隐匿在麦片盒的后面，只有顶部的瓶盖露出，我们也能准确地伸手绕过盒子，并抓住看不见的瓶子。在其他场景中，我们还会识别压根就不存在的事物。

当欣赏乔治·修拉的新印象派画作《马戏团》(*The Circus*)时，我们会“看到”一名女杂技演员在马上跳跃（见图 12-1）。但实际上，我们并没有“看见”一名真正的杂技演员在一匹真正的马上跳跃。修拉在画布上涂画了一团彩色圆点，我们的心智将这些彩色圆点解读为现实世界中的杂技演员在跳马。如果我们试图自己跳上马，那一定会自取其辱。

图 12-1　乔治·修拉的《马戏团》

有时我们甚至会看见并识别出根本不存在的东西。例如，在卡尼萨三角的光学错觉中，我们看见并识别出一个明亮的白色三角形，它隐形的边缘不明缘由地跳进我们的眼帘（见图 12-2）。

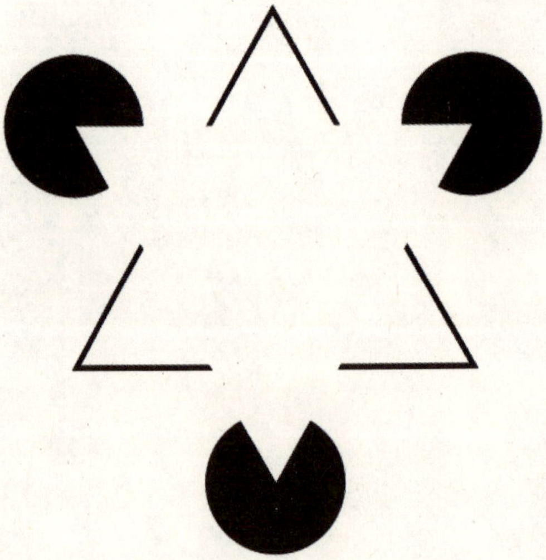

图 12-2 卡尼萨三角

神经性损伤亦能揭示看见和识别之间的功能性差异。患有偏侧空间忽略的患者会报告说，他们看不到自己正前方的物体（如开瓶器），即使从行为表现上来看，他们好像已经认出了那是什么物体。例如，他们会索要一个酒瓶，但他们看不见眼前的开瓶器。而患有视觉失认症的患者则表现出相反的行为，他们报告说看到了一个熟悉的物体，但无法确定它的具体名称，比如他们看见了铅笔，但将它描述为“这是一个细长的、顶部尖锐的物体”。

对于生存而言，看见要比识别更为重要。看见事物解决了与古菌心智相同的挑战——朝向物体。看见事物让我们能够朝着太阳前进，在进入一个低矮的洞穴前弯腰，拍打一只飞来飞去的黄蜂。看见事物使我们有能力去做这些事情，即使我们没有识别出看到的是什么，而仅感知到那里有某种物体以及它离我们有多远。

即使看见事物更为重要，但识别事物才是打开高级心智之门的钥匙。我们识别事物，以便决定如何处理它们。我们区分捕食者与猎物、食物与污秽、庇护所与陷阱。对周遭世界进行分类的能力是模块心智最为强劲的工具之一，它对于快速决策和制订长远规划也是不可或缺的。

视觉场景模块必须支持看见事物和识别事物两种需求。这两种功能利用了场景中的不同特征：为了能看见事物，视觉场景模块必须将场景划分为“前景”和“背景”。想象一下你正在打网球。要想击中球，能将网球与其他一切事物区分开就至关重要，所以你的心智必须将球分配到场景的前景，而将其他一切都分配到背景中去。相比之下，为了有效地识别事物，视觉场景模块必须提取前景中的所有视觉特征，例如网球的颜色、形状、纹理和质地。

《马戏团》中那些杂乱无章的线条、色彩和圆点可以组合成任何易于理解的前景与背景。杂技演员究竟是马的一部分，还是观众的一部分，或是其他分离的事物的一部分呢？帽子是男人的一部分，还是地板的一部分呢？男人手中的布料是围巾还是窗帘，抑或是画布的突然卷曲？这是我们首次接触**不确定性原则，它决定了能否对模糊模式做出正确解读。**

消除复杂视觉场景中的不确定性是一项艰巨的挑战，但所有的模块心智都可以做到，包括地球上最为古老的模块心智——鱼的心智。

互补性思维，边界系统和表面系统的协作

如果你被传送至 4 亿年前的地球，你将踏上一张由蕨类植物和苔藓铺设的横跨冈瓦纳古陆的翡翠色地毯。冈瓦纳古陆是包括今天的印度以及南美洲、非洲和南极洲在内的超级大陆。你可能对这里的动物群浑然不觉，因为最大的陆地生物竟是螨虫和微小的无翅昆虫，在这个微小生物的世界里，最

高的植物居然只有 60 厘米。你可以从各个方向清晰地看见地平线，不受任何生物的阻挡，除了一些奇怪的、看似发霉的方尖石塔，它们像腐烂的巨大獠牙偶尔从地平面上突出来，耸立至空中，高度超过 6 米。这些被称为原杉藻的生命形态到底是真菌还是地衣，科学家对此尚存争议。但无论是什么，你在冈瓦纳古陆地表几乎看不见任何活动，也听不见任何声音，唯有风拂过蕨类植物不时发出的"窃窃私语"。审视这简单的景观，你可能会得出这样的结论：在泥盆纪，地球上的生命相当无聊。

但如果你凝视冈瓦纳古陆周遭浩大的特提斯海，你会发现一个充盈着生命的繁茂的生态系统。这里最富智慧的海洋生物是鱼类，许多鱼类身上都覆盖着厚厚的铠甲，例如盔甲鱼类的头上有着巨大的骨盾，类似于海底世界的攻城槌。有些鱼差不多只有你的拇指那么大，而令人生畏的邓氏鱼足有 9 米多长。邓氏鱼可能是地球上第一个脊椎动物超级捕食者，它看起来像鲨鱼和外星物种的杂交体。有些鱼类从未离开过巨大而壮丽的珊瑚礁群，有些在海底沙石中逡巡，还有一些则在开阔的海域徘徊。少数鱼类的后代至今尚存，其中包括已知最古老的艾登堡鱼母，这种鱼以自然博物学家、BBC 纪录片传奇解说者大卫·艾登堡（David Attenborough）的名字命名。

大约 4.5 亿年前，鱼类便从其他脊椎动物中分化出来，远早于两栖动物出现在陆上的时间。由于鱼类古老的血统，它们比任何其他尚存的脊椎动物都具有更丰富的物种多样性——超过 3.4 万种。许多鱼类凭借视觉这一主要感知能力做出各种复杂的行为，包括定位猎物、躲避捕食者、选择配偶和浅滩上的聚集地，以及在珊瑚、海藻、树枝和岩石间逡巡。鱼类的一些视觉天赋能与陆生动物相匹敌，它们拥有三色视觉，能够辨识三维形状，具有精准的目标定位和出色的对象识别能力。鱼类之所以具备这些视觉能力，是因为它们与人类的眼睛具备相似的结构，包括角膜、晶状体、瞳孔、虹膜、倒置的视网膜、视杆和视锥细胞，以及用于将图像稳定在视网膜上的前庭眼反射。

科学家进行了很多研究来评估鱼类的视觉能力，但有一种更便捷的方法来衡量它们的视觉复杂度：我们可以仔细观察大自然需要做些什么才能愚弄一条鱼。我们可以观察通过伪装或拟态隐藏起来的动物，例如叶海龙、章鱼、鱿鱼、墨鱼、比目鱼、叶鱼、海龙、鳚鱼、石鱼、岩鱼、鲉鱼、糖果蟹和模仿河豚的河鲀，并想想它们的视觉骗局能否愚弄我们的双眼。

叶海龙身上飘动着形如海藻的脉络、根茎和气囊，这些逼真到让人难以置信的伪装揭示了身体需要做到多精细才能成功欺骗捕食者（见图 12-3）。很显然，与人类的视觉辨别能力相比，鱼的视觉辨别能力有过之而无不及。

图 12-3　分布于澳大利亚的叶海龙

视觉场景模块如何有效地分析场景，以至于只有近乎完美的物理模仿才能欺骗它？秘诀就在于互补性思维。

视觉场景模块包括两个相互依赖的神经系统，一个系统负责处理边界信息，另一个系统负责处理表面信息。双方需要彼此襄助才能完成工作。通过协同工作，两个互补系统形成了一个既可用于看见又可用于识别的场景表征。

视觉场景模块通过运用该模块中的边界系统来加工视网膜感觉神经元的输入信息，从而着手建构一个场景表征。边界系统能识别场景中的所有潜在边缘，并创建目标对象的暂定轮廓，就像绘制一本未上色的涂色书一样。如果有任何间隙或障碍物中断了边缘，边界系统将在缺失的部分补全这条线（见图 12-4）。

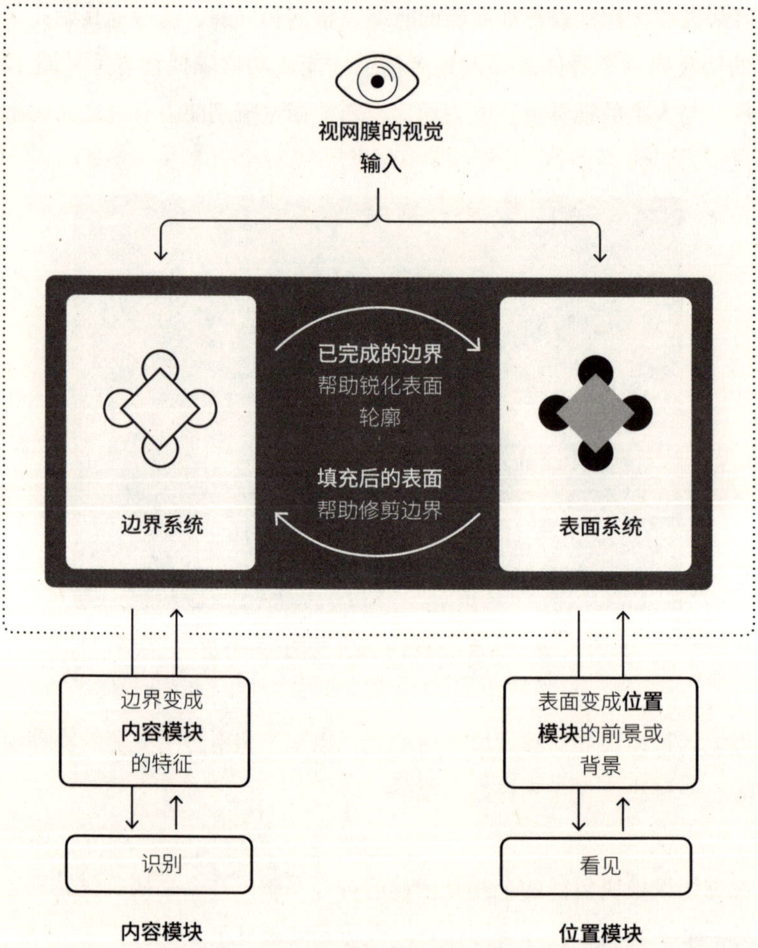

图 12-4　视觉场景模块

为何需要进行“边缘补全”呢？因为无论是鱼类还是猿类的视网膜本身都布满了间隙。最明显的是，在视网膜感受器的阵列中心附近有一个巨大的洞，被称为盲点，视觉神经与视网膜在此连接。任何落在盲点上的边界部分都将无法被视觉场景模块检测到。此外，视网膜上的静脉纵横交错，只要有静脉，就没有视觉输入。因此，即使你正看着一条新画的黄线沿着公路中心无缝延伸，但落到你视网膜上的黄线图像亦会被你视网膜上的静脉和盲点割裂得支离破碎。视觉场景模块重现这条黄线的唯一办法就是“补上”线条中的裂缝。

即使我们拥有完美无瑕的视网膜，世界本身也充满了残缺和障碍。细想一下鱼的自然视野。潜在的猎物以及捕食者会潜伏在海草之后，藏匿在沙子之下，在珊瑚和岩石间穿梭，或只是蜷缩在其他鱼类身后。相关物体的视野经常被中间物体遮挡，因此需要边界系统在被遮挡的边缘部分进行补全。

即便场景中所有潜在边缘都能被识别且被补充完整，场景可能仍然是模糊的。对于纠缠的线条可能存在多种解读，这就好比在一大锅意大利面中寻找一张面孔。可惜，边界系统本身无法再做更多工作了，它需要协助，所以它会与表面系统共享其获得的第一手边界信息。[2]

表面系统会用色彩填充边界内的所有空间，从而创建场景表面的第一步表征。即使表面系统已经创建了一个新的表征，以将它临时填充的表面与边界系统创建的临时边界结合在一起，但场景仍然是模糊不清的。在某些情况下，最初的边界将不再有意义。因此，表面系统会进一步消除“不一致”的边界，即那些与新填充的表面不重合的边界。这就是所谓的“边界修剪”。

表面系统将经过它填充和做过边界修剪的表征传回边界系统，边界系统沿着表面细化出最终的边界。最终，两个系统同时完成了包含最终边界和填充表面的场景表征，一起识别了场景中最大或最亮的最接近鱼的表面，并弱化与其毗邻的所有表面。这种联合行动的结果是：最近的表面“弹出”作为场景前景，而其他表面则被“调暗”成为背景。当你看见卡尼萨错觉中的白色三角形时，你便经历了这种前景弹出的现象。

前景与背景表面的联合表征被传送至位置模块，以便被看见。由于前景被假定为一个值得识别的对象，因此前景中所有边缘以及彩色表面的表征被传送至内容模块进行识别。前景的边缘和表面被视作潜在对象的特征。

如果没有边界系统和表面系统像阴阳相生相克那样相互作用，那就不可能将场景分为前景和背景，也不可能提取出潜在对象的特征。我们可以通过一种被称为“霓虹色彩扩散错觉”[3]的视觉错觉来见证视觉场景模块互补性思维的硕果。当我们直视中间的正方形时，它似乎是灰色的，但其实它是白色的，与你正在阅读的纸质书的底色相同（见图 12-5）。

图 12-5　霓虹色彩扩散错觉

下面是我们的视觉场景模块在处理霓虹色彩扩散错觉时发生的情况。边界系统沿着灰色曲线与黑色曲线相交的所有边界构造一个不存在的正方形作为暂定边界，并将所有跨越白色间隙的边界补充完整。接下来，表面系统运用灰色填充这些边界中颜色较浅的边界，即灰色边，而灰色则溢出到客观上是白色的区域。随后，边界系统利用这一灰色填充的正方形来强化其暂定的正方形边界。最终，在边界系统和表面系统的共同作用下，本不存在的灰色正方形跳出来成为前景，并使黑色圆圈作为背景黯淡下来。

视觉场景模块随后将最终的表征发送给视觉内容模块和视觉位置模块，结果就是：我们意识到了一个不存在的正方形。

当心智可以识别高级伪装时，它也将受错觉影响

为何一些心智表征会进入意识，而另外一些却不能呢？视觉场景模块的活动让我们能够开始回答这一问题。在没有另外一个模块参与的情况下，视觉场景模块中形成的初步视觉表征永远不会进入意识，这是为了防止心智的其余部分对错误或不完整的知识采取行动。实际上，**无意识的表征使我们免受虚假信息的蒙骗。**

在视觉场景模块没有充分完成如生成暂定边界、暂定表面、区分前景和背景及识别前景特征等视觉场景加工，以及形成明确的场景表征前，初步表征仍具有诸多不确定性，无法用于看见和识别事物。

如果我们在视觉场景模块形成表征之前就意识到它，那就像我们走进好莱坞科幻电影的拍摄现场，发现桑德拉·布洛克（Sandra Bullock）在蓝色屏幕前笨重的钢索上摇晃。在将所有特效画面和数字化空间碎片剪辑成最终

版本之前，我们无法猜测电影会是什么样子的。

为了应对不确定性困境[4]，视觉场景模块伺机与意识生成模块共享其劳动成果，直至组合出一个值得注意的表征，即值得被看见或识别的表征。然而，尽管前意识的唯一权限是在视觉场景模块的内部暗自操作，但这些操作的潜藏细节偶尔会通过视错觉向我们展现出来，如霓虹色彩扩散错觉或卡尼萨错觉。不仅人类容易被这些视觉场景模块产生的视错觉欺骗，鱼类也一样。

迄今为止，用卡尼萨错觉测试过的每一种鱼类，包括金鱼、红尾裂腹鱼、斗鱼，甚至是现存最古老的鱼类之一的鲨鱼都被戏弄了，它们看见了不存在的三角形、圆形和正方形。卡尼萨错觉对两栖动物、鸟类，以及爬行动物也都有影响。鱼类具备“非感官补全”的能力，即识别部分被遮挡的物体，如通过钳子识别螃蟹。与人类一样，鱼类也会被各种其他视错觉欺骗，例如亮度错觉、空间排列错觉、膨胀-收缩颜色错觉和相对大小错觉等。鱼类还会看见其他虚幻的轮廓[5]，例如沿着错位栅格的边界看见无形的轮廓线。所有这些错觉都可以用视觉场景模块的动态来解释。

这些发现凸显了解决不确定性困境所固有的一种权衡。**如果一个心智发展出了足以识破高级伪装的思维，那么这个心智也将不可避免地更容易受到错觉的影响。**

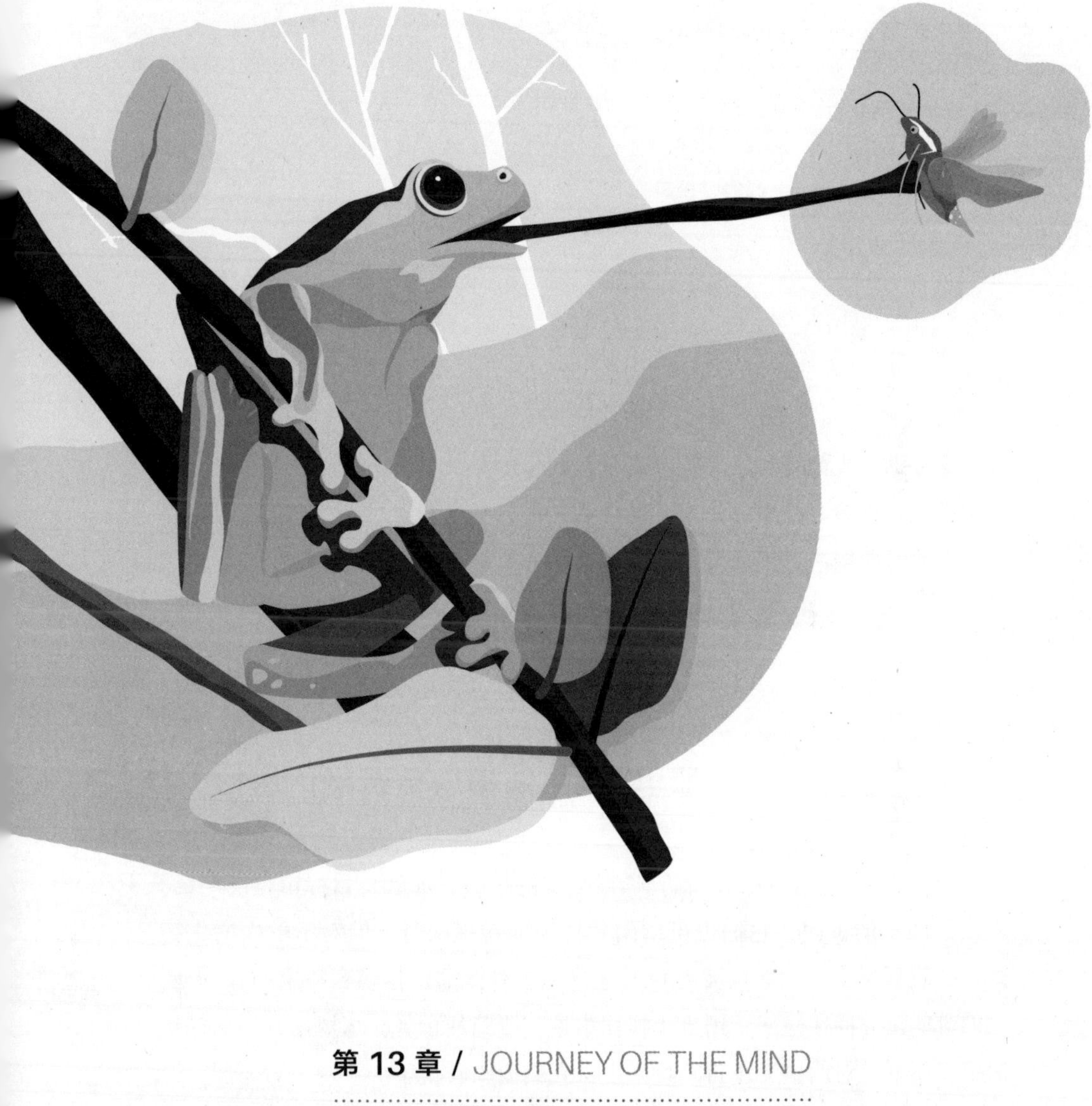

第 13 章 / JOURNEY OF THE MIND

青蛙的心智，无意识地从“这里”到“那里”

索菲亚，我的建议是要瞄准高分。我想你会成功的。

第一枪或第二枪不能击中，或许第三枪也不能。

但要不断瞄准，不断射击，最终你将每次都能命中目标。

——安妮·奥克利（Annie Oakley），《安妮·奥克利与芝加哥野兽》（*Annie Oakley and the Beast of Chicago*）

从“这里”到“那里”，方法模块负责抵达目标

任何生物的心智都要面临一项最基本的挑战，那就是目标定位的问题。即使是微小的古菌，它们也可以向着目的地蜿蜒前行。但对于较大的生物体，解决目标定位问题需要有目的地将一个身体部位移动到特定的目的地。它们可能需要握住橡子，用爪子抓住猎物，踢蹬捕食者，啄树皮，用头撞击对手。例如，对两栖无尾目动物来说，它们要啃咬虫子。

为了理解模块心智是如何定位一个对象的，请试着执行一个与我们在心智之旅开始时类似的任务。这一次，当你执行任务时，请密切关注你所意识到的内容：在你可触及的范围内，触摸一件最明亮的物体。

当你伸手触摸那件物体时，你究竟意识到了什么？最显而易见的是，你意识到了目标本身，即你决定触摸的物体。你或许也意识到了自己做出的移动手臂的决定。但还有一些重要的事情也许你并未意识到：你如何支配手臂让它从这里移动到那里？

你的心智以某种方式完成了以下三个过程：

1. 计算了手指从静止位置到达目标位置需要遵循的轨迹。
2. 确定驱动手臂、手掌和手指沿着轨迹运动时，需要协同身体的哪些肌肉工作。
3. 确保每块肌肉在正确的时间向正确的方向施加恰到好处的力量。

所有这些都是在你毫无意识的情况下发生的，你的意识只集中在目标或触碰到它的意图上。

即使你有意识地控制了自己的运动轨迹，比如决定你的手指在瞄准目标的过程中做螺旋运动，就像魔术师旋转魔杖似的，或者你能意识到旋转、加速或减速等自主指令，但你的心智在完成这些指令时所进行的“底层”计算，包括使身体其余部分保持稳定不动，以及在你触碰物体时和注视目标物体时保持视线的固定所需的计算和指令，仍然在你的意识之外。

在你的心智中，负责达到目标的部分是方法模块[1]，它计算出如何从“这里”到“那里”。如果你对方法模块的活动是无意识的这一点心存疑虑，不妨试试这个：向某人解释如何按下电梯按钮。除“按下它”或“将手指移到这里，然后按下它”之外，你还能向他们提供什么别的指示吗？这似乎已经足够清楚了，无须任何进一步的指示。但如果别人跟你说，他们理解了你的指示，但最终按向了他们的鼻子，那会如何呢？他们这样做并非出于恶意或表现幽默感，他们坚称自己试图按下按钮，但不确定哪里出了问题。你能否为他们提供额外的指导，帮助他们调整动作呢？“噢，你这样是在伸展你的尺侧腕屈肌而非拉紧它，而且你是向左扭转而不是向右扭转掌长肌，你等太久了才让你的伸指肌弯曲。再试一次，这次保持尺侧腕屈肌稳定！”

心智进化精要 JOURNEY OF THE MIND

独特的方法模块，永远不会进入意识

方法模块的活动永远不会进入意识，因为它不会创建需要与其他模块共享的任何表征，而心智的其他部分获得心智表征对于产生有意识的活动必不可少。相反，方法模块接收来自其他模块的信息输入，并将这些输入信息构建的两种表征进行对比，但在这个过程中不会生成任何用于信息输出的新表征。

碰巧的是，所有那些产生意识体验的模块也会比较两种表征：一个无意识，一个有意识，而且均涉及两种表征的对比。了解这些不同模块动态之间的差异将帮助我们了解意识是如何运作的。

青蛙，心智之旅中唯一一种两栖动物

迄今为止我们遇到的每一个生命体都可以朝着目标移动，虽然这种移动算不得完美。嗜盐古菌朝着太阳蜿蜒前进，变形虫向土木工程项目聚集，苍蝇绕着腐肉飞舞……然而，这些分子心智及神经元心智的身体、环境和“大脑”，与模块心智之间存在着显著差异。

首要的是，当我们进入脊椎动物领域时，如鱼类、两栖动物、爬行动物、鸟类和哺乳动物等，我们需要面对明显更庞大的躯体。这些动物身体受伤的可能性现在变成了一个持续、潜在的致命威胁。变形虫不必害怕与坚硬的物体表面发生碰撞，一只苍蝇可以走着或者至少踉跄着从迫降地点离开。但如果一头熊的爪子拍错了地方，它可能弄断手臂；如果一只老鹰着陆失败，它可能会折断脖子。当你的身体不过是骨肉之躯时，瞄准目标的准确程度将关乎生死。

心智环境的范围也有很大差异。古菌和细菌在液态环境中无休止地受到分子的冲击，致使精确瞄准成为无稽之谈。不稳定的路线是这些微生物通往目的地的唯一选择。苍蝇受到了不为人们所觉察的微弱气流的冲击，导致飞行路线被扰乱。虽然更大的身体更容易受到伤害，但更大的体形也会减少移动过程中的干扰，这为更精确地瞄准物体提供了可能性。方法模块正是在这种情况下登场的。

对方法模块而言，最关键的挑战在于将身体部位引向目标。为了了解模块心智如何应对这一挑战，我们来看一种地球上最古老的陆生脊椎动物——青蛙的心智。

青蛙是我们在心智之旅中遇到的第一种，也是唯一一种两栖动物。它们的大脑并不比鱼类的大脑更复杂。这并不奇怪，毕竟青蛙生命周期的一个阶段是像鱼一样度过的——它们曾是在池塘中畅游的蝌蚪。青蛙的大脑与鲨鱼的大脑非常相似，尤其与角鲨和灯笼鲨的大脑相似。

然而，在陆地上觅食要面临鱼类从未面临过的问题。鱼类依赖吸水的方式吸进猎物，但在空气中张开嘴巴能产生的吸力要比在水下张开嘴巴能产生的吸力更小，这使捕食变得困难。为了应对这一挑战，最古老的青蛙用新长出的腿部猛扑向猎物。即便在今天，尽管大多数青蛙已经进化出了可以远距离攻击猎物的一条细长的舌头，但许多青蛙仍仅仅通过猛扑来捕猎。例如，新西兰有大量不是用舌头粘住猎物，而是咬住并一下子将猎物吞下的青蛙。

非洲爪蟾是一种通过跳跃与死死咬住猎物捕食的青蛙。它的身体呈灰绿色，长约10厘米，原产于东非大裂谷。相较于快速流动的溪流，非洲爪蟾更喜欢死水，尤其偏爱被洪水淹没的热带雨林。它是一种贪婪的捕食者，主要食物是水虫和小鱼，也吃蠕虫、蜘蛛和昆虫，甚至其他青蛙。

对于一只非洲爪蟾而言，要想饱餐一顿，它的方法模块就必须引导它的嘴部接近猎物。

目标位置、身体位置和差分引擎构成方法模块

方法模块主要由三部分组成（见图13-1）。第一部分是目标位置。这是一个对目标位置的表征。例如，一只在树叶上休息的蚱蜢的位置。

目标位置的表征由位置模块提供，该模块生成视觉场景中对象位置的表征，计算出某个物体在何处，并将位置信息编码为一组视觉坐标。

第二部分是身体位置。这是对能够到目标的身体部位的位置和方向的表征，比如青蛙的头部。身体位置表征将身体部位的位置编码为一组身体坐标，这组坐标由相关身体部位内的机械感受器生成。

第三部分是差分引擎。这是方法模块的运作核心。差分引擎对比目标位置和身体位置，以确定它们之间的距离，例如从青蛙头部到蚱蜢的距离。但在比较这两种位置表征之前，差分引擎首先要解决转译问题。

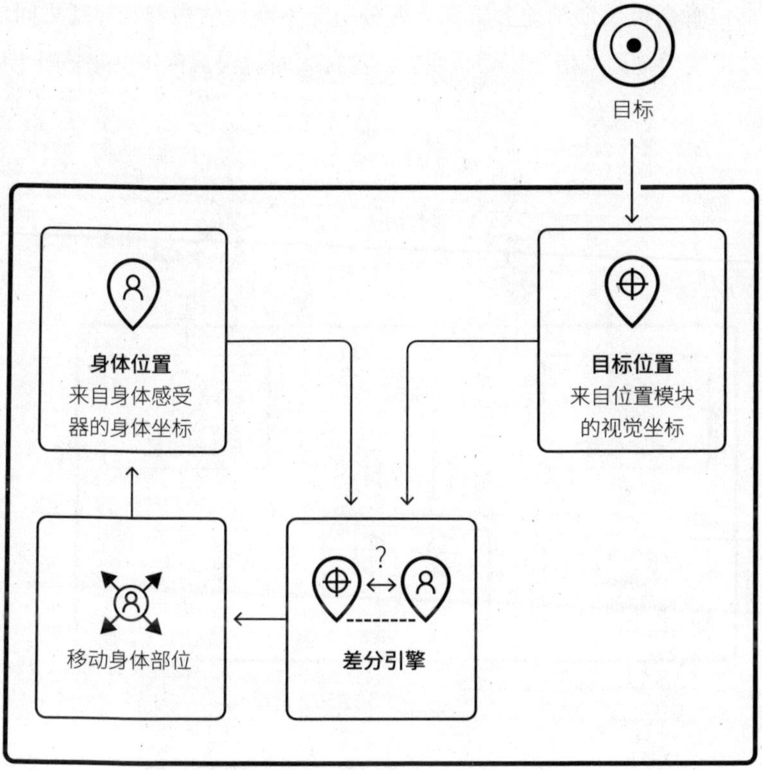

图 13-1　方法模块的三个主要组成部分

蚱蜢的视觉坐标和青蛙头部的身体坐标以两种不同的格式编码，就好似分别用华氏温度和摄氏温度来表示两个温度一样。差分引擎必须将一种表征的格式转译为与另一种表征相同的格式。结果证实，目标位置的视觉坐标被转译为与身体坐标相同的格式。

现在，差分引擎可以对这两个位置进行比较并采取行动。差分引擎追求一个简单的目标：将目标位置与身体位置之间的距离减少到零。差分引擎评估当前距离的大小，然后向相关的执行器网络发出指令，于是执行器网络将青蛙的头部移向蚱蜢。当青蛙移动时，它的头部位置会发生变化。这种新的头部位置会被反馈给差分引擎，差分引擎不断评估头部和蚱蜢之间的间隙，并持续调整运动指令以缩小间隙。这种实时过程被称作误配学习（见图 13-2）。

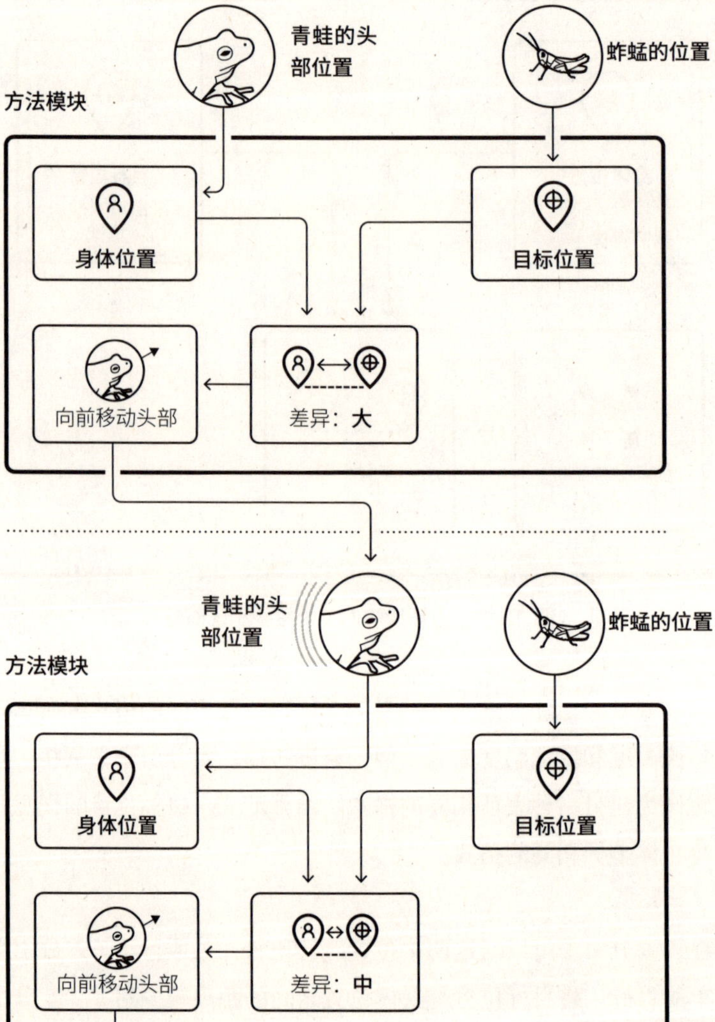

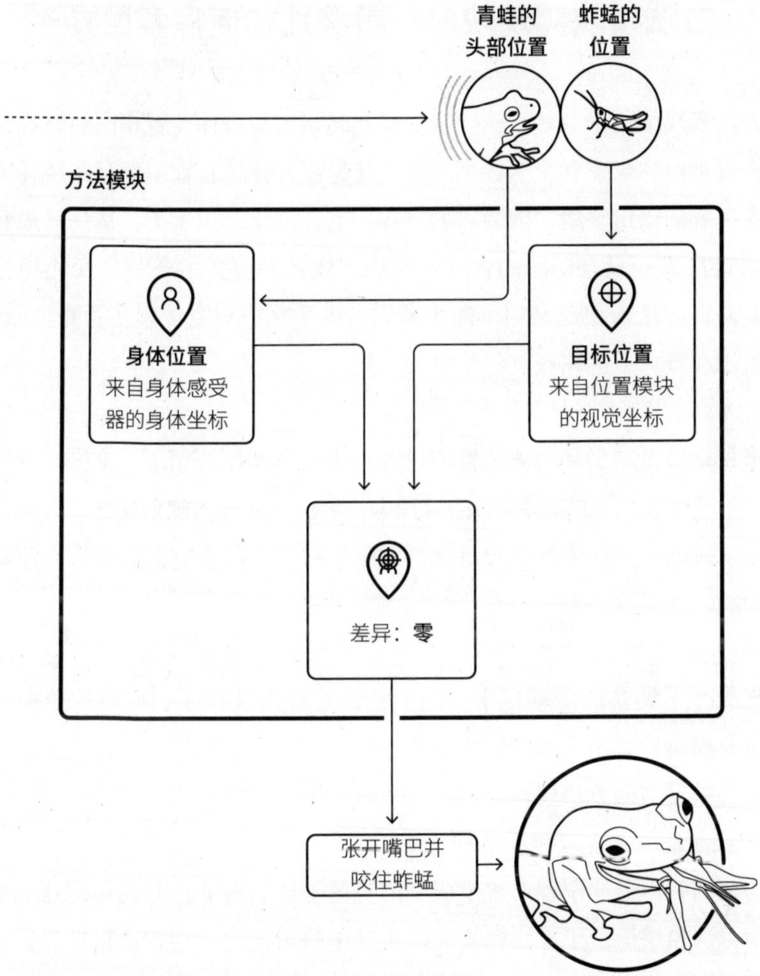

图 13-2 误配学习

误配学习总是无意识的。方法模块会对两组坐标之间的误配程度进行评估，并尝试将误配程度降至零。当青蛙成功时，即当它的头部够到蚱蜢之时，差分引擎停止运转，此时方法模块会发出一个用嘴巴咬住蚱蜢的指令。晚餐有了！

方法模块实现映射，看婴儿如何探索世界

方法模块如何学会将目标位置的格式转译为与身体位置相同的格式，即如何实现神经科学家称之为映射[2]的过程呢？青蛙的心智中不存在目标位置与身体位置的固定映射，因为它的身体一直在变化。事实上，从一只没有四肢的蝌蚪长成一只有四肢的青蛙，然后变成一只更大的青蛙，变化相当剧烈。此外，方法模块还必须不断更新它的映射来应对身体损伤及身体限制，如抖落压在脊背上的树枝。

将目标位置映射到身体位置的过程在生命早期便开始了，这种心智动态被称为运动摸索[3]。在运动摸索的过程中，方法模块进入映射模式，并向位置模块寻求援助。方法模块引导身体四肢随机移动，并在它们四处挥舞时观察它们。

想象一下婴儿的运动摸索。他下意识地在面前挥手，此时位置模块介入。位置模块计算出手在空间中的位置，并创建出手的视觉坐标的表征。这些坐标会被反馈回方法模块。

与此同时，身体位置系统生成手的身体坐标的表征，并同样把这些坐标发送至方法模块。由于方法模块此时正处于映射模式，它知道目标位置与身体位置相同。这样，方法模块通过在视觉坐标与身体坐标之间建立起链接来更新其映射。婴儿继续挥手，直到方法模块在婴儿可触及的范围内构建起整个空间的全面映射（见图 13-3）。

现在，婴儿已经准备好“掌握”世界了！

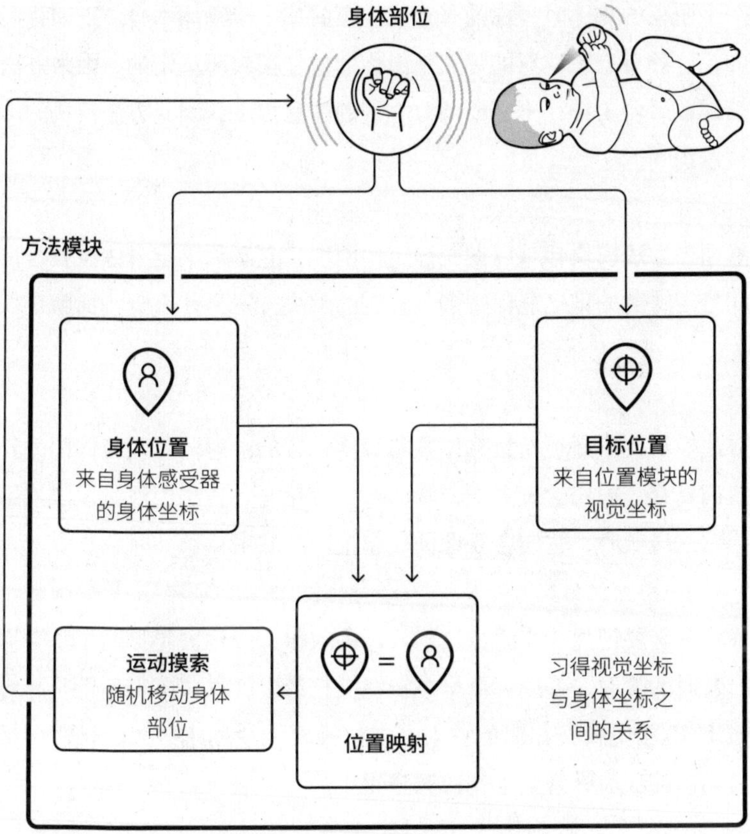

图 13-3　方法模块的映射模式

彻底忘掉过去，稳定性困境的解决之道

方法模块无须担心不确定性困境，它的两种表征早已被心智的其他部分审查过了。位置模块核验了目标位置，而身体位置系统则核验了身体位置。

方法模块也无须直接解决注意困境，因为它无须弄清该关注什么。当你触摸一个明亮的物体时，你的有意识注意就集中于物体本身。正如我们即将看到的，这种有意识注意的焦点是由你的位置模块所决定的。因为方法模块静悄悄地在后台工作，不需要调节心智的注意焦点，因此方法模块的动态并不会被意识到。[4]

然而，方法模块却难以摆脱稳定性困境，它必须决定身体位置与目标位置之间特定映射的记忆能保持多久。它的解决方案是什么呢？那就是彻底忘掉过去。

方法模块要不断更新目标位置与身体位置的映射。每当身体因生长、萎缩、肌肉发育、损伤、衰老或分娩而产生变化时，方法模块必须学习新的映射。当它这样做时，它便会立即彻底忘记旧的映射。

你没有必要记住 3 岁时身体到目标的映射，或你去年摔断了手臂而不得不打石膏时的映射，抑或你今早被挤在拥挤的电梯里，不得不伸手越过人群才能按下 10 楼电梯按钮时的映射。方法模块无须创建持久的长时记忆，它只需将当前的映射维持到下一次调整为止。

方法模块对两种心智表征进行比较，但它无须核实、稳固或注意其中任何一种表征。这些表征也不会进入意识。这一发现提供了第一条线索，让我们知道在那些表征确实进入了意识的模块中可能会有怎样的发现……

第 14 章 / JOURNEY OF THE MIND

陆龟的心智，
“知晓”你在观看何物的超然体验

富人的垃圾一年比一年复杂，充斥着混合材料、杂质和仿造品。
有的看起来像木板，里头灌的却是塑料。
那百洁布该如何分类呢？

——凯瑟琳·布（Katherine Boo），
《地下城》(*Behind the Beautiful Forevers*)

观鸟领域的一项伟大成就

2014年，诺亚·史崔克（Noah Strycker）的父亲将他和一个装满补给的背包送到了墨西哥边境。他本应在委内瑞拉开始一个为期5个月的实地考察项目，但项目在最后一刻被取消了，这让他一下子没了头绪。于是，史崔克决定趁此机会沿着太平洋山脊步道步行约4 300千米，只身从墨西哥徒步前往加拿大："我一直钟爱徒步旅行，而太平洋山脊步道类似于徒步者心中的珠穆朗玛峰，我想这次终于有机会实现它了。我在步道上看到了174种鸟，正是在这里让我萌生出参加观鸟'大年'的想法。"

用观鸟爱好者的行话来说，观鸟界的"大年"就是你试图在一年内尽可能多地观看到不同种类的鸟。28 岁的史崔克虽然相对年轻，但也已经去过世界各地的观鸟地点了。他对于偏远地区的旅行非常有经验，并与这些地区的观鸟者建立了广泛的联系。这些人可以帮他安排观鸟之旅，甚至能够让他免费睡在自家的沙发上。史崔克精心规划了远足路线，这能最大限度地增加可观察到的鸟类种类，他的太平洋步道冒险之旅教会了他如何能在最短时间内参观最多地点。

当时的“大年”纪录由一对英国夫妇保持，他们在 2008 年成功发现了 4 341 种鸟。这是一个非常不错的成绩，尤其是他们还经常在观鸟的旅途期间返回家中。史崔克说：“我的目标是看到 5 000 种鸟。我的观鸟‘大年’于 2015 年 1 月 1 日从南极洲开始。在日出后不久，我便发现了一只花斑鹱。”

史崔克游历了地球上的每一个角落。他的足迹遍布亚马孙雨林、喜马拉雅山脉、澳大利亚内陆以及撒哈拉沙漠。他旅居于阳光普照的圣华金河谷、瑞典的峡湾以及阿拉伯联合酋长国的纸莎草沼泽。在这些异域风情之地，他发现并识别了一种又一种鸟。

史崔克在智利发现了一种黑白相间的猛禽白喉巨隼，认出了加纳的一种黑白红三色相间、飞行笨拙、鸣叫声像猫打呼噜的小型鸟双齿拟䴕。在冰岛午夜的阳光下，他看到了一只大天鹅，这是一种翼展近 2.5 米的巨型鸟。他还在印度尼西亚的一片稻田里发现了一种长着黄色长腿、喜欢独处的鸭子状水鸟董鸡。在新西兰豪拉基湾波涛汹涌的海面上，他在一艘船上认出了一种尾部白色、身体下方有明显的条纹、极度濒危的小海鸟新西兰舰海燕。

这些鸟并没有飞到史崔克身边，再落在他的手指上。他需要在非常艰苦的条件下，如在黑夜、在雨中、在雾中、从遥远的地方、在茂密的丛林中或者在群山之间，辨认它们。他需要识别那些飞得极快、有时看都看不清的鸟和那些具有超级伪装、一动不动的鸟。有时史崔克只能看到一闪而过的色彩或碎片，以及偶尔听到几声鸟的鸣叫。

9 月 16 日，史崔克在印度发现了一只领蟆口鸱，这是一种像一堆枯叶般用肉眼几乎很难发现的鸟。这一发现使他打破了之前的“大年”纪录。12 月 31 日，他发现了在“大年”中的最后一种鸟，这一成就也使他成为在印度索莱蓬森林（Soraipung forest）拍摄到野生栗鸮的第一人。

史崔克凭借发现的 6 042 种鸟打破了纪录，这个数字超过了当时地球上已知鸟的种类的一半。对他本人或对观鸟领域而言，这无疑是一项伟大成就，但这同样也是内容模块[1]的一项伟大成就。内容模块是心智中负责识别事物是什么的部分，自然也包括识别有羽毛的事物是什么。

内容模块负责识别，必须解决三大困境

模块心智必须应付一种分子心智和神经元心智可不予理睬的重要环境特征——复杂事物。脊椎动物的世界里充斥着摇曳的树枝、池塘中滑溜溜的石头、空心的树干、泥坑、色泽明艳的水果和皮革似的胡蜂巢。有些事物可以加以利用，有些事物最好避而远之，而大多数事物则无关紧要、无须理会。

为了区分有益的东西和有害的东西，模块心智必须学会识别、分类，并对某些飘忽不定、不可名状的未知事物进行预测。每个模块心智都有多个内容模块，用于识别不同类型的感知模式，包括用于识别视觉物体的视觉内容模块和识别发声物体的听觉内容模块。识别事物并非易事。视觉内容模块必

须克服一些棘手的挑战，比如目标定位问题，即确定视觉场景中的哪一部分应该被内容模块视为潜在对象。“我应该试着去识别树木之类的事物，还是识别树上带羽毛的事物，或识别带羽毛的事物身上的翅膀呢？”另一个挑战则是多对一的映射问题。一个内容模块必须了解楔形的尾巴、粗短的蹼足、红色的眼睛、黑色的鳍状肢、白色的腹部和黄色的条纹喙代表的是同一物体企鹅的不同视图。内容模块将在互补性模块的帮助下顺利解决这两种视觉识别任务中的挑战，这些我们会在第 15 章中介绍。

任何内容模块都要面临一种最严峻的挑战，即自然界中的任何事物都不会自带标签，也没有常见问题解答。没有人会告诉一只蜥蜴这是一只甲虫，而那里有一粒花生。事物和事件一闪而过，任由心智在没有外部指导的情况下对它们进行分类，科学家将这种困境称为无监督学习。无监督学习放大了内容模块的不确定性困境：你怎么知道眼前的物体是全新的，还是你已经见过的物体的不同版本呢？它是一只乌鸦还是一种你没见过的黑鸟呢？如果你看到一只看起来像是蓝凤冠鸠和冠鸠杂交的鸽子，你应该将它归为哪一类，还是应该创建一个新的种类呢？

如果这样的挑战还不够困难的话，那么一个有效的内容模块还必须在第一次接触到某件新事物时习得它的所有细节。细想一下，你在 次观影后能回想起多少内容。你通常能够回忆起主要角色、扮演他们的演员、布景、情节、光剑、分院帽或铁王座等重要道具；反派在一次银行抢劫中杀死了他的所有党羽之类的开场白和船沉了，男主角被淹死了之类的电影结尾。我们的心智以某种方式，立即学习、分类和存储了这些复杂、快速呈现的实时数据。

要实现这一点，内容模块还必须解决稳定性困境。内容模块必须立即为一个新物体生成一个新类别，并将该类别存储于长时记忆中，但随着心智对某一类别中个体成员的了解越来越多，它也需要对现有类别进行调整，比如雄性黄腹吸汁啄木鸟的喉咙是红色的，而雌性黄腹吸汁啄木鸟的喉咙是白色的。然而，如果一个模块无穷尽地调整现有记忆，便会引发另外一种风险——灾难性遗忘。

如果你接连看到 4 种被归类为鸟类的对象，比如蜂鸟、麻雀、秃鹫和鸵鸟，你会如何？如果内容模块在看到每个新样例之后，都更新了它对“鸟”的记忆，那么当它处理到鸵鸟时，它难道不会完全忘记蜂鸟的样子吗？对高度相似的变体而言，这个问题似乎更加令人担忧。你要如何才能记住原鸽的模样，而又不损坏你对蓝凤冠鸠、冠鸠和巨地鸠的记忆呢？

即使内容模块成功地识别出了对象，它的工作依旧没有完成。它需要提醒心智的其他部分它所获得的成果，尤其在对象是全新的或与之前相关的情况下。这让我们想起了困扰模块心智的首要挑战——注意困境。如果内容模块识别出了某个重要的对象，它如何命令其他模块放下它们正在做的事情，转而关注这一对象呢？

这样一来，内容模块必须解决稳定性困境、不确定性困境和注意困境，还要在首次短暂接触对象的过程中，在没有任何外部监督的情况下实时进行识别，这并非易事。实际上，对象识别既太过于复杂又必不可少，以至于解决内容模块挑战的创新催生了宇宙中的意识。

为了揭示赋予心智区分房屋与家朱雀、家朱雀与蜡嘴雀能力的动态机制，我们将通过一种被错误赋予了愚蠢之名的生物的视角来看待内容模块，这种生物就是龟类。

红腿陆龟在社会学习领域中的惊人壮举

红腿陆龟原产于中美洲与南美洲，伸出头来时，体长有 30 ～ 46 厘米，它的外壳颜色较深，形状宛如面包，上面有黄色斑点。这种陆生爬行动物栖息于多样化的生态系统中，包括热带雨林、干燥的荆棘丛林和稀树草原。红腿陆龟具有出色的颜色视觉，并具有独特的颜色偏好。陆龟是一种栖息于陆地上的乌龟。所有的陆龟都是乌龟，但并非所有的乌龟都是陆龟。与所有爬行动物一样，乌龟一直以来被称为冷血动物，尽管这一标签早已落伍。现如今，它们被归为变温动物，意思是它们依赖外部环境热度来调控自身的新陈代谢。

你或许会猜测，所有的爬行动物都是恐龙的后裔。事实并非如此，当今尚存的恐龙后裔仅剩下鸟类。早在霸王龙在侏罗纪丛林中漫步之前，就有三个种群的爬行动物从恐龙的分支中分离出来。第一个种群是有鳞类动物：蛇和蜥蜴；第二个种群是鳄目动物：鳄鱼、短吻鳄、凯门鳄和原产于印度的恒河鳄；第三个种群则包括爬行动物王国最古老的种群乌龟。

已知最古老且拥有独特龟壳的一种乌龟化石是半甲齿龟。这种乌龟最早出现在大约 2.2 亿年前，早于侏罗纪时代。那已经是非常久远的事了。很少有生物在万古长河中只发生微小的改变。但是，5 000 万年前的乌龟与现今的乌龟看起来并没有什么差别，它们的头部都是钝圆的，顶部和底部都覆盖着坚硬的外壳。很显然，居住在一个移动堡垒中是确保生存的良方。科学家们还发现，乌龟非常善于识别物体。

在一项非常有趣的实验中[2]，研究人员训练红腿陆龟识别包括猕猴桃、黄瓜、甜瓜、西红柿和李子在内的不同食物以及鹅卵石、树枝、瓶盖和彩纸等各式物品。接下来，给陆龟呈现成对的彩色照片：一张食物照片和一张非食物照片。陆龟们稳定地表现出对食物照片的偏爱，经常去撕咬那些照片，仿佛它们期待这样能赢得一顿佳肴。即使陆龟的识别能力还不足以精密到将事物的二维图像与事物本身区分开，但它们的心智让它们可以从照片中正确识别出许多物体，这就意味着它们运用对象的抽象特征来识别对象，而非利用固定的视觉模式。我们在修拉的《马戏团》中识别出的那匹扁平、有斑点的马原本完全不像真正的马，但我们可以通过它明显的鬃毛、头、尾和身体轻易地识别出它是一匹马。灵长类动物也不特别擅长区分图片和物体。尽管黑猩猩会更偏爱真正的香蕉而不是香蕉照片，但若没有提供给它真正的香蕉，黑猩猩也可能会用力咀嚼一张香蕉的照片。

在另外一项实验中，研究人员给围栏另一边的几只红腿陆龟展示食物。看到食物的陆龟没有一只知道如何去获取这顿美餐。接着，研究人员让这些陆龟观察另外一只更富有经验的同伴沿着围栏尽头的一条长长的路径设法获取到了食物。随后，所有的“观众”都成功地复制了同伴的路线并找到了食物。这是爬行动物在社会学习领域中的一则惊人事例。仔细想想，完成这一壮举到底需要做些什么。作为观察者的陆龟必须识别出食物和围栏，也必须识别出另一只陆龟是它们的同伴，它值得观察和效仿。

内容模块究竟如何识别对象的呢？答案是对比事实与推测。

对比事实与推测，内容模块摆脱三大困境

内容模块的行动核心与方法模块的行动核心如出一辙：对比两种心智表征。然而，这两种模块在对比过程中所涉及的动态实际上却是相反的。

内容模块将感知到的物体自下而上的感觉表征与预期的物体身份自上而下的表征对比。自下而上的输入信息可看作观察到的证据，即客观的事实。在视觉内容模块中，自下而上的表征由视觉场景模块提供的前景视觉特征构成。回想一下，前景是视觉场景的一部分，视觉场景模块认为它最有可能是你感兴趣的对象，比如你面前树枝上的鸟状物体。

可将自上而下的表征看作有待检验的假设，即一种预测。自上而下的表征从内容模块中有关以往遇到的对象的记忆中提取。假如你正在打网球，你的内容模块可能预测将看到一个网球；假如你正在新英格兰的草坪上观鸟，你的内容模块则可能预测将看见一只旅鸫。

内容模块对比观察到的证据与假设，并判断它们是否相匹配。该对象是否为预期类别的一员呢？这一对比的结果将推动模块的后续活动。为了了解这一切是如何运作的，让我们一起来追踪一只陆龟内容模块的运作，此时它正在寻找能让自己饱餐一顿的蜗牛。我们将考虑以下三种场景：

1. 陆龟看到了一只蜗牛。
2. 陆龟看到了一块石头。
3. 陆龟看到了它以前从未见过的东西。

场景 1：陆龟看到了一只蜗牛

陆龟想要吃掉蜗牛的口腹之欲激活了内容模块，它从记忆中唤起了对“蜗牛”这一类别的表征。这种自上而下的表征充当着引导陆龟寻找蜗牛的视觉预期。与此同时，陆龟审视自己所处的环境。视觉场景模块无意识地评估场景，识别场景中的前景，并将前景视觉特征的表征传输至内容模块（见图 14-1）。这些视觉特征便成为自下而上的事实：一只即将被吃掉的蜗牛。

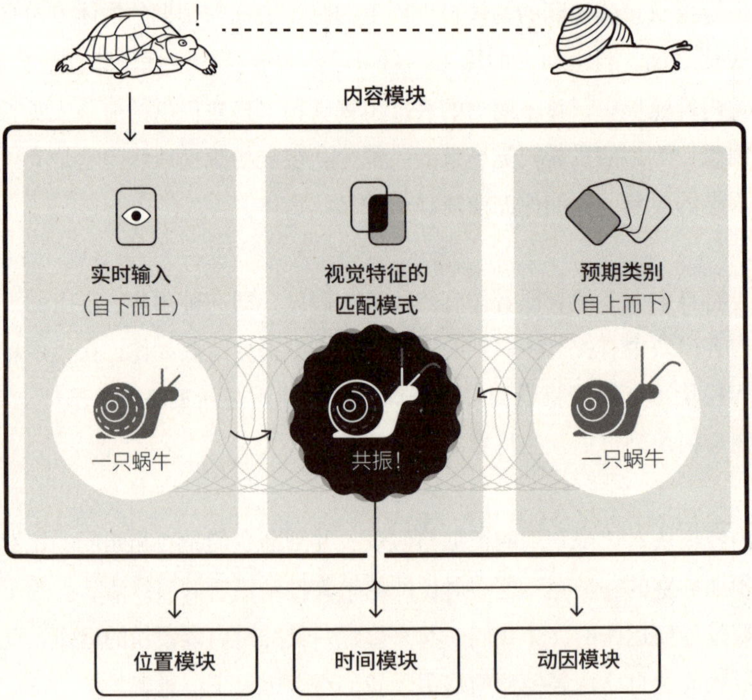

图 14-1　场景 1：陆龟看到了一只蜗牛

现在最重要的事情来了——内容模块对比事实与推测。它通过集中关注潜在对象的特征来做到这一点。内容模块将自下而上的物体特征与自上而下的“蜗牛”这一类别的特征进行比对。你可以把这个过程想象成比较两段旋律，也许一段旋律的节奏比另一段快了一点，有几个音符甚至跑调了，但你仍然能识别出它们是同一首曲子。如果它们之间的特征非常匹配，都有一个圆形外壳、一个满是滴状斑点的头和两个探出的触角，那么一件真正令人不可思议的事情便会发生——共振！

共振是格罗斯伯格提出的统一心智理论的核心。它是心智之旅中最为重要的心智动态，原因很简单，所有意识体验都涉及共振动态。当共振发生时，它作为一个信号，表明内容模块已经成功识别了对象，完成了任务：这是一只蜗牛！不确定性困境得到解决，意识在大脑中催促着：快去享用美食吧！

场景 2：陆龟看到了一块石头

这一次，内容模块预期看到一只蜗牛，但看到的是一块石头。内容模块比较了自下而上的石头和自上而下的“蜗牛”，尽管它们可能有一些共同特征，但陆龟确定二者的相似性还不足以确定它们是匹配的。两者的不匹配非但没有引发共振，反而触发了重置。

重置清除了自上而下的“蜗牛”预期，并导致内容模块开始在其记忆中搜索与预期之外的对象更适合的匹配。当它找到可能的最佳匹配“石头”时，它比较了全新的自上而下的预测与自下而上的观察结果。匹配上了！于是两种表征开始产生共振。但由于陆龟在寻找一只蜗牛而非一块石头，所以内容模块便重新引导位置模块扫描场景，以寻找一只潜在的蜗牛（见图 14-2）。

场景 3：陆龟看到了它以前从未见过的东西

饥饿的陆龟继续向前爬行，并发现了另外一个它感兴趣的物体：那是一只蜗牛吗？内容模块再次比较自下而上的特征与自上而下的特征，结果不匹配！内容模块重置其自上而下的预期，并在其记忆中搜索另外一个可能更匹配的类别。但与之前的场景不同，这一次内容模块在其记忆中无法找到任何与未知对象相匹配的类别。无法进行任何匹配触发了内容模块中的第三种，也是最后一种活动，即学习一个新的对象。

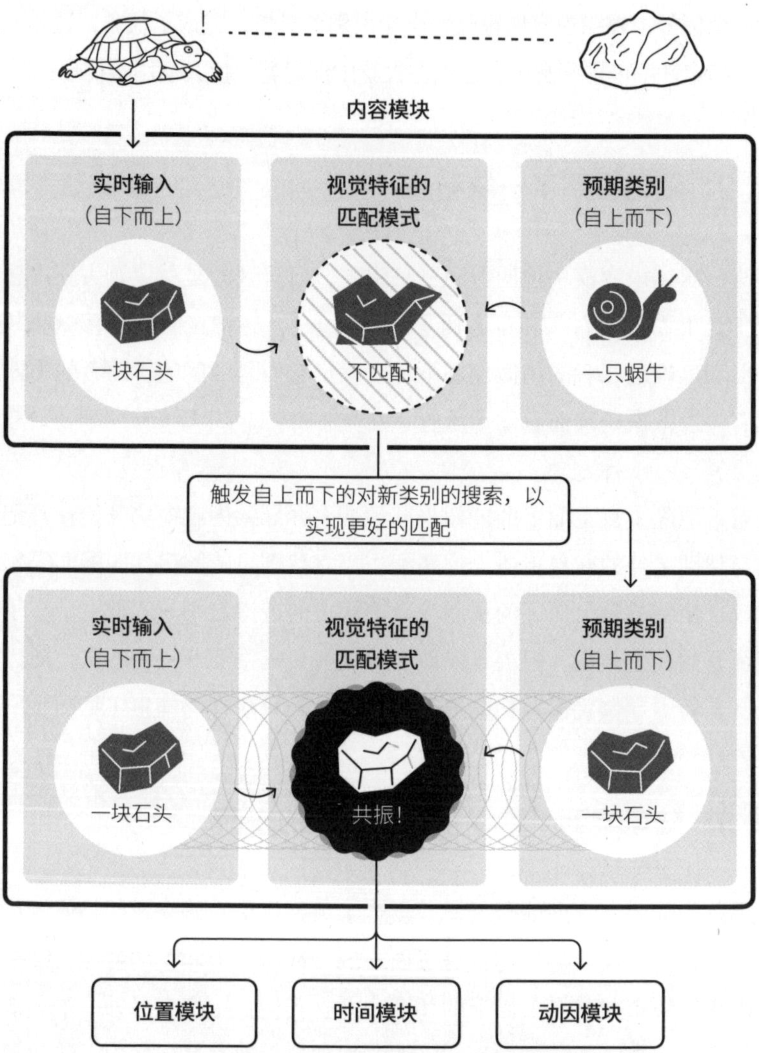

图 14-2 场景 2：陆龟看到了一块石头

内容模块会散播一个全局唤醒信号，促使整个心智进入高度戒备状态。这将使个体产生一种惊异、好奇或谨慎之感，并推动其他模块为行动做好准备，尽管目前尚不清楚必要的行动可能是什么。这种突如其来的唤醒高峰便是我们生活中的诸多“第一次”如此令人记忆犹新的原因，如初吻、工作的第一天、所见的第一具尸体等。

内容模块根据自下而上的特征创建了一个新的类别表征，在本场景中，它是一个“剪刀”类别。自此，观察到的事实成为一个未来会被预期到的事物。内容模块储存着新对象的所有感知特征，例如两个交错的金属色刀片和两个蓝色圆圈。新类别通常包含一些特征，这些特征可能最终会被证明与识别为同一类别中的其他对象无关。如果你所看到的第一把剪刀是蓝色的，那么你的内容模块就会假定其他剪刀也是蓝色的，就像假定它们有交叉的刀片那样。随着时间的推移，当你遇到更多的剪刀样例时，你的内容模块便会学习到颜色不是定义“剪刀”的特征，并将该特征从类别表征中剔除（见图 14-3）。

因为类别表征是由特定的感觉特征而非统计数据组成的，所以记忆中存储的每一个类别都是一类对象的一种原型，而非该类对象所有个体的平均值[3]。这便是为何每每想到鸟类，我们本能地会想到带有羽毛和双翼的小型飞行动物。鸵鸟和企鹅并非自然而然地符合我们记忆中鸟类的原型。实际上，如果不是生物学家告诉我们，我们的心智甚至不会将它们归为鸟类。

内容模块实施了一种复杂的方案来解决稳定性困境。在第 13 章中我们看到，方法模块一旦发生变化便会忘记过去，内容模块的记忆则更加灵活。如果它遇到了一个新对象，便在它的记忆中创建一个新的类别。如果内容模块从未遇到该类别的另外一个样例，那么该类别表征将在内容模块的记忆中长期保持稳定且不会被修改。但如果它遇到了一个对象的不同版本，它将根据新的样例校正存储的原型。在你看到第一把蓝色剪刀之后，如果你看到了绿色、黑色和粉色的剪刀，你的内容模块便会从它的“剪刀”原型中抹除蓝色特征。自此以后，假如你寻找剪刀，那么可能是剪刀的对象所具有的蓝色特征便不会引起你的共振。[4]

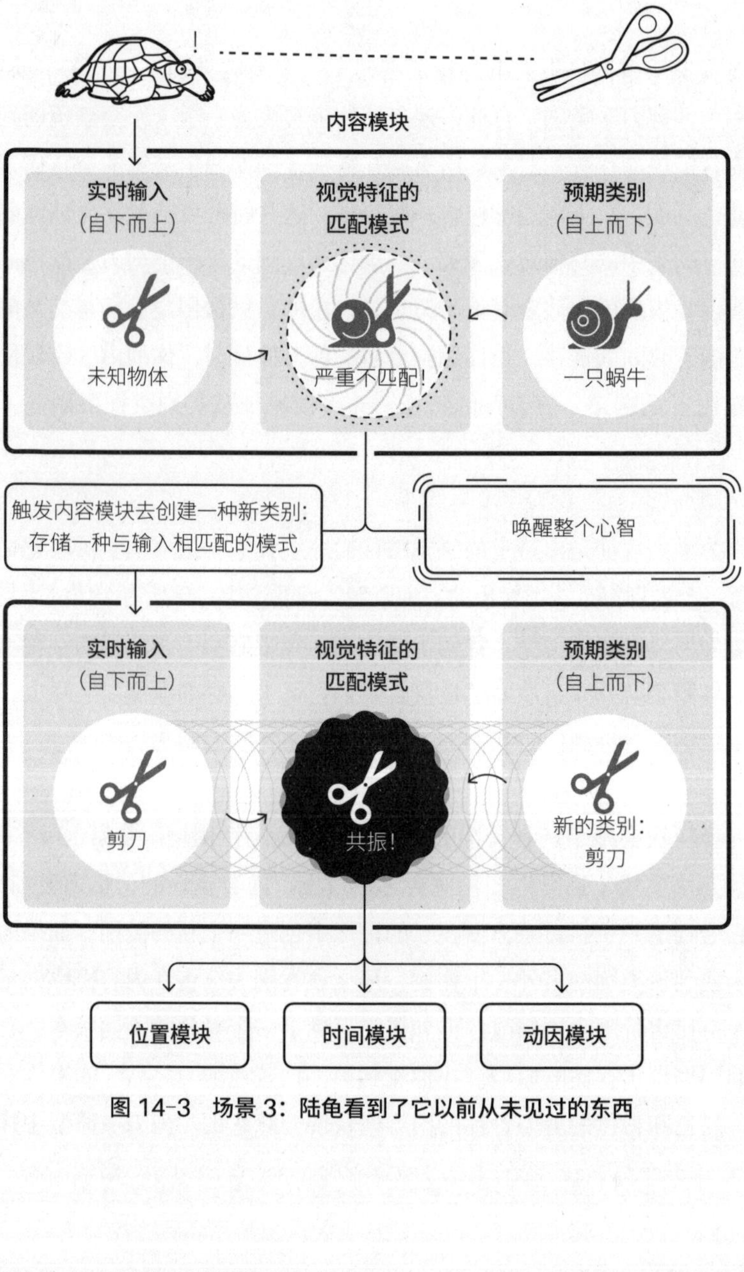

图 14-3　场景 3：陆龟看到了它以前从未见过的东西

共振催生意识，“知晓”你在观看何物的超然体验

通过共振，被观测对象自下而上的表征与对象原型自上而下的表征融合在一起，创造了一种统一且融洽的动态，就好似披头士乐队《生命中的一天》（*A Day in the Life*）中的最后一个和弦一般在脑海中鸣响。**共振的心智动态同步、放大和延长了体现这两种表征的神经活动。**

共振犹如相同的旋律同时在两种不同的乐器上演奏，例如长笛和小提琴。当这两种乐器同步演奏，即在同一时间演奏同一音符时，旋律会愈加响亮。声音之所以被放大，是因为这两种乐器声波的振幅叠加在了一起。这种放大效应可以解释为何众人在体育场欢呼时会产生与小型地震强度相同的振动，一个人的欢呼永远无法做到这一点。两种共振表征的神经活动的放大，使得噪声或者无关活动更难以干扰它，并抑制了心智中其他部分的竞争性活动，这有助于将注意力集中于识别的对象上。想象一下，在一个湖泊里，孩子们正在扔鹅卵石，湖面上泛起了层层涟漪。然后，一个成年男子从码头抱膝跳入湖中，产生了巨大的波浪，淹没并消除了较小的涟漪。

共振亦延长了这两种表征的神经活动。如果每个管弦乐队的成员同时演奏一曲交响乐的最后一个音符，那么这个音符的回声时间将比只用小提琴演奏这个音符的回声时间更长。延长共振表征的神经活动也有益于抑制心智中其他领域的活动，使得对象表征更稳定，以便与其他模块共享这些表征。

共振触发了各种其他心智活动：触发内容模块的学习，引起了其他模块的注意，催生出意识，也就是“知晓”你在观看何物的超然体验。

当分析黑猩猩的心智时，我们将了解到共振是如何萌生意识的，但在此

之前，我们还需要了解更多模块。现在，我们来比较在产生意识的内容模块中发生的适配学习和在无意识的方法模块[5]中发生的误配学习。方法模块的动态是封闭的，误配学习的神经活动不会影响其他模块的活动，它们像是在地下室里戴着耳机听音乐，互不干扰。相比之下，内容模块的动态则是开放的，它们与其他模块的动态相互作用，并影响着其活动。内容模块相当于在庭院里用扬声器播放歌曲，让所有邻居都能听到。

方法模块被设计用来遗忘先前学习的东西，以紧跟身体的最新变化。你大可不必记住自己 7 岁时如何控制身体肌肉关闭电灯开关。内容模块则被设计用来永久地记住对象，包括只遇到过一次的对象，但它同时也被设计用来随着学习的增多而更新这些记忆，且不会破坏相似对象的记忆。[6]

误配学习本质上是不稳定的。方法模块企图将其表征之间的不匹配度降至零，此时方法模块会关闭。适配学习则是稳定的，共振使内容模块的表征活动得以稳定，以便其他模块可以应用它们。这样，内容模块通过储存长时记忆，在免遭灾难性遗忘的情况下更改这些记忆，以及通过固定短时对象表征来解决稳定性困境。

共振还会通过证明对象已被成功识别来解决不确定性困境。如果一种对象表征得到共振，那么它的身份将是确定的。

共振最具影响力的作用是，通过提醒心智其他部分出现了值得注意的事物来解决注意困境。共振就像电子邮箱中的“旗帜”标志，如果你想将消息标记为重要信息，那么便点击它。通过共振，意识以一种很容易被心智其他部分注意到的方式将心智事件标记为重要的。用数学术语来说，意识给表征增添了“额外的自由度”。[7]

你大可将共振想象成篮球比赛中的篮球。所有 10 名球员的整体性、实时性活动组成了比赛。尽管如此，10 名球员的焦点和驱动比赛大部分动作的事物是篮球本身。球场上的所有活动都直接或间接地受到篮球本身运动的影响，共振亦是如此。崭新事物开始在心智中产生共振就好像“篮球”已经易手了一般，比赛的其余部分必须对篮球的易手做出回应。

第 15 章 / JOURNEY OF THE MIND

老鼠的心智，有意识地“看到”物体

我总是希望在那里能有所发现，通过两种互补色彩的结合、交融与对立，以及相似色调的神秘振动来表达一对恋人之间的爱。

——文森特·梵高写给弟弟提奥·梵高（Theo van Gogh）的信

沃尔多在哪里？复杂场景中如何迅速搜索定位

想象你是一对离体的手臂，你可以触摸、抓握以及操纵事物，但你不能到处移动。再想象你的朋友是一双腿，他可以跳，可以蹲，可以阔步走，但他什么都抓不住。

如果你想抓住够不到的东西，比如乡间小路边的树上挂着的一个苹果，那么你可能会考虑和“双腿”组队，让他将你载到树下。或许事实上，“双腿”也十分渴望得到锻炼，他最想做的事情就是在乡间的小路上慢跑，但他仅靠自己又无法打开院子的大门。“双腿”也许会热情地同意你的合作提议，将你带到院子门口，这样你便可以拉开门栓，然后他带着你慢跑到苹果树下。

手臂和腿拥有互补能力：手臂可以操控物体，腿可以行走，这样就可以互相弥补各自的不足：手臂不能行走，腿不能操控物体。通过彼此通力合作，它们的互补优势叠加起来能做的事情，大于它们单独能做到的事情的总和。当一起工作时，它们就变成了一种新的事物：一个可移动的操控者，能在任何地方抓住任何东西。

这一想象的事例阐明了互补性思维原则，这是我们心智之旅中最重要的原则之一，因为它说明了模块心智用于提高自身能力的一种最常见、最有效的方法。两种不同的、各自追求自身独特目标的思维要素，通过合作来实现任何一方都无法独自完成的事。互补性思维是使模块心智变得更加智能的三种主要方式之一，其余两种分别是拓展模块的记忆容量和增加心智带宽。后者指的是增加模块之间共享“旋律”中“音符”的数量和复杂性。后两种方式使模块心智变得更加智能的方法主要通过增加神经元以及神经元之间的连接实现。

互补性思维在心智的每个阶段都具有重要作用。嗜盐古菌的寻光心智由互补的感受器和执行器组成。仅凭自身，感受器与执行器都无法朝向太阳，但是一个感受器 - 执行器对可以做到。在神经元心智中亦有无数互补性思维的例子。以水螅为例，它的执行器网络以互补的方式成对排列，如一个让空心柄伸展，另一个让空心柄收缩。在线虫的心智中，互补性的前进与后退运动网络彼此连接，建立了一个综合性的运动控制系统。但在模块心智中，互补性思维使心智能力实现了惊人的飞跃，其中最令人印象深刻的飞跃非“内容 - 位置动态组合”莫属。

这两种模块体现了截然相反的思维方式。识别对象“是什么”包含了对对象特征的分析，这需要注意细节。识别动态产生了有意识的认知体验；识别出某个对象“在哪里”则需要分析它的位置和相对距离，这需要把控全局。

位置动态产生了有意识的观察体验。

你可以通过看向附近的某个地点，例如你的书或设备的一个角落，来体验位置模块是如何运作的。不要去关注你看的内容，而是伸手触摸它。你的方法模块会处理你手指的运动，而你的位置模块则会让你有意识地注意手指指向的目标。体验位置模块如何运作的一种更有效的方式是：闭上眼睛并想象前方 30 厘米处有一个点，然后想象前方 25 厘米处有另一个点，最后想象月球上也有一个点。我们可以有意识地将注意力集中于周遭各处。即使我们事实上无法看到它们，我们的“心智之眼”却可以“看到”。

“是什么”和“在哪里”是物理学和哲学中最常被问到的两个问题，也是在探寻最深层次的存在奥义时常被问到的问题。物质是什么？宇宙的中心在哪里？生命是什么？我们将在哪里发现外星智慧？心智是什么？我死后将去向哪里？从表面上看，“是什么”和“在哪里”似乎涉及两个迥然不同且独立的探寻模式。然而，如果我们希望通过内容和位置模块来探寻上述关于宇宙的问题的答案，你会发现我们需要结合两个模块才能有效地回答。

在本章中，我们将会发现，如果对某个事物“在哪里”一无所知，就无法弄清它“是什么”；反之，我们也无法在不知道“是什么”的情况下弄清楚“在哪里”。为了了解这个产生意识的互帮互助的模块团体，我们将考察一个至关重要的心智挑战，这一挑战只有当内容和位置两个模块协同合作时才能得以解决。这便是著名的“沃尔多在哪里”问题（Where’s Waldo）[1]：心智如何在复杂场景中迅速搜索到某个特定物体？你如何在摆满物品的杂货架上找到一罐蛤蜊浓汤，以及如何发现一只潜伏在丛林阴影中的美洲虎呢？

褐家鼠的心智，内容模块与位置模块的联合

我们可以通过研究自然界中最聪明也最招人憎恶的褐家鼠的心智，来了解内容与位置模块如何联合起来解决“沃尔多在哪里”的问题。

一想到老鼠，我们头脑中自然而然会浮现出这种生活在下水道、垃圾场和其他污秽之地的不知疲倦的有害生物，但客观来说，老鼠是地球上最成功的动物之一。除了南极洲，这个物种在每个大陆板块上都十分活跃。如今，老鼠被认为是人类的共生体，即它与智人文明具有共生关系。事实上，有充分的证据表明，在大都市中觅食这一新近的生活方式加速了老鼠的进化。城市中的褐家鼠已经发展出了可以抵御各种毒素的新基因，这是摄入了大量人类废弃物及不断受到毒诱饵攻击的结果。这意味着用老鼠作为研究对象来评估有害物质对人类的影响可能是不明智的。

野生的褐色老鼠直到现在仍然生活在中国北方的潮湿洞穴中。人类与鼠类动物有着共同的进化谱系，都隶属于由第一代哺乳动物进化而来的同一分支。科学家认为，第一代哺乳动物在外形上跟老鼠相似。这种哺乳动物的祖先是一种小型夜间食腐动物，在恐龙脚下的灌木丛中以昆虫和植物为食。因此，鼠类动物比人类更有资格代表哺乳动物的“原始种群”。鼠类动物是啮齿类动物的一员，被称为鼠科，涵盖了哺乳动物中 1/4 的物种，包括老鼠、田鼠、麝鼠、旅鼠、仓鼠和沙鼠。

老鼠生活在由数百只个体组成的社群中，并形成复杂的社会关系。老鼠具有探索的热情。它们对新的对象和材料具有强烈的好奇心，但有些矛盾的是，它们也具有“恐新症”，这是一种对新奇事物感到恐惧的心理状态。它们会十分谨慎地接近陌生的东西，小心翼翼地咬上一小口，以判断这种东西

能否食用。这也是难以通过下毒来消灭老鼠的另外一个原因。如果一只老鼠在啃食一种新的东西后感到轻微不适，它将会永远地避免食用这种东西。

老鼠具有精细的位置模块，它们可以轻松地在复杂环境中确定方向。这一能力促使20世纪初的行为学家将老鼠作为迷宫实验的标志性生物。最近，老鼠杰出的空间思维能力使其成为研究位置模块神经结构[2]最主要的动物模型。同时，老鼠也具有对视觉目标的良好记忆力。

老鼠能看到紫外线和绿色，而人类能看到绿色、红色和蓝色的组合颜色。尽管老鼠的嗅觉能力比视觉能力还要好，但老鼠仍非常善于通过视觉来识别各种物体，它们用这些被识别的物体来筑巢、攀爬、导航、操弄，将这些物体作为潜在的食物来源。因此，老鼠拥有着高度娴熟的视觉内容模块。

让我们一起来看看内容模块和位置模块在老鼠心智中是如何运作的。想象一只老鼠想要找到一粒葵花籽，或许因为处于逆风向，它无法用嗅觉来寻找。一旦老鼠决定去寻找一粒葵花籽，它的心智需要做的第一件事就是唤醒对葵花籽模样的记忆。

等等，我们是不是遗漏了什么重要的事情？老鼠最初如何知道葵花籽长什么模样呢？

注意护罩，有意识选择想关注的

正如第14章介绍的陆龟心智那样，视觉内容模块必须解决的首要问题是目标定位：确定将场景的哪个部分作为潜在对象。我应该试着去识别树木之类的对象、树上带羽毛的对象，还是识别带羽毛的对象身上的翅膀呢？要学习一个新对象，内容模块必须将注意力完全集中于对象的特征上。这就必然涉及一种心智权衡。狭隘地关注特定对象的细节意味着内容模块无法全神贯注于对象在空间中的整体位置布局。位置模块则面临着截然相反的挑战，它需要确定对象在空间中的确切位置，这意味着它必须关注眼前的整个场景。要加工整体布局，位置模块就必须舍弃对对象细节的关注。

视觉场景模块通过将场景划分为前景表面和背景表面来为位置模块提供支持。《蒙娜丽莎》中的蒙娜丽莎就是前景表面，为位置模块提供自下而上的感觉输入。你可以将这种自下而上的表征看作周围场景的二维画像上的一个对象轮廓。自上而下的预期是这一轮廓在空间中的视觉坐标。位置模块的这种自上而下的表征编码了从眼睛到前景表面的距离。

当自下而上的前景表面与自上而下的视觉坐标匹配时，即当观察到的客观对象的位置与预期的对象位置相匹配时，这两种表征产生共振。这种共振会将表面及其位置的表征同步、扩大并延长[3]，它的位置表征被称为“注意护罩”（attentional shrald）。

我们可以把注意护罩想象成一个覆盖对象整个表面的隐形轮廓，就好像军事中用通常是隐形的激光“涂绘目标”，从而引导激光制导炸弹击中目标一样。当位置模块形成一个注意护罩时，即当对象前景表面的表征产生共振时，它会在我们的意识中突然出现，我们也就有意识地“看到”了对象。我们意识到对象在空间中的位置，这帮助我们清晰地感知到自身与目标距离有多远。

位置模块与方法模块共享注意护罩，这样方法模块可以用它来瞄准对象。位置模块也与内容模块共享注意护罩，这样内容模块能够解决目标定位问题。注意护罩建立了一个明晰的心智边缘，将前景对象从背景中分离出来，从而使内容模块能够关注注意护罩内的所有细节，同时忽略注意护罩外的一切。

注意护罩也解决了内容模块在学习新对象时所面临的另一个主要问题：多对一映射问题。

老鼠识别出葵花籽，心智之旅第一次模块间共振

无论你从什么视角观察企鹅，无论你关注企鹅的哪些特征，你的视觉内容模块都必须学会识别企鹅。但是，如果你第一次看到企鹅，你的目光会从它的脚扫视到它的鳍状肢，最后到它的喙，你的内容模块如何知道这些都是关于同一只企鹅的不同视角，而非三个不同对象呢？同理，如果你的目光从企鹅的脚扫视到它脚下的蛋，再到蛋底下的雪，内容模块如何知道这是三个不同的对象，而非同一只企鹅的三个不同部分呢？

因为注意护罩。注意护罩赋予待识别对象一个稳定的边界，这样内容模块可以用它来将对象的特征和其他事物的特征区分开。你的眼睛可以自由地扫视注意护罩内的对象，并且内容模块可以确定它正在充分收集当前对象的有用数据。即便对象在旋转，或你正在围绕它移动，位置模块也会将注意护罩维持在对象周围，内容模块可以学习对象的不同视图和特征，并将它们作为同一对象原型的一部分进行存储。

让我们回到饥饿的老鼠身上，它正不顾一切地寻找葵花籽。老鼠的内容模块已经知道了葵花籽的样子，因为它先前已经通过位置模块的注意护罩识别和存储了与葵花籽有关的全部特征。现在，内容模块调取它对葵花籽特征的记忆，这些记忆将作为自上而下的预期来引导老鼠的视觉搜索（见图 15-1）。

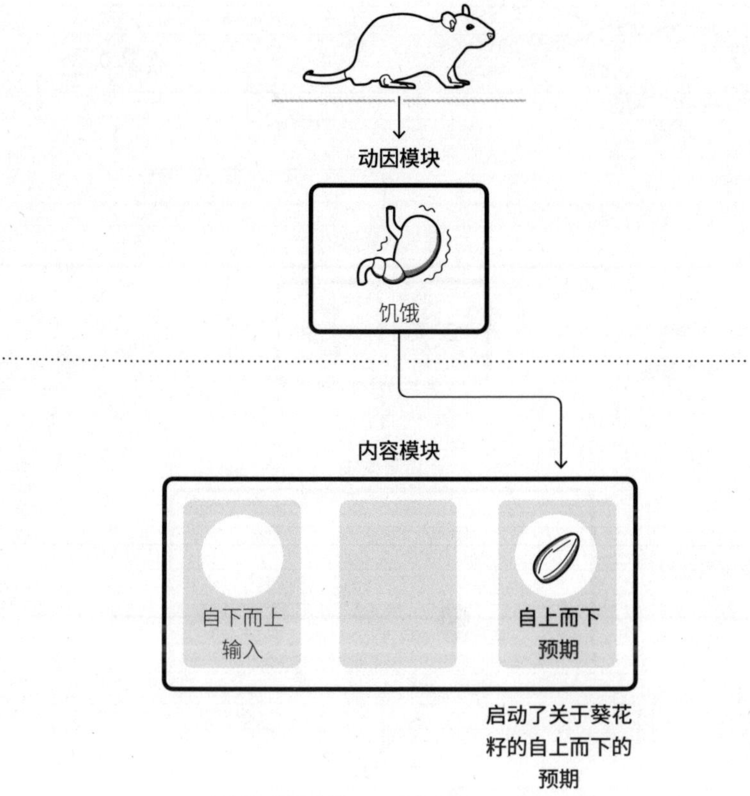

图 15-1　老鼠正在寻找一粒葵花籽

老鼠开始在一个草丘周围寻找葵花籽。在位置模块的控制下，老鼠的眼睛开始在视觉场景中扫视，寻找着类似葵花籽的东西。视觉场景模块在位置模块反馈的引导下，识别场景中令它感兴趣的高对比度区域，通常是高对比度区域的角落或斑块，并将其中一个高对比度区域作为前景——有可能是一粒葵花籽。视觉场景模块将前景和背景表面的表征传送至位置模块，位置模块在前景中的对象周围建立了一个注意护罩。老鼠的眼睛聚焦在这一对象上，视觉场景模块将被注意护罩笼罩的对象的视觉特征发送至内容模块，内容模块将观察到的对象与预期对象进行对比（见图 15-2）。

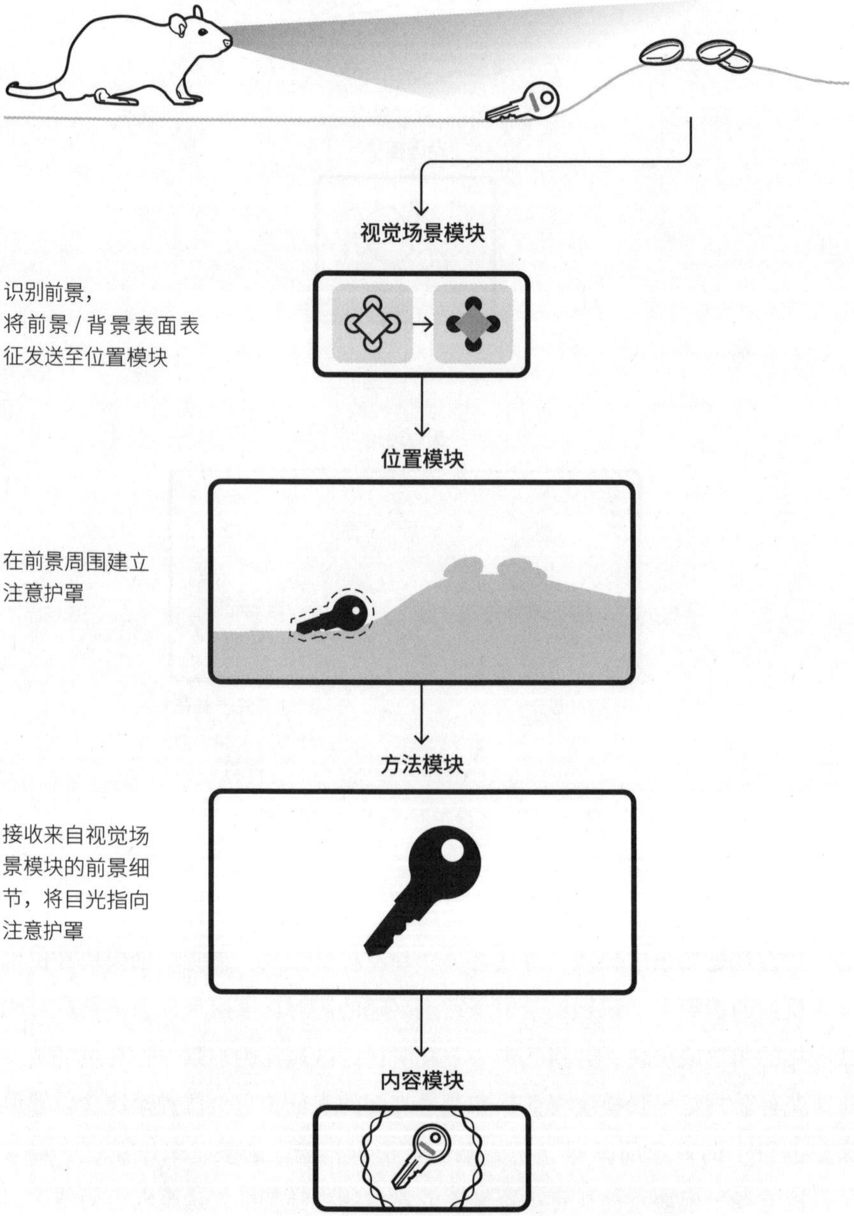

图 15-2　老鼠将注意导向一个可能是葵花籽的对象

老鼠意识到：不匹配！这并不是一粒葵花籽！这种不匹配促使位置模块开始寻找其他潜在的葵花籽，这也导致现有的注意护罩坍塌（见图 15-3）。

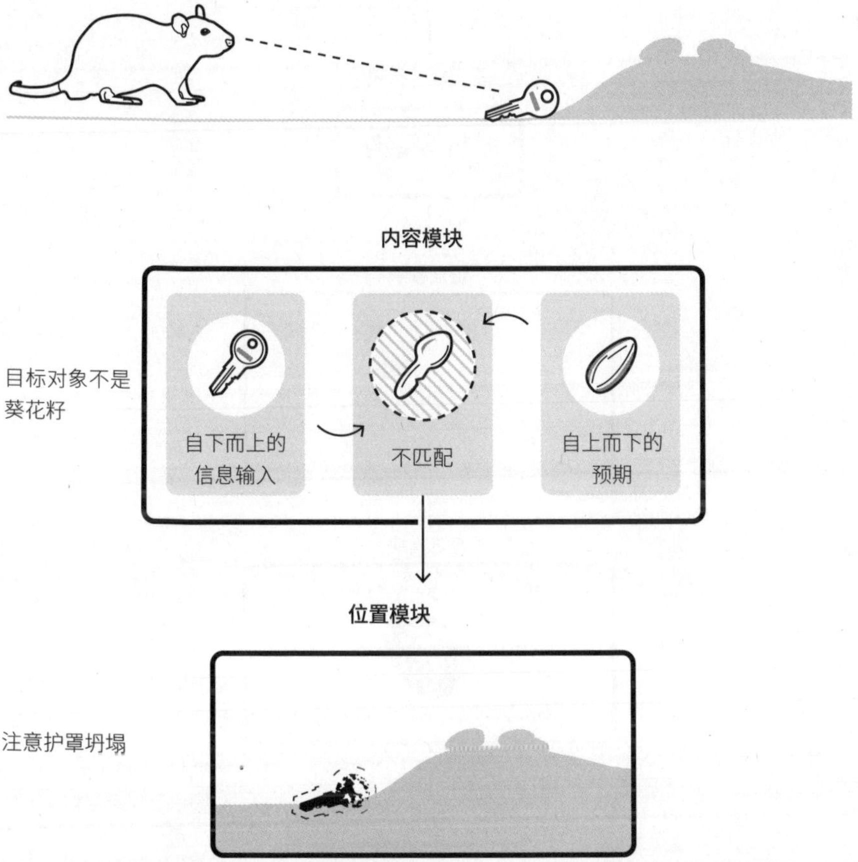

图 15-3　老鼠识别出一把钥匙，并意识到这并不是葵花籽

老鼠的眼睛很快便盯上了另一个可能是葵花籽的对象。位置模块在它周围建立一个新的注意护罩。内容模块加工新对象的特征并将它与“葵花籽”的原型进行比对（见图 15-4）。是的！匹配了！

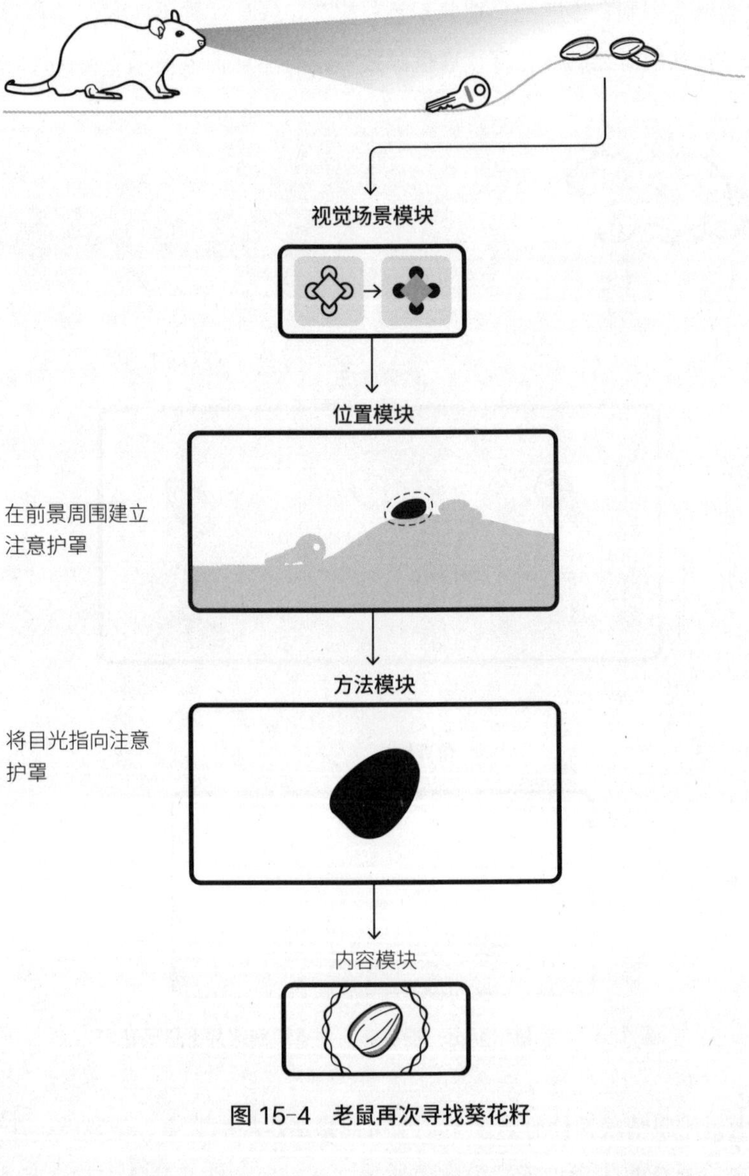

图 15-4　老鼠再次寻找葵花籽

内容模块产生了共振，证实它识别出了葵花籽。产生的共振扼制了位置模块注意其他地方，这样位置模块便将注意护罩维持在葵花籽周围。现在，一些有趣的事情发生了：内容模块和位置模块开始相互产生共振（见图 15-5）。

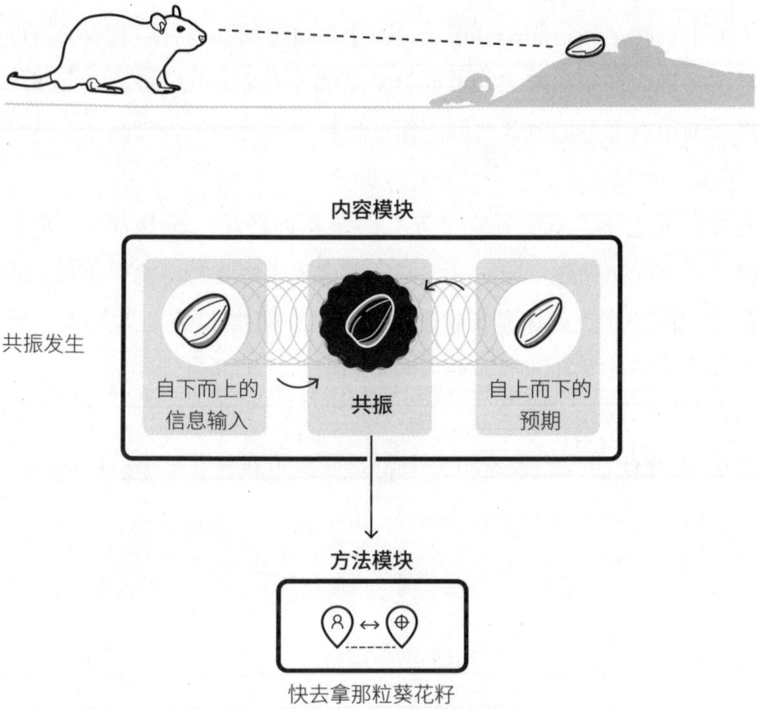

图 15-5 老鼠识别出葵花籽

这是我们的第一个模块间共振的例子。在接下来的章节中，我们将更详细地探究它。当下重点关注的是，内容模块和位置模块之间的共振导致了方法模块以葵花籽为目标，并将位置模块产生的注意护罩的视觉坐标作为目标位置加以瞄准。

老鼠冲向葵花籽，享用美食，吃得津津有味。

模块心智在每种水平上都会出现互补性思维

互补性思维在模块心智的每种水平上都会出现。在分子水平，神经元细胞膜上的主动转运蛋白驱动分子通过离子通道上的膜孔，以此来增加带电离子的浓度，进而在细胞膜之间形成产生电信号所必需的电势差。主动转运蛋白与离子通道以互补的方式协同工作，使神经元能够进行交流。

在神经元水平，有着独立又互补的感觉神经元，其中一个对光产生反应，另一个则对暗产生反应。它们共同创造出了感受野，使得心智能够检测到被黑暗包围的光点或被光亮包围的暗点。在网络水平[4]，模块心智的视觉系统中存在着彼此互补的形式加工网络和运动加工网络。

在第 16 章中，我们将介绍一个相当惊人的互补性思维原则的例子，它将两个不同心智的思维结合在一起。

第 16 章 / JOURNEY OF THE MIND

鸟类的心智，跨越单个心智的二重唱

文字本身，终究什么也不是。

只有当它们进入心智时才会迸发出意义。

——维韦克·尚巴格（Vivek Shanbhag），

《赶馅拘馅》（*Ghachar Ghochar*）

你的大脑是一片茂盛的森林，里面满是酣睡的鸟儿。

——爱德华·埃斯特林·卡明斯（Edward Estlin Cummings）[1]，

《吾爱》（*My Love*）

时间模块的出现，使思维跨越单个思维的界限

如果你爬上安第斯山脉北部的安蒂萨纳火山，那么你将进入一个云中生态系统。这个偏远的厄瓜多尔栖息地被誉为云雾雨林，它没有热带雨林那般炎热和潮湿。由于森林中常年弥漫着雾气，这些林地凉爽、湿润。这里的能见度仅有前方的几米距离。即便雾气散去，你也会被葱郁的竹林阻隔，除非用砍刀劈开它们，不然无法通过。如果你愿意勇敢面对安蒂萨纳火山云雾雨林的高海拔、浓雾和茂密植被，并在少许运气的加持下，你可能会听到一种

短促的、断断续续的旋律，听上去像极了老式拨号调制解调器发出的短促的数字信号声。

这一复杂的旋律如此刺耳，以至于就像烟雾探测器的警报声一样在你耳边回响，它甚至可能伤害你的耳膜。如果你试图找到这一强烈的动态琶音的来源，你可能会发现自己在诧异中来回转头，却根本无从辨别声音到底是从哪里发出的。事实上，这种旋律产生的整体效果就像雾气本身产生的旋律一般，仿佛来自世界之巅的天使的歌声。

这首歌源于一种名字普通的非凡鸟类——淡尾苇鹪鹩。如果你不了解真相，你可能会猜测这首铿锵有力的旋律是由一只鸟儿唱出来的。事实上，这首歌是自然界中最为罕见的交流形式之一：二重唱。一对雄性和雌性鹪鹩会终身相伴，共同歌唱。

然而，它们并非如同组合“桑尼和雪儿”共同演绎《我拥有了你，宝贝》（*I Got You Babe*）的副歌那样齐声唱出相同的音符。鹪鹩的二重唱更令人印象深刻：两只鸟儿轮流唱，仿佛它们各自唱着不同的歌词。这就像碧昂丝在歌曲《亲爱的男孩》（*Baby Boy*）的副歌中唱道：“你在我心上，让我遐想。”而肖恩·保罗（Sean Paul）则回应道：“啊，亲爱的女孩，请告诉我你的感觉。”只不过鹪鹩的二重唱加快了速度，快到人类歌手无法企及。鹪鹩的乐句是以毫秒级的精确度歌唱的，并且每只鹪鹩都恰到好处地将它所唱的音符安插进伴侣的短暂沉默中。

少数蛙类会表演非常简单的求偶二重唱。海豚和 4 种一夫一妻制的灵长类动物会唱二重唱，而且歌唱质量和原创性都很高。人类也会二重唱，其他几种鸟也会，但没有哪种鸟比淡尾苇鹪鹩的歌唱更高速和精确。

在本书中，鸟类大脑居然紧随老鼠大脑之后[2]而不是在其之前讲述，这似乎有些令人惊讶。但毕竟鸟的心智不像老鼠的心智，或者说像每个哺乳动物的心智那样具有令人引以为傲的大脑皮质。包括鼠类及人类在内的哺乳动物与鸟类相隔了6亿年的进化时间，我们最后的共同祖先诞生于3亿年前。即便如此，为了唱出悠扬的歌声，鸟的心智亟须一种高度精练的心智装置——时间模块[3]。这是一种恰好对语言和自我的出现也至关重要的神经模块。

时间模块使按照序列学习、识别和执行成为可能：A然后B然后C，或者反过来。我们可以说，时间模块决定了一个项目或事件在一个序列中何时出现，在最高级形式的生物智能中起着决定性的作用，不仅是语言、阅读和写作，还有工具制造、工具使用、逻辑、科学、计算机编程和数学。

但在时间模块中藏着一个更令人印象深刻的绝招：它使思维能够跨越单个心智的界限，进入另一个心智。

鸟鸣，将不同心智中的两个模块连接起来

在思考模块心智的心智表征的本质时，有一个奇怪但令人惊讶的相关问题：表征到底看起来像什么？

如果我们能以某种方式感知到一个正被内容模块加工的感觉表征，那我们会如何描述它的形象呢？对无实体形态的心智活动而言，这样的问题看起来很奇怪。一些科学家甚至可能认为这样的问题太过拙劣，就像在问“正义是什么味道”一样。但是，本章的主角是一种心智表征，它成功实现了一项不可思议的壮举：以一种可被观察到的方式表现出来。不是以我们能看到的

方式，而是以我们能听到的方式。这种特有的表征被称为鸟鸣。

鸟鸣是这趟心智之旅中第一个可以从一个心智中的模块传递到另一个完全不同的心智中模块的复杂表征。从字面意义上讲，它是一种旋律，一种由声音组成的表征。歌者的心智生成并传递这种表征，而听者的心智接收并解析这种表征，从而将两个不同心智中的两个模块连接起来，就如同将同一心智两个模块之间的心智表征连接起来一样。

鸟鸣其实没有内在意义。一只鸣禽的旋律是一种概念上的抽象，尽管它精确的模式会对特定心智产生重大的影响，但对物理世界并不会产生明显的影响。在这一点上，鸟鸣与构成计算机机器语言指令的任意 0 和 1 序列几乎没什么区别。0 和 1 的模式只在适当的中央处理器中才会触发物理动态。类似地，鸟鸣的声学模式是鸟的心智整体动态的一部分，并且只有在这些动态的背景下才有意义。将球高高地抛向高空，这一行为本身并没有任何内在意义，但在篮球比赛的背景下，高抛球可能是跳投或空中接力的一部分。

总而言之，鸟鸣是一类极具开创性的表征，它可以将两个不同的模块心智各自的心智动态合二为一，从而形成一个统一的心智间的动态。鸟鸣使两个心智能够共同将注意力集中在同一个事物上，比如同一段旋律，这是互补性思维原则的一个创新性实例。两只鸟的心智是两种不同的思维要素，利用远距离交流追求共同目标，如寻找食物、寻找筑巢地点、追踪掠食者、巩固社会关系，或只是教一只幼鸟唱歌。鸟鸣以一种有限但意义深远的方式使两个心智作为一个整体思考。

为何自然界第一个复杂的外部表征是音频模式而非视觉模式呢？具身思维原则建议我们考虑旋律的物理特性。声音可以传播很远的距离而不降低质量，并且不需要视线，这在夜间、远距离或茂密的植被中尝试通信时非常有用。鸟鸣适应了心智的环境。生活在丛林和森林中的鸟类的歌声具有狭窄的带宽和悠长的旋律，可以穿透落叶；而生活在草原等开阔栖息地的鸟类的歌声则具有高频、颤音和其他可以长距离传播的短音元素；栖息于城市的鸟类，由于环境中充斥着低频的城市噪声，因此多种城市鸣禽已经将它们的音调调到了更高的音域，以穿透噪声污染。

鸟鸣是一类高效、可靠和多功能的表征形式，因为旋律是由一串离散、易识别的音符组成的。鸟的心智将这些音符作为一种稳定的代码，增加、减少或改变一个音符就可以相对简单地修改它们。

鸟类经历了漫长的岁月才发展出歌唱能力。尽管现代鸟类从大约 9 500 万年前的恐龙时代进化而来，但基因分析表明，鸣禽最早是在 3 000 多万年前的澳大利亚进化形成的。鸟类利用一种被称为“鸣管”的器官来唱歌，这是鸟类特有的结构，位于它们的胸部深处，靠近气管的底部。当来自肺部的空气导致鸣管组织发生振动时，就会产生声音。已知最早的鸣管化石已有 6 600 万年的历史，属于一个叫维加鸟的物种，该物种是现代鸭子、鹅和天鹅的祖先。发现这块原始鸣管化石的科学家认为，这一物种发出的是鸭叫声，而非鸟鸣声。

隶属于同一物种的不同鸟类群落由于地理上的隔离，对一首相似的歌曲，经常会唱出不同的腔调。有时，同一座山上的不同群落，由于生活在不同的海拔高度，也会唱出不同的旋律，就像地区方言一样。所有鸟类歌曲的结构都千差万别，正如我们对心智表征的预期一样。有些鸟鸣很短，只有几句快速的鸣叫，有些鸟类则一次鸣唱几分钟。即使在同一种属中也会有显著的差异。例如，在莺科中，蝗莺属鸣唱的歌曲包含 2 ～ 4 个音节，湿地苇莺的歌曲则包含 25 ～ 100 个音节。大约 1/3 的鸣禽会坚持不懈地唱同一首歌曲，而大约 1/5 的鸣禽会唱 5 首甚至更多歌曲。美国佐治亚州的州鸟褐弯嘴嘲鸫可以唱数千首歌曲。林氏带鹀每次鸣唱时都会引入新的变化，像极了一位即兴演奏的爵士乐手。亚马孙河流域的歌鹪鹩是一种更像音乐家的鸟，它启发了整个南美洲的人类音乐创作。歌鹪鹩用与西方音乐相同的八度、纯五度和纯四度音程歌唱。

其他动物也会互相“歌唱”，包括呱呱叫的青蛙和吱吱叫的蟋蟀。但鸟鸣与这些较低级的声音交流不同的是，鸟鸣需要整个鸟类群体来实现。蟋蟀的吱吱声来自它们反射性地振动翅膀，青蛙的呱呱声来自它们本能地迫使空气通过其声带和声囊。而一只鸣禽则必须从另一个歌者那里学会唱歌，这是一种社会学习，开创了改变游戏规则的心智动态。这种由时间模块促成的全新的心智之间的动态有一个更为人熟知的名字——文化。

雄性斑胸草雀放声歌唱

科学界研究最多的鸟的心智[4]是斑胸草雀的心智。斑胸草雀原产于澳大利亚和印度尼西亚。雄雀色彩斑斓，有着独特的红色喙、橙色的脸部斑块和栗色的侧腹，胸前和喉咙上有着独特的条纹。雌雀与雄雀体型相似，只是少了颜色或条纹。雌雀和雄雀的鸣叫都与掠食者威胁、警报、领地防御和维持配偶关系有关。响亮的叫声似乎可以表露包括年龄和地域在内的个体身份及请求配偶跟随，而较柔和的“特特”声则是为了与配偶亲密接触，可能是为了增强与配偶之间的关系。雌雀的叫声是非常原始的，斑胸草雀的王国里并不存在阿黛尔或惠特妮这样的女歌手，因为雌雀并不会唱歌。相反，雄雀则会放声歌唱。

雄性斑胸草雀通过唱复杂的三段式歌曲来吸引雌性。即使成长在离群索居的环境中，雄雀仍然能够凭借遗传中携带的原始旋律，唱出一种简单且不完整的歌曲。这种低级的、未发育完全的旋律永远无法吸引到配偶。雄雀要想学会唱一首成熟的歌曲，它们需要在斑胸草雀的群体中长大，因为雄雀必须从导师那里学会唱歌。尽管雄雀经常从它们的父亲那里学习唱歌，但它们格外乐于学习已经成功交配的雄雀所唱的旋律，因为成功交配是一项可靠的指标，表明这些雄雀的唱法能够引起雌雀的注意。实际上，雀群中所唱的歌曲就像排行榜上展示的排名前 40 的歌曲，其中最受欢迎的歌曲最有可能被后起之秀模仿。一只雄性斑胸草雀选择模仿哪一种旋律，取决于整个雀群的社会动态，社会动态直接或间接地包括了雄性与雌性的互动、雄性的社会等级、繁殖模式和觅食模式。

人类在关键期学会如何说话。关键期是人类童年时期一个狭窄的时间窗口，这时人类的心智对语言的细微差别高度敏感。雄雀也是在关键期学会唱歌的。学唱一首歌包括两个阶段。首先，学习者必须听见并记住歌曲，这是一种连续的音频刺激，我们可以称之为学习阶段。其次，学习者必须通过回忆所记住的旋律，并正确控制鸣管和声道中的肌肉来演唱歌曲，这样才能准确地再现每个音符，我们可以称之为表演阶段。学唱歌曲的这两个阶段依赖 4 种模块：听觉场景模块、听觉内容模块、方法模块，以及最为重要的时间模块。

斑胸草雀是如何学习唱歌的

幼鸟在选择一名导师学习之后，它的心智会在听觉场景模块中加工导师所唱歌曲的音符。听觉场景模块是我们在第 12 章中探讨的视觉场景模块的声音版本。前意识的听觉场景模块将环境中的不同音频流加以分离。例如，将穿过树林的风声与鸟鸣的旋律区分开来，并将鸟鸣的旋律指定为“前景”，这种方式与视觉场景模块识别前景表面的方式相同。听觉场景模块对声音

“前景”的前意识识别是产生“鸡尾酒会效应”[5]的原因，这种效应使我们听到自己的名字时马上就能警觉起来，即使身处嘈杂的环境中依然如此。

包含鸟鸣的声音“前景”被传送至听觉内容模块，该模块识别旋律中的每一个音符。加工音频信息比加工视觉信息更耗费资源。快速输入的音频模式必须得到快速加工。为了完成这种快速加工，听觉场景模块和听觉内容模块使用粗线连接和快突触传递。就能量消耗而言，鸟类或哺乳动物大脑中最耗能的部分，正是那些专司早期听觉加工的部分。

内容模块逐一识别音符，但要学习一段旋律，心智还必须加工并记住音符序列。序列思维是时间模块的拿手绝活，能对复杂但短暂的刺激，即一连串会迅速从感知中消失的短暂音频进行加工并创造出一个稳定的表征。

这项任务看似简单，实则极具挑战性。当时间模块试图学习一个任意序列时，它不可能提前知道该序列何时结束或序列中有多少项目。时间模块必须准备好处理任何长度的音符序列，并将该序列转换为单个统一的模式。在第 4 章中，我们看到大肠杆菌如何将空间问题转化为时间问题，从而识别食物梯度。相比之下，时间模块则将时间问题转化为空间问题：它在大脑中为每一个音符形成一个不同的物理表征，并将这些空间上不同的表征维持在大脑中，直到完成旋律中所有音符的加工。

这些音符中的每一个表征包含两层编码：音符本身，以及音符出现在旋律中的时间标记。这个时间标记由时间模块为每个音符分配的权重构成，这是一种关于相对强度的神经表征。第一个音符被赋予最高的权重，第二个音符被赋予次高的权重，以此类推。当音符序列结束时，每个音符及其相应的权重被储存在时间模块的记忆中（见图 16-1）。

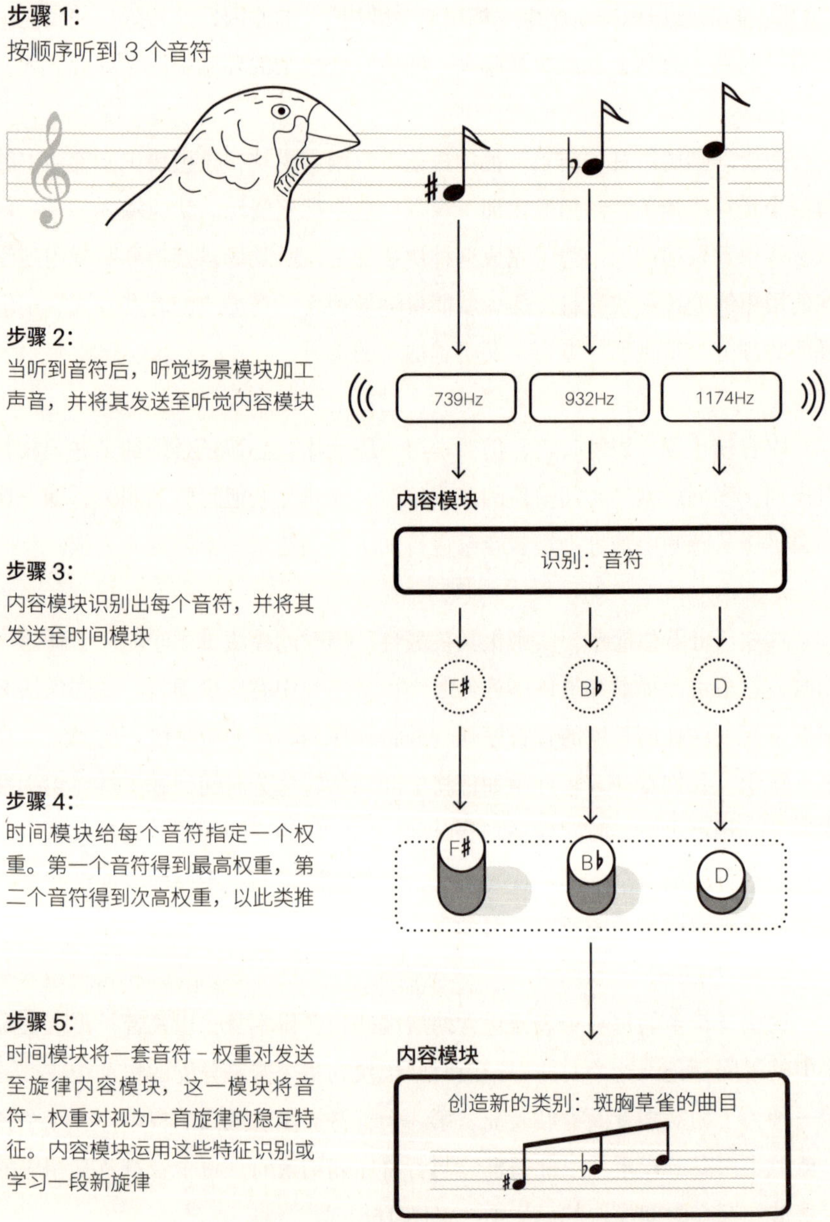

图 16-1　时间模块：学习阶段

由于心智区分不同权重之间细微差异的能力是有限的，所以时间模块可以有效加工的序列长度也是有限的。这种权重区分的限制是序列位置曲线呈弓形的部分原因，它使区分列表中间位置的内容变得更加困难，特别是当列表变长时。但是，时间模块可以把之前习得的序列当作单个听觉组块，然后将其作为单个单位的信息输入另一个时间模块。这样，这个时间模块加工的是听觉组块序列，而不是音符序列，利用这种方式就可以绕过序列长度的限制。这一组块序列可以被统一为一个更大的组块，如一组 5 个连续的琶音、一个旋律片段，从而成为另一个加工旋律片段序列的时间模块的单个输入。以这种方式堆叠的时间模块数量的唯一限制是大脑中可用的神经组织。

时间模块是前意识中的正式成员。为了解决不确定性困境，并确保一个完整的音符序列被准确地排列和识别，时间模块需要“向后看”，以检查和纠正它对旋律中音符的解释，然后将最终的旋律表征传递给生成意识的内容模块进行识别。我们将在第 17 章中研究这种极具魅力的及时向后看的思维方式。像视觉场景模块一样，时间模块也需要时间来“打理好一切”，然后再拉开窗帘，让心智的其余部分来检查已经打理好的声音序列。一个专职的内容模块，即旋律内容模块，在成功识别出由时间模块提供的加工好的序列之后，鸟类便产生了对旋律的意识体验。

让我们将目光放回到年轻的雄性斑胸草雀身上，它正在跟导师学习如何演唱旋律。每个音符最初由鸟的听觉场景模块加工，然后传递给听觉内容模块，这一模块负责识别音符。每个被识别的音符随后被传递给时间模块，时间模块给每个音符赋予一个权重，从而构建起一连串音符 - 权重对。接下来，音符 - 权重对序列被传递至旋律内容模块，这一模块将序列作为单个统一的信息输入，即一段旋律进行学习。在学习过程中，无论是音符，还是权重都被看作自下而上的特征。

在学唱歌曲的表演阶段，雄雀必须按照正确的顺序发出每个音符的声音。鸟类的方法模块会通过将目标位置和身体位置之间的差异降至零，实现“声目标”（acoustic target）。只是此时，目标位置不再是空间中的一个点，也就是说它不再是一组视觉坐标，而是一个声音目标，是一套由鸣管产生的听觉坐标。

方法模块将这些听觉坐标转译成与身体坐标相同的度量系统，就像将华氏温度转化成摄氏温度那般。这些身体坐标反映的是产生目标声音的一组鸣管肌肉的张力和方向。随后，鸣管肌肉的当前状态被驱动，以匹配产生声音所需的身体位置。当人们试图唱出一个音符或念出一个音素时，身体也会发生同样的过程：方法模块将声带肌肉驱动到发出所需声音的必要位置。

一旦斑胸草雀将身体坐标映射到相应的听觉坐标，并从导师那里学会了一段旋律，那么它便可以尝试演唱歌曲了。演唱旋律和寻找目标之间的一个区别是：在演唱旋律时，方法模块需要一个目标序列，也就是一个音符序列。这个序列由时间模块提供。

当雄雀准备唱歌时，旋律内容模块检索所需的旋律并将其传递给时间模块，时间模块找到权重最高的音符并将其发送给方法模块来演唱。在此之后，该音符的权重被重置为零。时间模块再次寻找权重最高的音符，也就是旋律中的第二个音符。第二个音符被唱出来后，权重也被重置为零。这个循环不断重复，直到旋律中的所有音符都被唱出来（见图 16-2）。

至此，这位满怀热情的年轻歌手向挑剔的鸟类听众演唱了第一首完整的歌谣。

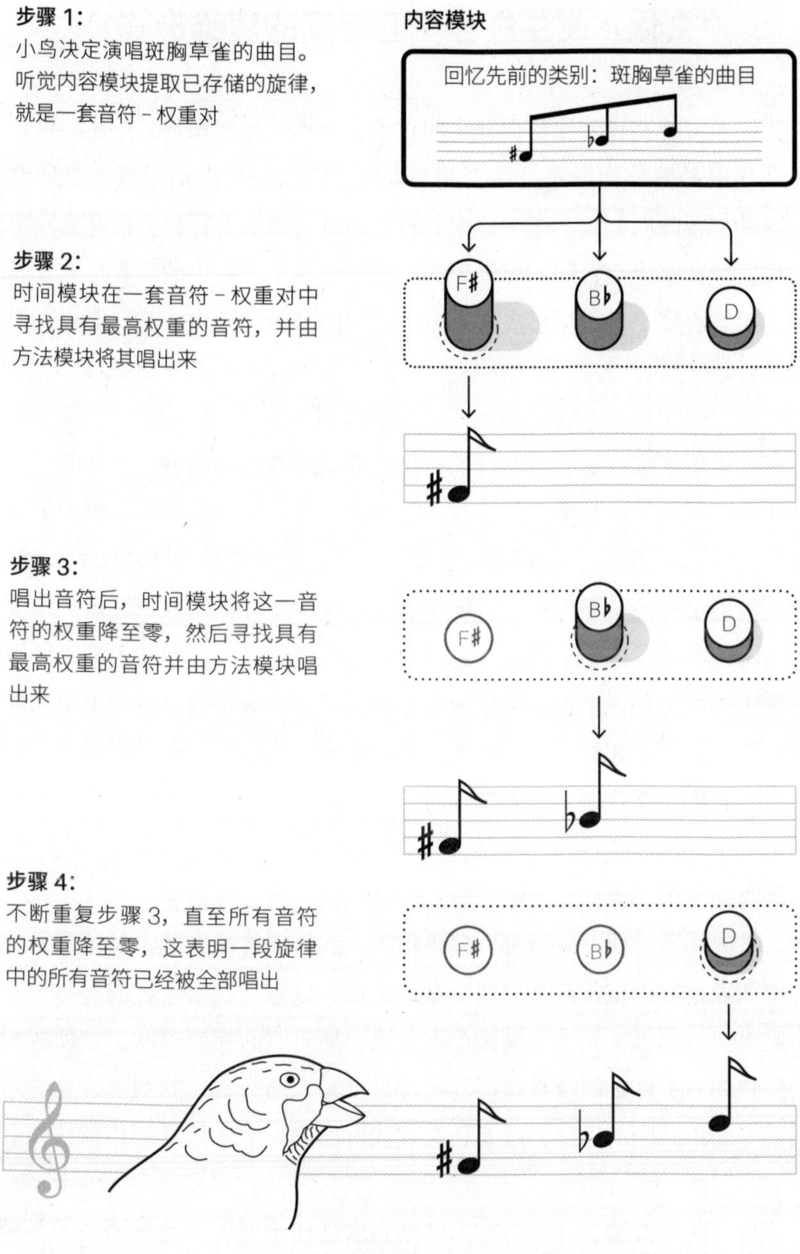

图 16-2　时间模块：表演阶段

文化，发生在多个心智间的思维形式

我们通常将文化看作特定社会的技术、活动和社会规范，但在心智之旅中，文化以最简朴的形式呈现不同的面貌，即以心智间的心智动态呈现出来。这种心智间的心智动态与单个心智动态具有相似的特征。换言之，文化是一种发生在多个心智间的思维形式。鸟鸣将一个群落中的所有鸟结合成一只鸟的超级心智，就像变形虫通过分子之间的交流结合在一起，形成变形虫的超级心智一样。

一些生物学家认为，有充分的证据表明斑胸草雀鸟鸣的主要功能之一是帮助雌雀判断雄雀的健康状况。这表示雌雀正在寻找斑胸草雀王国的最佳男歌手法兰克·辛纳屈（Frank Sinatras），因为它们更喜欢与那些爱唱长歌曲、歌曲结构更多样的雄雀配对。可能事实也的确如此。但从心智之旅的角度来看，鸟鸣还有另外一个不那么具有竞争性的作用，这一作用与大都市原则赋予发展中的城市每一个新连接层的作用相同，也与分子信息对变形虫和神经表征对果蝇的作用相同：协调在同一思维水平上运行的多个思维要素。就鸟鸣而言，思维要素就是鸟的心智本身。

鸟鸣使一个鸟类群体能够交配、养育后代、警惕掠食者，并保卫自己的领地。鸟鸣还通过向“旁听者”提供信息，间接地将斑胸草雀群落联合在一起。例如通过聆听雄雀对其配偶唱歌的旋律，以评估一个特定的群落是否适宜家庭生活。如果一只雄性斑胸草雀正欢快地对它的配偶唱歌，这便表明它们已经找到一个富足的筑巢点。鸟鸣还可以融合两个心智的动态，让一对配偶能够专注于共同的目标，以及让它们能够形成对重要情况的相似认知。

这种“两个大脑，一个心智”的动态的最佳示例之一就是淡尾苇鹪鹩的二重唱。思考一下进行这种快速交替的二重唱所需要的神经协调：每只鸟都需要根据配偶的歌声精确地判断自己开始及停止歌唱的时刻。这几乎就像它们共享相同的内容模块和时间模块一样。事实上，科学家们已经确定，一对进行二重唱的淡尾苇鷦鹩的心智会将整个二重唱旋律作为单一的表征编码，而不只是对二重唱中自己的部分编码，或仅对每个部分进行独立编码。每对淡尾苇鷦鹩共同创作出属于它们的独一无二的二重唱，然后将曲子的相同副本储存在各自的心智中。即使这对淡尾苇鷦鹩借用了群落中普遍存在的旋律片段来创作二重唱，它们也会将这些片段拼接成一个全新且独特的序列。它们仿佛想宣布“这是我们的歌”。

目前对于淡尾苇鷦鹩唱二重唱的原因尚存争议，有人认为这是展示配偶之间强烈感情的一种方式，从而吓跑其他可能的竞争者。但很明显，配偶间具有一起唱歌的强烈动机，或许它们很享受这种在某时某刻共享同一个心智的感觉。

对一个心智完全依赖于动态的物种而言，事实的确如此。

第 17 章 / JOURNEY OF THE MIND

猕猴的心智，情感驱动下更明智的社会决策

相信世界之谜会被永远隐藏的人，终日生活在神秘和恐惧之中。
迷信会使他变得虚弱。雨水会侵蚀他一生的事迹。
但那个决定从织锦中厘清丝线秩序的人将掌控世界，
并且只有通过这样的掌控，他才能决定自己的命运。

——科马克·麦卡锡（Cormac McCarthy），
《血色子午线》（*Blood Meridian*）

心智最复杂的神经模块——动因模块

西尔维娅·普拉斯（Sylvia Plath）的自传体小说《钟形罩》（*The Bell Jar*）探讨了年轻人选择自己的身份和塑造自我的青春期挑战。小说的主人公埃斯特是作者普拉斯的化身，她借由埃斯特深刻刻画了自己的性爱经历、心理健康问题和道德困境。小说中一个最经久不衰的比喻是将自己的未来描述为一棵巨大、健康的无花果树，它的许多枝干高耸入云，每根枝干顶端都有"一颗紫色且圆润的无花果，寓示着一个美好的未来"。一颗代表家庭幸福；一颗代表成为著名的诗人；一颗代表成为杰出教授；一颗代表成为才华横溢的编辑。当然，还有一颗无花果代表能够环游世界，体验异域风情；一颗代表拥有妩媚动人的情人；一颗代表成为奥运冠军……还有更多无花果在最高的枝头闪闪发光，遥远而模糊。

然而，她却被困在了这棵无花果树下：

> 我快饿死了，只因我无法决定选择哪一颗无花果。我想要它们中的每一颗，但选择一颗就意味着会失去所有其他的。当我坐在那里踌躇难决时，无花果开始起褶皱，色泽变得黯淡，最终一颗接一颗地掉在我的脚边。

普拉斯难以决定选择哪颗无花果，因而变得麻木，导致她根本无法做出决定。她正在与青春期的典型困境做斗争，弄清她长大后究竟想成为什么样的人。这种复杂的情感斗争大多发生在心智最复杂的神经模块——动因模块。[1]

感受是模块心智解决探索困境的主要工具

在心智赋予我们的所有意识体验中，没有一种能像感受那般珍贵、充满人性和个性化。我们其他有意识的体验，例如看、听和认识，都将我们的注意力集中在外在事物和事件上。当我们看到飞机在云层中飞翔，或听到水龙头漏水的滴水声时，我们会把这些感知体验为外在的事物——我看到、听到、认出了事物。感受则不同，当我们被星巴克迷人的咖啡师迷住时，我们会把这种感受体验为我本身："我被迷住了，我头晕目眩，我被欲望的烈焰灼烧。"

我们对影响自己的对象、事件、人、想法，以及至关重要的选择产生的自发的情感，为我们提供了对自己身份的重要感知。当你愤怒地反驳"你不了解我”，并不是想说“你不了解我的血氧水平或我脚上痣的大小”，而是意味着“你不知道我为什么会这样做”“你不知道我对父亲的抛弃有多生气”“你也不知道我为了出版我的诗作付出了多少心血”。其他心智可以印证你对“是什么”和“在哪里”的感知，但没人知晓你内在的原因。

下面这个问题的答案并不像乍看起来那般明显：为什么我们会意识到自己的感受呢？难道我们有意识的感受仅仅是涌现性质，是复杂大脑偶然产生的副作用，就像我们的脾脏是紫色的那样随意而无目的吗？毕竟，意识到灼热的心痛、压抑的羞耻或长期的失望又有什么用呢？如果我们只能意识到好的感受，而让前意识掐灭所有不好的感受，那样不是会更幸福吗？

尽管我们通常将智力与更高级的能力，如制定战略、解谜和记忆等联系在一起，而不是与我们本能的、朴实的情感相联系，但有意识的感受是支持包括人类在内的灵长类动物高级智力的核心支柱之一。当你面对一棵无花果树的选择时，你的感受将会引导你做出最佳选择。

你应该和你的另一半分手，还是再给对方一次机会？你应该继续在一家地理位置便利但支持你所鄙夷的政治观点的商店购物，还是多开几千米去一家和你更志趣相投的商店？你是应该继续做一份薪水可观但老板会贬低你人格的工作，还是冒着就业市场不确定的风险更换工作？**感受是模块心智解决探索困境的主要工具，因为我们的情感可以为我们提供关于当前所有选项的个性化和情景化的评估。**更简单地说，我们的感受会告诉我们“为什么”应该选择这颗无花果而非那颗。

我为什么要和我的伴侣分手？因为无休止的争吵已经让我精疲力竭，而且一想到要认识新朋友就让人很兴奋。我为什么要抵制这家商店？因为我憎恨他们对种族主义政策的支持，而且我可以忍受多开几分钟去买门铰链。我为什么要坚持做这份糟糕的工作？因为我担心，如果找不到新工作，我不知道我的双胞胎孩子会怎么样。

当然，早在第 10 章中，我们就知道昆虫的行为也有理由。一只苍蝇会因为饥饿而追求一种诱人的气味，或者因为先前在某处遭受过令其痛苦的电击而避开那个位置。然而，苍蝇的心智并不会体验到有意识的感受。一只苍蝇的无意识“情感”和一只猴子的有意识情感有什么区别呢？

动因模块的关键作用，帮助做出明智的社会决策

灵长类动物是现存哺乳动物中最多样化的物种之一，拥有包括智人在内的 500 多个物种。灵长类动物是第三大哺乳动物目，仅次于蝙蝠和啮齿动物。灵长类动物在地球上已经生活了 6 500 万年。化石记录表明，灵长类动物在新生代，即所谓的哺乳动物时代开始时的某个时间节点上，从其他哺乳动物中分化出来。它们与两个小型的亚洲哺乳动物群体关系最为密切，分别是树鼩与鼯猴。鼯猴是一种奇怪的凸眼生物，类似于蝙蝠和鼯鼠的杂交体。

灵长类动物的许多身体和行为特征将它们与其他哺乳动物区分开，它们的手和脚可以抓住东西。为了帮助操控物体，灵长类动物用指甲代替了爪子。它们还有可前视的眼睛，这为灵长类动物提供了一些自然界中最令人印象深刻的视觉能力，包括立体颜色视觉。

与其他物种相比，灵长类动物是一种更智能且高度社会化的动物，它们能够做出大量诸如制订长远规划、通过隐瞒和误导故意欺骗其他物种，以及通过形成复杂的社会联盟来推翻不利政治结构等行为。最成功的灵长类动物

当属“月球人”，也就是唯一登陆过月球的人类，而第二成功的灵长类动物则属猕猴。

猕猴一词源于班图语中的 makaku，意思是猴子。猕猴是一种灵巧的旧大陆猴，它们有着短手指和对生拇指。猕猴通常用四肢行走和奔跑，很少在树上跳跃。它们是所有非人类灵长类动物中分布最广的物种，在亚洲、南欧和北非，从赤道上的印度尼西亚岛屿一直到本州岛北端的“日本阿尔卑斯山”，一共生活着 22 种猕猴。在直布罗陀发现的巴巴利猕猴是目前发现的唯一生活在欧洲的非人类灵长类动物。

猕猴能在如此广泛的地域生存，是由于它们具有对各种环境，尤其是对人类环境惊人的适应能力。猕猴善于利用包括城市和乡野中的一系列人工栖息地，这使其多样性超过了所有其他非人类灵长类动物。事实上，猕猴和老鼠一样，在与人类合居的地方物种密度最高。然而，与人类共处的舒适性至少给它们带来了一个不利后果：猕猴是目前人类实验室中被最广泛使用的灵长类动物。由于食蟹猕猴和普通猕猴在圈养环境中表现良好，并且在行为和神经方面与人类具有广泛的相似性，因此它们经常被人类用于实验研究，以探索心智的奥秘。

与所有灵长类动物一样，猕猴会表现出各种各样的行为，这些行为大体上可以归为两种：觅食和社交。猕猴是外向型动物，它们生活在可以容纳 50 只或更多猴子的群体中，并且每只猴子都想成为行动的中心。猕猴必须不断地决定与谁好、欺负谁、忽视谁，以及何时彻底放弃一个群体转而寻找另一个更有前途的群体。它们高度的集体生活方式充斥着复杂的社会决策，这种生活方式推动了一种我们可以称之为“人物系统”的混杂心智动态集合的发展。

本书之所以将它称为“人物系统”而非“人物模块”，是因为它没有一套明确且统一的处理社会思维的互补性神经网络，而是具有一个由心理和生理层面的创新构成的神经网络的杂乱联盟，它们松散地合作完成注意、识别、跟踪，以及对其他个体做出预测与决策。

或许人物系统中最重要的思维要素是内容模块，它记录了其他猕猴的身份，例如我的伴侣、我的儿子、我们的领袖和山谷中那群讨厌的凶恶猴子。人物系统也包含着专门用于面部识别、梳理毛发、猜测其他猕猴的意图，甚至监控其他猕猴目光的神经回路。人物系统中另外一个发挥巨大作用[2]的思维要素则是动因模块。

动因模块执行的一个功能是让猕猴首先关注其他猕猴。如果我们向窗外望去，看到一块石头、一根棍子、一个水桶和一个陌生人，我们会不自觉地关注陌生人，这个陌生人会在我们的注意中跳脱出来。动因模块负责用“情感色彩描绘”有生命的实体，从而使它们相比环境中的其他物体更为重要。产生孤独症的一个可能原因[3]是动因模块的病变，它妨碍了为其他人赋予特殊价值的过程，从而导致孤独症患者有时把人当作事物对待。

动因模块在人物系统中发挥的最关键作用在于帮助人物系统做出明智的社会决策。我应该支持现在的领袖，还是支持那些想抢它位置的少壮派呢？我应该给本周每天都为我梳毛的低等猕猴梳毛，还是给几个月没为我梳过毛的高等猕猴梳毛呢？我应该把食物分享给配偶，还是把食物藏起来给我的孩子吃呢？

然而，决定喜欢谁或忽视谁并非促进动因模块发展的唯一挑战。正如许多其他心智创新一样，动因模块在很大程度上是由进食需求塑造的。

猕猴的动因模块如何评估不同价值

猕猴是名副其实的杂食动物。它们吃水果、树叶、花、种子、豆荚、树皮、芽、地衣、蛋、昆虫、甲壳类动物、两栖动物、爬行动物、鸟类，以及小型哺乳动物等，尤其喜欢无花果树。由于猕猴饮食的极度多样性，它们通常会在一个大约 16 平方千米的范围内觅食。这片区域可能包含了十多万棵树，但在任意给定时段通常只有不到 1% 的树能提供成熟的食物。考虑到食物所在地的距离、不同的营养价值、不同季节的供应情况，以及获取食物所需的体力等因素，猕猴的心智必须在某个特定时刻评估和比较不同食物选项的预期净回报，即使食物距离遥远或无法被直接看见。例如，一只老鼠的营养价值很高，但难以抓捕；而树皮既充足，又易采集，但营养价值很低且难以下咽。

在复杂的觅食方案中做出选择涉及复杂的决策。动因模块必须评估每个食物选项的优点，并判断哪个选项是最好的。为了实现这一目标，动因模块必须提取不同食物品质的详细记忆。它还需要对猕猴做决定时所处的特定情景保持敏感。例如，如果一只猕猴需要供养孩子，它便会优先选择孩子容易消化的食物。如果是一只低等猕猴，那它获得的食物选择有限，或许它需要考虑如何悄悄地获得高价值的食物，免得被高等猕猴觊觎。动因模块必须时常应对复杂的探索困境。例如，我应该为了吃到美味的香蕉而长途跋涉，前往潜伏着天敌黑猩猩的丛林深处，还是为了安全起见待在山洞的家中，吃着平淡、乏味的芜菁？

让我们来看看动因模块如何处理这个“芜菁还是香蕉”的难题。我们将逐一考察动因模块在两种不同场景下的活动，即当猕猴饥肠辘辘时，以及猕猴并未感到饥饿时（见图 17-1）。

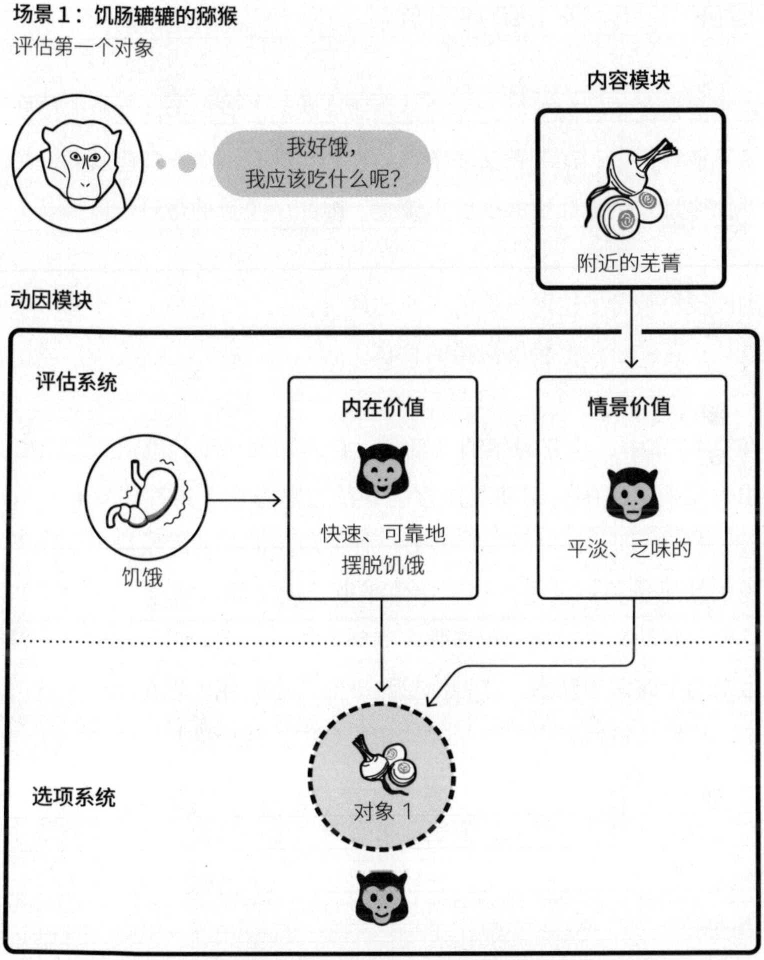

图 17-1　动因模块评估第一个对象

试想一下，一只猕猴正饥肠辘辘，它一整天都没有吃东西了，此时它知道了附近有芜菁。内容模块向动因模块发送了芜菁的类别表征。动因模块通过整合如下两种不同来源的价值赋予了对象情感价值：一是对象的内在价值，即一个典型样本在一般条件下的价值；二是对象的情景价值，即在当前猕猴的生理与心理状态下的对象价值。

在当前情况下，猕猴知道芜菁是寡淡无味的，它们的内在价值很低。同时，这只猕猴很饿，而芜菁又非常容易得到，并且不会有危险就能得到。芜菁能够快速且安全地让猕猴摆脱饥饿感。因此，芜菁的情景价值很高。

动因模块整合了这两种价值来源的评价，从而得出一个介于两者之间的最终评估：芜菁是猕猴轻度渴望的食物。

在第 10 章中，当苍蝇感到饥饿时，它感知到一个轻度渴望的食物就会立即引发反应：苍蝇会主动飞向食物并试图吃掉它。这种现象有时被称为"朝向反射"[4]，即"冲动行为"的另一种说法。但在动因模块中，在确定一个对象的情感价值以及根据这一价值采取行动之间，还存在一个额外的动态。**这种中间动态是模块心智最强大的创新之一，因为它可以抑制个体的冲动并且帮助个体深思熟虑。**这种深思熟虑的动态具体体现在动因模块的选项系统中，在包括猕猴在内的灵长类动物心智中达到顶峰。

对象表征及与其分开的价值表征被发送至选项系统，这一系统位于灵长类动物的前额叶皮质。在这里，食物及对它的渴求被融合成一个表征：被轻度渴望的芜菁。

但猕猴的心智并不会根据这种评估直接采取行动。相反，动因模块在选项系统中保留"被轻度渴望的芜菁"这一选项的同时，会评估另外一种食物选项，比如香蕉。

内容模块将对一个香蕉的表征发送给动因模块。动因模块知道香蕉是美味的，并赋予它们"高度渴望"的内在价值。但是，动因模块认识到猕猴正感到饥饿，并意识到获得香蕉会很危险且需要付出努力，因为香蕉位于丛林的另一边，黑猩猩就居住在那里。对一只感到饥饿的猕猴而言，这无疑是艰辛、有风险且耽误时间的。因此，动因模块给香蕉赋予了一个“非常令人气馁”的情景价值（见图 17-2）。动因模块整合了高度渴望与非常令人气馁这两种价值，并确定了对香蕉的最终评估：不感兴趣。

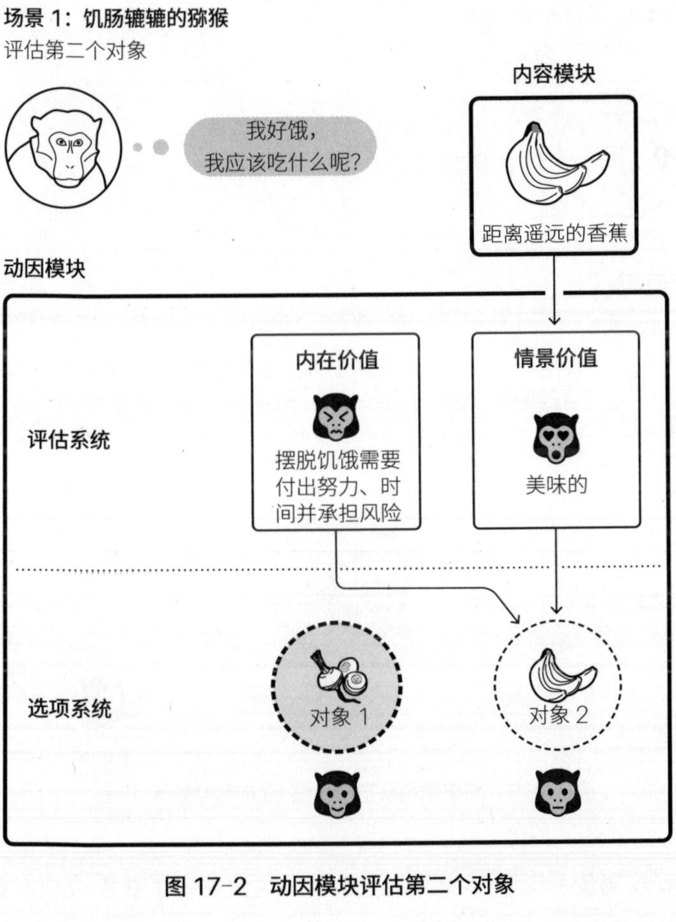

图 17-2　动因模块评估第二个对象

动因模块将“不感兴趣的香蕉”这一选项发送至选项系统，在那里还一并存放了“被轻度渴望的芜菁”这一选项。接下来发生的事情体现了模块心智的有意识思考能力与神经元心智的反射性反应之间的区别，也体现了两者的情感之间的区别。这两个选项在胜者为王的动态中竞争，哪个选项具有更强烈的情感价值，也即获得了最大的动机支持，哪个选项便取得胜利。当猕猴处于饥饿状态时，芜菁取得了胜利（见图 17-3）。

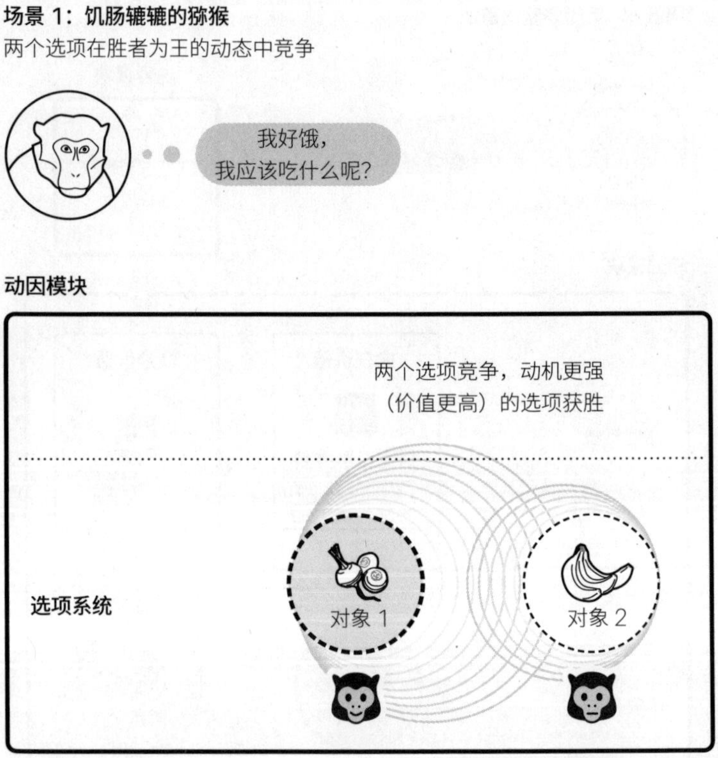

图 17-3　两个选项在胜者为王的动态中竞争（一）

“被轻度渴望的芜菁”成为获胜选项，这便触发了获胜选项对象表征与价值表征之间的共振，使得芜菁在猕猴的意识中更加凸显，同时放大并延长了“轻度渴望”的评估。猕猴体验到对芜菁有意识的渴望。

在这种情况下，获胜选项被发送至方法模块。方法模块帮助制订一个行动方案，使猕猴能够获得芜菁并吃掉它们（见图 17-4）。

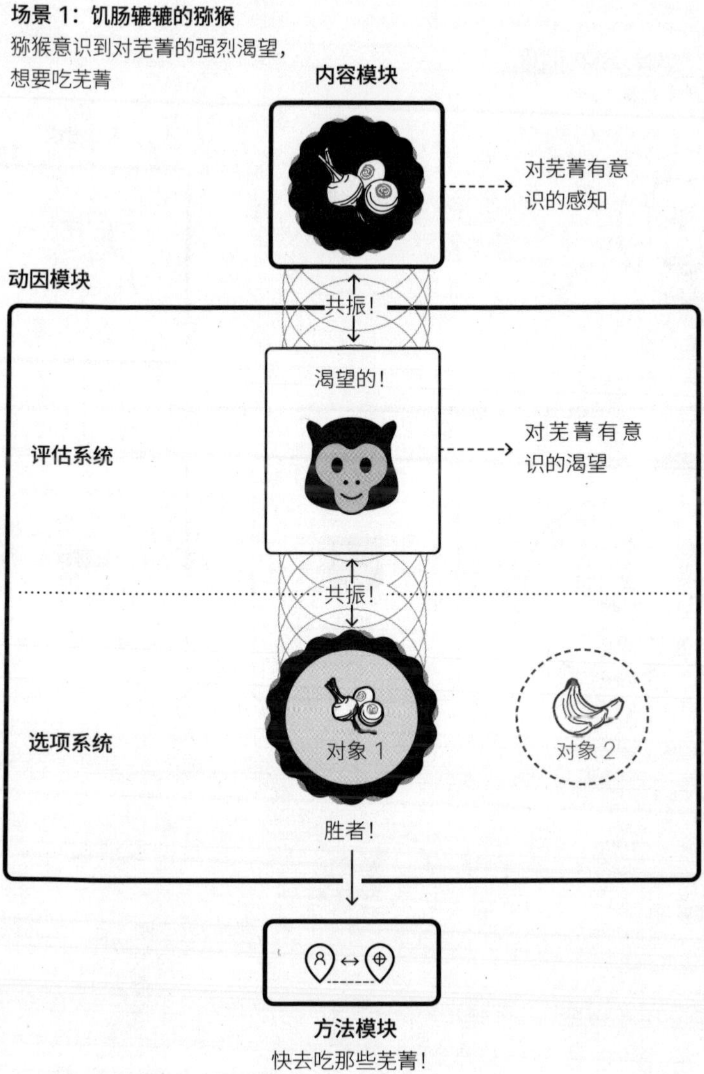

图 17-4　猕猴想要吃芜菁

让我们设想另一个场景：猕猴吃了一顿丰盛的早餐，并未感到饥饿。此时芜菁的最终价值似乎不那么理想了：我不饿，我为什么要吃乏味的芜菁呢（见图 17-5）？

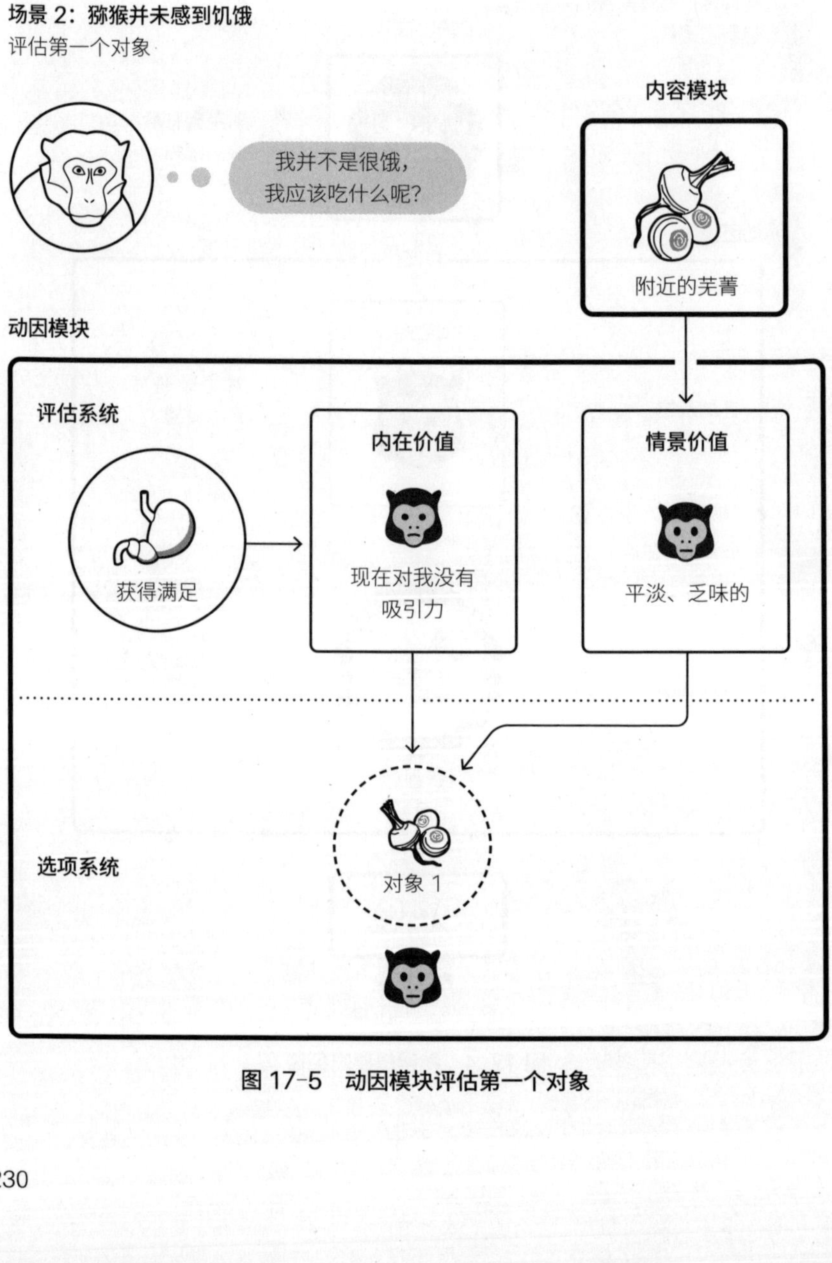

图 17-5　动因模块评估第一个对象

那么香蕉的最终价值就具有了一定吸引力：虽然要花费一些时间才能获得它们，但它们多么美味啊（见图 17-6）!

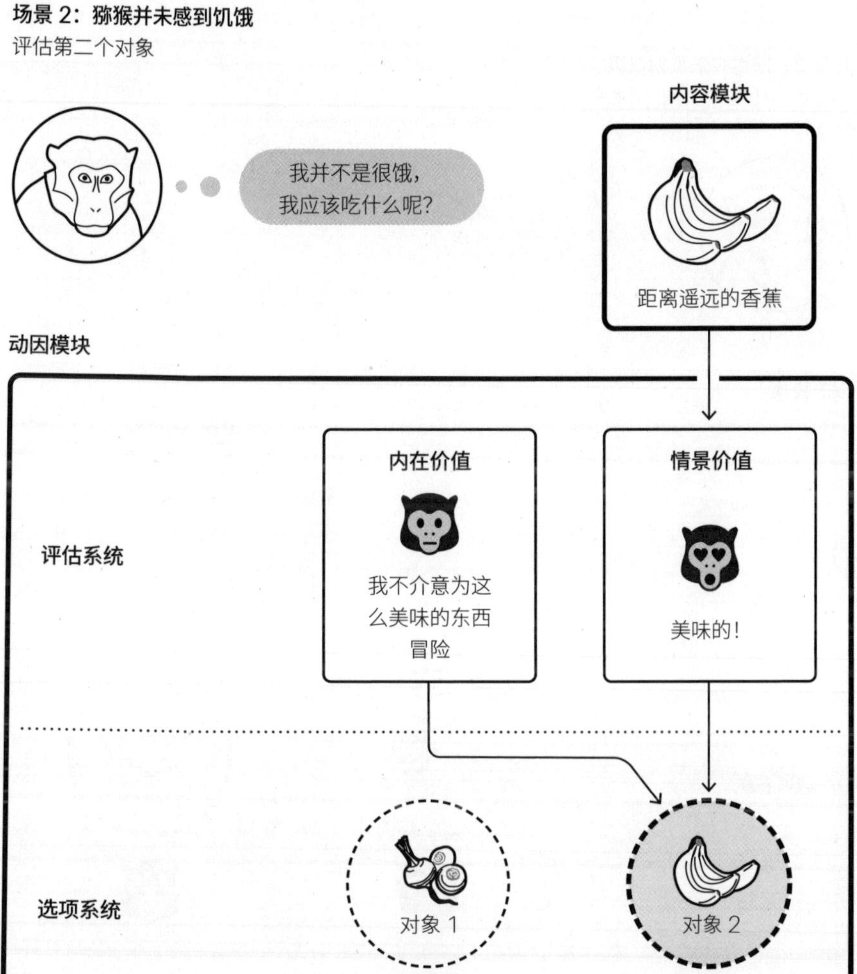

图 17-6　动因模块评估第二个对象

动因模块将这两个选项发送至选项系统，在那里它们以胜者为王的方式决出胜负（见图 17-7）。这一次，香蕉取得了胜利，并成为猕猴的新目标（见图 17-8）。

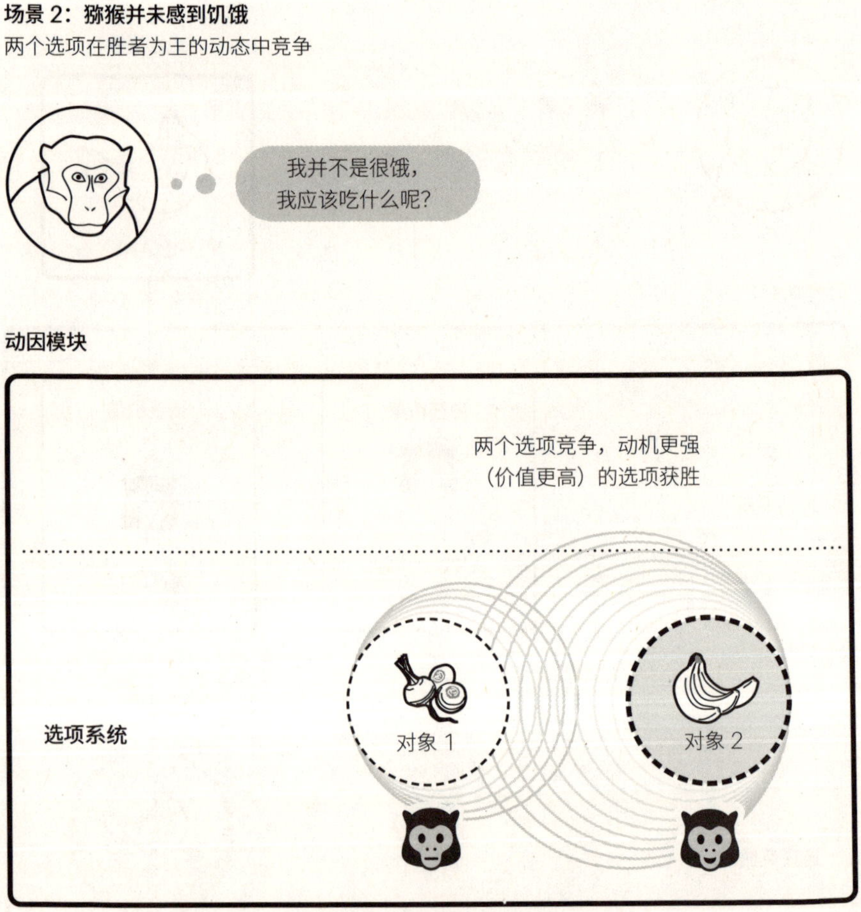

图 17-7　两个选项在胜者为王的动态中竞争（二）

场景 2：猕猴并未感到饥饿
猕猴意识到对香蕉的强烈渴望，
想要吃香蕉

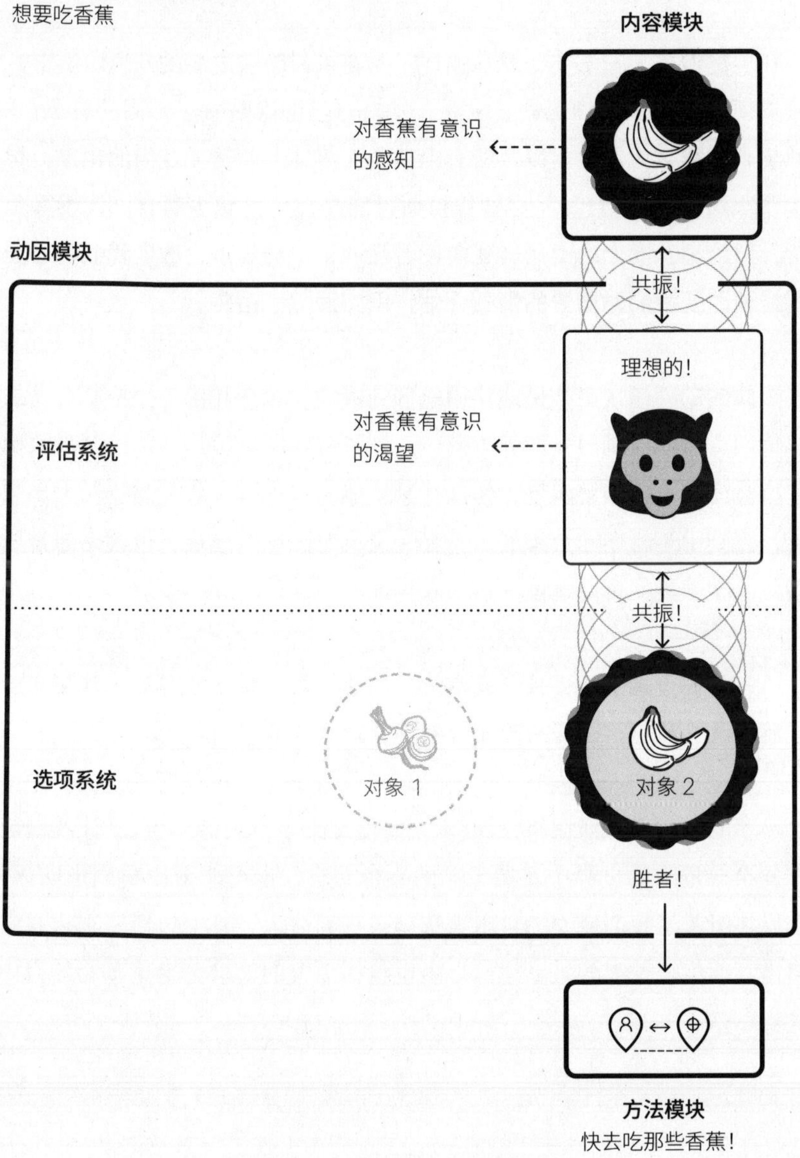

图 17-8　猕猴想要吃香蕉

动因模块赋予了我们更大的自由

在《钟形罩》一书中，就在描述了无花果树隐喻之后的几个段落中，主人公埃斯特享用了一顿美食。之后，她对自己的隐喻有了不同的看法："我突然想到，我对无花果树以及所有因枯萎而落地的肥美无花果的想象，很可能源于空腹引起的遐想。"尽管普拉斯可能是在努力减少对自己优柔寡断的焦虑，但这种态度上的突然转变向读者强调了一种观点：**改变我们的心理情景能显著改变我们对情景的情感评估，例如消除饥饿感。**

个体的动因模块可能是成熟得最慢的模块。儿童几乎无法控制自己的冲动，他们会对任何刺激立即做出反应；到了青春期，虽然冲动、判断力低下和"决策瘫痪"仍频繁出现，但选择系统能逐渐进行一些控制。对大多数人而言，直到中年时期才会发展出一套完全成熟的动因模块，也就是通常所说的智慧。宁静祷文可以解读为祈求获得成熟而高效的动因模块：

> 请赐予我宁静去接受我不能改变的一切，赐予我勇气去改变我所能改变的一切，并赐予我智慧去分辨二者的不同。

不幸的是，普拉斯在年仅 30 岁之时便结束了自己的一生。[5] 让我们能在一个复杂、危险的世界中安然无恙的心智动态，也可能会让我们走向灭亡。动因模块赋予了我们更大的自由来选择自身的命运，其中包括追求自我毁灭的自由。但值得欣慰的是，这份自由也包括更大的追求更崇高事物的自由。

第 18 章 / JOURNEY OF THE MIND

黑猩猩的心智，
意识联盟为超级心智铺平道路

啊，这不仅是肉体的部分、肉体的诗歌，
也是灵魂的部分和灵魂的诗歌，
啊，这些就是灵魂！

——沃尔特·惠特曼，《我歌唱带电的肉体》
（*I Sing the Body Electric*）

怎么强调都不为过的是，这些共振不仅仅是意识的相关物。它们更体现了个体意识体验的主观特性。

——格罗斯伯格，《论解决意识的难题》
（*Towards Solving the Hord Problem of Consciousness*）

地方性事件引发全国性关注

2020 年 5 月 25 日，在一个阳光明媚的阵亡将士纪念日的傍晚，一名 46 岁的男子从美国明尼苏达州最大的城市明尼阿波利斯南部的一家便利店买了一包烟。这名男子之前在一家酒吧当保安，但由于疫情，他最近刚刚失去了这份工作。从各方面来看，这只不过是一位普通人在一个普通的街角做了一件普通的事情。在这一日常交易中，没有任何东西能引起周围人的兴趣，更别说引起整个国家的注意了。

当时的美国大约有 3.3 亿人，他们分别生活在 6 个不同的时区，散布在从北极苔原到热带雨林的广袤地区。他们的注意力集中在阵亡将士纪念日那一天的很多事情上，根本没有注意到明尼苏达州波德霍恩公园中发生的事情。人们当时正在家里做饭、在网上购物、在空旷的公园里散步、疲倦地照看着回家的孩子，以及在临时家庭办公室里艰苦地工作，或者戴着口罩或面罩勇敢地出现在公共场所。当天晚上的全国性新闻之一是密苏里州一家发廊中的 140 名顾客和员工暴露于新型冠状病毒的环境中。而当天傍晚的头条推文则是一张看起来像布料补丁的文身照片。确切地说，当晚听说过乔治·弗洛伊德（George Floyd）这个名字的美国人屈指可数。然而，在接下来的几小时和几天时间里，他的名字将为全美各地的家庭所熟知。

弗洛伊德拿着香烟走出便利店不到一小时便死在了大街上，原因是一名警察指控他用假钞付款，而后掐住脖颈令他窒息而亡。在此之后的不到 24 小时里，一大群民众聚集在了弗洛伊德被杀害的街角处，为他搭建了一个临时灵堂。在接下来的 24 小时内，明尼阿波利斯的抗议活动，无论是规模还是频率都在上升，并蔓延到了美国其他主要城市，包括孟菲斯、圣路易斯和洛杉矶。到了周末，大量美国人看到了乔治·弗洛伊德的名字出现在东 38 街与芝加哥大道那鲜艳的橙色和绿松石色壁画上，并观看了他被谋杀的惨烈视频。

这种集体性关注几乎立即引发了集群行为，从哈特福德到檀香山的美国人走上街头。就檀香山市民而言，他们是走向海边。抗议和反抗议活动在美国所有 50 个州与 5 个地区的 2 500 多个城市、城镇和社区爆发，这一活动涉及 1 500 多万人。

究竟是什么机制让发生在一个不起眼街道的地方性事件能够如此迅速地引发全国性关注呢？这个谜题的答案不仅能够阐明群体行为的社会动态，而且有助于阐释我们大脑中的物理活动如何转化为意识[1]。

我们的心理系统是由意识联盟控制的

惠特曼是美国著名的诗人、散文家，被普遍认为是美国有史以来最具影响力的作家之一。类似散文的自由诗与不加掩饰的欲望和感觉，让他在诗的结构、风格和主题方面，都被认为是打破陈规的开拓者。惠特曼那一行行充满活力的诗歌尤其赞美了那令人激动而又神秘莫测的感觉体验。

惠特曼在他的《自我之歌》(*Song of Myself*)[2]一诗中写道："现在我什么也不做，只是听，把我听到的内容编织成这首歌。"接着，他将觉察到的所有"汇聚而来的声音"记录下来，包括"鸟群的聒噪、播种大麦时的喧嚣、火焰的燃烧声、烹调时木柴发出的噼啪声"以及"警钟发出的响声、火灾中的哭喊声、发动机换挡时的嗡嗡声、消防车预警的叮当声"，然后转化这些声音。惠特曼欣喜若狂地发现，这部由感官生成的"伟大歌剧"中的所有单个声音，在他的心智"熔炉"中融合成了一首无缝衔接的"乐曲"。这种启示性的经历让他"感受到了谜中之谜，我们称它为存在"。

意识既无处不在，又似有若无；既是客观物质的，又是主观非物质的。它捉摸不定的本质让无数代诗人、哲学家、科学家、神学家、狂想家、嬉皮士和梦幻工程师着迷。惠特曼本人也声称，意识是"奇迹中的奇迹，难以言喻，是人间最神圣、最模糊的梦想，也是最难理解的基本事实，是通往所有事实的唯一入口"。在惠特曼逝世 100 多年后，20 世纪即将结束时，科学界对意识仍无法做出比诗人所抒发的欣喜之感更好的解释。

鲨鱼是否会感受到“谜中之谜”？黑猩猩是否会体验到“伟大歌剧”？感知的产生是否需要一个或多个奇怪的大脑部件？或意识是不是根植于某个无法觉察的能量层？20 世纪 90 年代，这样的问题似乎还无法回答。但到了 21 世纪，一幅更为清晰的图景终于开始成形，以一种清晰、明确的非线性数学的形式，支撑着惠特曼的狂想。

意识科学既不直截了当，也不简洁。我们不可能把“我们称它为存在”的运行细节简化为标签式的见解或单一的启示性方程式，比如“万物由原子构成”、$E = mc^2$。事实上，意识需要与还原论相反的解释。意识的产生需要协调 30 多个涵盖每一种主要思维形式和每一种主要大脑构造的模型[3]，还需要 10 多个交错的方程来描绘横跨分子、神经元和模块层面的心智活动。格罗斯伯格的统一心智理论其实并不简单。然而，在它令人生畏的复杂性中却闪耀着柔和的玫瑰色光芒。

格罗斯伯格框架的最高成就在于详细解释了心智中的物理活动“为什么”以及“如何”转化为主观体验。这一解释包括三个层面的描述：

1. **支撑意识动态的数学方法。**这是由非线性微分方程组构成的数学方法，描绘了思维要素在分子和神经元水平上的活动。
2. **意识的神经动态。**这种网络层面的描述刻画了产生意识体验的神经回路和模块化思维要素的物理结构与活动。
3. **从意识的神经动态中产生的心理特性。**这是一种涌现性质，以“个体为中心”的描述层次刻画了由我们的主观体验塑造的内心世界。用哲学术语来说，就是意识的“现象学”。这些主观的心理特性通常被称为主观体验特性。

本章探讨了意识的神经动态与它们所产生的主观体验特性之间的关系，也就是我们大脑中的物理活动与内在体验的爆发之间的关系。这种内在体验也就是惠特曼所宣称的“啊，我可以说，这些就是灵魂！”。

让我们从有关感知之谜最基本的问题开始：意识为什么会存在？

没有证据表明，意识的出现是为了让我们能够进行柏拉图式思考，思考大自然的壮丽，或沉思上帝的创造。意识本身也不具备涌现性质，不是任何系统达到某种复杂程度的临界点就产生的偶然结果，如铀-235在达到临界质量时引发的链式反应。正如我们先前在心智之旅中邂逅的每一次创新一样，**意识是一种特定的心智创新，**它的出现是为了解决特定的心智挑战。

尽管意识对于体验它们的心智而言似乎完全是超自然的，但事实上，它是让我们的心智拥有将模糊的感觉输入转化为有用的行为输出能力的古老且普遍的组成部分。在功能上，意识与古菌的运动鞭毛、水螅的执行器网络以及斑马鱼的边界补全回路没有什么不同。意识是为了实现目标而设计出来的，更准确地说，不同种类的意识是为了实现不同种类的目标而设计出来的。

长久以来，知名学者一直主张，虽然意识可能存在多个层面，但只有一种形式。这就是为什么大多数意识研究者，从17世纪的法国哲学家笛卡儿到21世纪的传奇生物学家弗朗西斯·克里克（Francis Crick），都试图找出大脑中负责产生所有意识体验的一个专门区域。格罗斯伯格却认为，**意识的形式是有限且可辨的，每一种形式都产生于不同的神经结构，它们共同作用，从而产生了所有主观体验。换句话说，我们的心智系统是由意识联盟控制**[4]**的。**

这一联盟的每个成员都是独特类型的神经共振。[5]每种类型的共振都由一个追求独特目标的独特神经模块产生，而这个目标就体现在神经模块所产生的主观体验特性上。格罗斯伯格分别描述了 6 种类型的主观体验特性，即 6 种不同类型的意识体验[6]：

1. **视觉（位置模块）：我看见墙中间有一个绿色的斑点。**
   视觉的目标是确保有效的目标定位。视觉的主观体验特性产生于视觉表面的表征与注意护罩的表征之间的共振。

2. **视觉认知（内容模块）：我知道那个绿色的斑点是一个时钟。**
   视觉认知的目标是为做出决策和设定目标提供支持。视觉认知的主观体验特性产生于物体视觉特征的表征和物体类别的表征之间的共振。

3. **听觉（位置模块）：我听见有声音[7]从舞台中央传来。**
   听觉的目标是确保有效的目标定位和有效地发声。听觉的主观体验特性产生于听觉流的表征和注意护罩的表征之间的共振。

4. **听觉认知（内容模块）：我知道这个声音是喜剧演员克里斯·洛克（Chris Rock）的声音。**
   听觉认知的目标是为做出决策和设定目标提供支持。听觉认知的主观体验特性产生于听觉流特征的表征和声源类别的表征之间的共振。

5. **综合（内容模块）：洛克说过“喜剧是不会唱歌的人的蓝调”。**
   综合的目标是为顺序学习、预测和表演，包括为交流、工具制造和复杂的运动技能等提供支持。综合的主观体验特性产生于一系列项目特征的表征和一系列类别的表征之间的共振。例如识别出旋律中的音符源于歌曲《铃儿响叮当》、根据几个单词猜出句子源于葛底斯堡演说的开场白，或者了解烤牛排应该按照几个步骤进行。

6. **感觉（动因模块）：洛克的妙语连珠让我感到身心愉悦。**
感觉的目标是选择和追求有价值的目标。感觉的主观体验特性产生于物体类别的表征和价值表征之间的共振。

这并非人类心智中所有主观体验特性的完整清单，更不用说包含动物界的所有心智了。模块心智无疑还囊括了其他类型的主观体验特性，每一种主观体验特性都有自己的标志性共振动态，如嗅觉、味觉、触觉、疼痛和本体感觉，以及回声定位、磁感应和紫外线感知等。以上强调的 6 种只是格罗斯伯格在研究生涯中开发出完整模型的主观体验特性。幸运的是，这 6 种主观体验特性占据了人类体验的绝大部分，尤其是那些最常引导我们写诗、读书、从事科研、坠入爱河或思考我们如何存在的体验。

三大意识定律，共享无形的感觉盛宴

物质是如何产生意识的？感官表征是如何在你的大脑中搅动神经“面团”，使其转化为一场无形的感觉盛宴的？为了帮助回答这一问题，我们可以从格罗斯伯格的统一心智理论的数学方法中推导出三条意识定律：

1. 所有意识状态都是共振状态。
2. 只有基于特征的表征所产生的共振状态才能产生意识。
3. 多个共振状态可以一起共振。

最重要的第一条定律认为，你能体验到的所有主观体验特性都是由共振产生的，包括你对“鸟类精湛演出”的每一次感知、对惠特曼诗歌中模糊诗句的每一种解释，以及每一次愉悦的感受。共振是一种神经动态，它的特点是两种不同心智表征之间的活动彼此增强，共振使两种表征的联合活动得以同步、增强及延长。

并非心智中的每个模块都能产生共振，因此并非每个模块都能产生意识。方法模块和时间模块不会产生共振状态，因此不会产生主观体验特性，视觉场景模块和听觉场景模块亦是如此。我们可以说，方法模块是无意识的，因为它的活动从未进入意识；而时间模块、视觉场景模块和听觉场景模块则是前意识的，只有当它们创造的表征被另外一个能够产生共振状态的模块加工时，才可以进入意识。

第二条意识定律也很关键。它认为，如果共振状态要产生主观体验特性，那共振的表征中必须包含事物的特征。这些特征的具体性质决定了产生主观体验特性的心理特性。例如，试想一下我们在凝视红色正方形时的意识体验。我们可以把意识集中在构成这一正方形的任何特定的感知特征上，如它的红色、四个直角、四条直边，或者它覆盖的空间区域。这与听音乐家演奏大号的体验形成了鲜明的对比。

与正方形固定且静止的视觉感知不同，大号的声音被感知为：在某个时间点开始，并随着时间的推移在强度和音调上发生变化，直至从我们的感知中消失。我们可以将注意力集中在大号声音的几个不同特征上，如铜管音色、低沉的音调或响亮的音量。我们体验这些特征时的感受与体验正方形的形状、大小和颜色时的感受是完全不同的，这与体现在共振表征中的感知特征是一一对应的。

心智中有些模块会产生共振状态，但不会产生意识，这是因为这些共振表征并不包含特征。比如，执行某一特定行为的有意识的决定与执行该决定的无意识的运动指令的共振状态不同，这就好比朗诵一首已出版的诗歌与将目光锁定在诗歌的第一个词上产生的共振状态不同，后者的表征不包含特征，而是使用固定的“代号”来编码复杂的运动指令，就像美国特勤局给美国前总统拜登起的代号为“凯尔特人”。

无意识共振状态的另外一个例子是用于空间导航的两个不同神经元阵列之间的共振，这两个神经元阵列为海马位置细胞和内嗅皮质的网格细胞。这种共振旨在协调我们以头部为中心和以目标为中心的空间地图，就像智能手机上的地图 App 可以给不同街道或地址分配 GPS 坐标一样。同样，共振表征不会编码任何离散特征，因此不会产生主观体验特性。这就是我们无法用类似于视觉、认知或感觉等我们熟悉的词来描述这两种无意识共振类型的原因。

第三条意识定律认为，在不同模块中同时发生的共振状态也可以一起共振。因此，多种类型的主观体验特性可以组成一个共同的意识联盟，这种联盟拥有单一的、整体性的主观体验。多模块共振的一个最常见的例子是视觉、认知和感觉的同步活动，正如当看见复仇者联盟为了拯救宇宙，在与另一个超级反派战斗时，我们会激动不已或感到厌倦。

意识联盟既不是偶然，也不是随机产生的，联盟本身是为特定目标而设计的。事实上，**对模块心智而言，最重要和最艰巨的目标是解决注意困境。**

心智由 860 亿个（也许有 1 万种）神经元组成，这些神经元数量庞大且多样化，广泛分布于众多相互交织的模块中，同步参与无数动态。心智如何使所有模块放下它们正在做的事情，在没有任何集中决策者帮助的情况下将注意力集中在同一个需要紧急处理的对象、事件或者想法上呢？

为了找到答案，我们必须把注意力重新放回弗洛伊德身上。

意识联盟，注意困境的解决方案

在弗洛伊德死亡以及大量不同人群进行抗议与反抗议的这段时间里，到底发生了什么？

媒体无疑扮演了关键角色，它为人们一窥意识的运作过程打开了一扇窗，因为自由媒体与意识具有同样的潜在注意动态。在一个新闻自由的社会中，媒体可以迅速将全体民众的注意力集中在具有全国性意义的地方性事件上。一些事件被同步、放大与延长，而另一些事件则被忽视、平息，或者干脆被更能引起共振的事件取代。最为重要的事件被广大媒体的聚光灯照亮，而那些最能引起共振的事件和个人则最有可能引发全社会的行动。

让我们回溯一下弗洛伊德之死所引发的注意动态。来自明尼阿波利斯警察局的 4 名警官参与了对弗洛伊德长达 9 分钟半的谋杀。旁观者录下了视频并将视频及其他目击者的评论上传到了社交媒体。可以将这些业余摄影师和评论员看作提供原始环境数据的感受器神经元。在社交媒体上，关于这一事件的相互矛盾的叙述开始形成，其中一些充斥着虚假、含糊和不完整的信息，直到汇聚成一个关于该事件的主导性解读——一名有着滥用暴力投诉史的白人警官，在没有受到任何挑衅的情况下杀死了一名手无寸铁的黑人男子。可以将这一解读看成由视觉场景模块产生的前意识表征。

这种叙事变得足够突出与稳定，以至于成了专业媒体人自下而上的“感觉输入”，专业媒体人试图将这种自下而上的叙事与他们基于以往的报道，对可能发生了何种事件原有的自上而下的预期进行匹配。在弗洛伊德的死亡事件中，自上而下的预期是：该事件又是一起白人警察对黑人施暴的例子。由于自下而上的数据与自上而下的预期相匹配，于是弗洛伊德的事件便稳居各大报纸和有线电视新闻的头条。这便是共振，它类似于由内容模块产生的认知主观体验特性。

媒体的“共振”开始同步、放大并延长这一事件。国家和地方媒体都开始争相宣传其他媒体对弗洛伊德的报道，社交媒体也回应与评论这一事件，并将其反馈到主流媒体的报道中。记者们被派去挖掘关于这一事件的更多细节，这又进一步使这一事件的共振得以维持与加强。

在一个模块心智中，没有一个单独的“媒体决策者”来决定哪则事件足够重要，可以被大多数或所有媒体报道。相反，这一决定是分散在全国各地的数十家主流媒体形成的“媒体联盟”[8]集体决策的结果。它们主要集中在纽约、洛杉矶和华盛顿特区，这就像哺乳动物产生主观体验特性的心智模块主要集中在大脑皮质一样。所有可能的事件都在不断地争夺媒体联盟的关注，但每个媒体都会根据自己预设的自上而下的预期，对什么是有价值、有时效性的事件做出自己的判断。例如，《人物》杂志和《经济学人》对什么是值得关注的事件有着截然不同的看法，美国有线电视新闻网和福克斯新闻亦是如此。没有一家媒体能提供对某一事件的权威解释；相反，解释分布于整个媒体联盟中。

一旦主流媒体开始报道弗洛伊德的死亡事件，全国各地的人便会听到和看到相关报道。一旦意识到这是当天的重要事件，大量美国人的注意力便迅速被吸引。许多人放下了手头的工作，采取了行动，比如将他们对此事的看法发布到社交媒体上，在广场上拉印着标语的横幅，购买有关种族主义的书籍，为“黑人的命也是命”（Black Lives Matter）或“警察的命也是命”（Blue Lives Matter）活动捐款，参加抗议或反抗议活动。随后，这些行动又成了媒体联盟新的自下而上的输入，进一步强化、放大及延长了这一事件。受到媒体报道和广泛的群体行为的循环驱动，弗洛伊德的事件在媒体和公众的意识中持续性地产生共振，直至出现更加紧迫的新事件将旧事件挤出头条。

这也恰好描述了意识在大脑中的运行模式。外部事件和内部思想不断冲击着内容、位置及动因模块。这些意识联盟中的模块评估着川流不息的原始数据流，就像新闻媒体不断评估着潜在事件一样。**当自下而上的输入与自上而下的预期相匹配时，一些模块便会进入共振状态。**这种共振可能会引起其他模块的注意，但这完全取决于其他模块正在做什么。如果另外一个模块也在共振，但它的注意力在其他刺激上，那么这两个共振状态便会以胜者为王的方式竞争。最终更强劲的共振会胜出，并动员意识联盟中的其他成员关注同一个焦点（见图 18-1）。

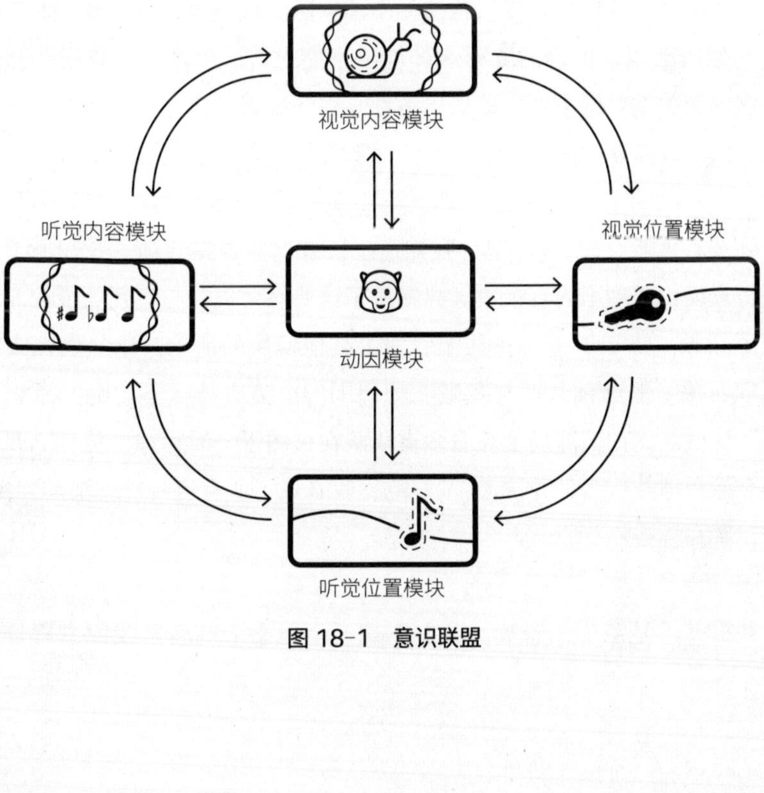

图 18-1　意识联盟

例如，你看到路边有一张百元大钞，它在你的视觉内容模块中产生共振，同时你又听到身后有一个声音大喊："快闪开，不然你要被车撞到了！"这句话在你的听觉内容模块中产生共振。此时听觉共振将胜过并抑制住视觉共振，听觉内容模块动员其他模块将注意力重新集中在紧急的声音指令上。

正如媒体联盟一般，意识联盟能够使一个由大量在组织的多个水平上运行的小型动态所组成的庞大系统，迅速将整个系统的资源实时集中在一个对象或事件上，从而使系统能够迅速地做出集体性反应。这就是注意困境的解决方案，这就是意识的运行方式。

意识是独特的局部心理活动

有些读者可能愿意接受影响着一个国家的大众媒体与影响着个人的意识拥有相似的动态，但仍然觉得这种说法不能对"谜中之谜，我们称它为存在"这一至关重要的主观体验做出解释。对怀疑者而言，身体和心智之间的桥梁仍然没有搭建起来。

怀疑者可能会想："好吧，我知道了所有这些神经活动。我知道了感觉模块将表征传送到了内容模块。我知道了这些对象表征与类别表征相匹配并引发了共振。我知道了这种共振引发了其他模块的活动，比如促使方法模块抓取对象。但这种共振与我微波炉周围的电流有什么不同呢？意识在哪呢？"这就好比在篮球场上观看两支球队在试图得分时运球、传球、投篮以及争夺篮板球等行为，并说道："好吧，我看见了所有这些身体活动。但是，篮球比赛在哪呢？"

共振并不是意识的隐喻。共振不是一个概念上的启发式或解释性的片段，在等待意识施展真正的“魔法”。它也不是一种因果关系，共振并不会像点燃鞭炮导致爆炸那般导致意识的爆发。相反，共振是当意识体验发生时，对物理世界中所发生事件的精确描述，就像小提琴演奏者在演奏中央 C 音时，琴弦以 261.6 赫兹的频率振动，这就是对物理现象的精确描述。

声音并非从琴弦和周围空气中振动的分子中分离出来的额外事物，篮球比赛并非从球员的活动中分离出来的额外事物，意识也并非从共振状态下整个心智的整体性动态中分离出来的事物。如果你是篮球比赛中的一名球员，你对球赛的定义将不同于观众对球赛的定义。你可能会说：“不，一场比赛就是其他 4 名球员和我一起努力比另一个 5 人团队得到更多的分数。很显然，这场比赛是围绕着我进行的。”我们将在后文中重新审视这个观点。

实际上，格罗斯伯格援引了篮球比赛原则，他坚称：“这些动态的共振状态不仅仅与意识的‘神经’相关。相反，它们就是在心理层面体现个人意识体验的主观体验特性的机械表征。”**意识是独特的局部心智活动，它内嵌于心智在多个层级上的整体性心理活动。**

意识的出现并非心智故事的高潮

然而，你可能仍然在抱怨：“好吧，好吧，好吧……但‘我’在这一切中究竟处于什么位置？毕竟，这里不只有意识……还有‘我’意识到‘我有意识’！”这是个很好的问题，但我们步子不能迈得太快。我们必须在此暂停一下，认识到这不是一只黑猩猩会思考的问题。

事实上，在有意识的行为与思考“此时此地我有意识”的行为之间，存在着有意义的数学差别。毋庸置疑，黑猩猩体验到了意识，但它缺乏一些创新，无法将人类独特的意识体验与人类最聪明的近亲黑猩猩的意识体验区分开。

三条意识定律为我们提供了一种客观的方法来评估任何心智中的意识，无论它们是微小的还是巨大的。意识的第 1 个定律告诉我们，如果一个心智无法产生共振，那么它就不能产生意识。我们可以进一步推论：**一个缺少表征思维的心智无法产生意识，因为一对心智表征是每个共振状态必不可少的部分。**据此，我们可以得出一个直接且令人震惊的结论：几乎所有曾经生活在地球上的有机体都没有意识。

古菌、细菌和原生动物的分子心智是没有意识的，因为它们不会形成表征。单细胞生物体没有感知、感受，也没有认知。但是，在你毫无顾虑地清除细菌和原生动物之前，请记住，它们是支持有意识生命体的生态系统的重要组成部分！它们可能没有意识，但如果没有它们，我们就无法生存，也不会有意识！它们的动态支撑着人类以及每一种哺乳动物、爬行动物、两栖动物和鸟类的动态。到目前为止，心智之旅应该带给我们的启示是，思维和体验的动态与自然界中其他一切事物的动态密不可分。

神经元心智也没有意识，因为水螅和线虫也不会形成表征。至于三角涡虫的心智是否会形成明显的表征，这一点目前尚无定论，但即使它形成了表征，也肯定不会产生自上而下的预期或基于适配的学习，而这两者对于共振都是必不可少的。苍蝇也是如此。尽管苍蝇已被证明具有表征思维，并且似乎表现出一些类似于共振的循环动态，[9] 甚至可能会形成一种共振的神经前兆，但迄今为止，生理学证据充分表明，苍蝇的心智并不会试图将自下而上的表征与自上而下的表征进行匹配。而且即使它这样做，我们也几乎可以肯定地说，这种尚未确定的基于适配的学习并没有利用共振去调动其他模块的注意。因此，昆虫的心智似乎是地球上不具备意识的最高级的生物智能。

接下来，我们继续讨论最古老和最简单的脊椎动物的智能，这也恰恰是最简单的模块心智——鱼的心智。鱼有意识吗？根据意识定律可知，鱼非常有可能有意识。毋庸置疑，鱼的心智形成了复杂的表征，这些表征对感官特征编码。有证据表明，少数鱼类在基于适配的学习过程中，视觉系统会将自上而下的预期与自下而上的输入匹配。鱼类的意识很可能微不足道，就像美国内布拉斯加州北普拉特市的媒体或者五年级的小学生在课间休息时打半场篮球一样。但鱼类的心智似乎拥有能够产生主观体验特性所必需的动态。两栖动物也有类似的意识，更不用说爬行动物、鸟类和哺乳动物了。

当黑猩猩失去孩子时，它们会经历一段绝望的情绪低谷期。当同伴对自己的竞争对手表示关注时，它们会被强烈的嫉妒折磨。它们会装作不知道食物藏匿在哪里，将其他黑猩猩引开，然后自己偷偷地回来吃。它们在开玩笑和恶作剧时会体验到快乐，并投入大量有意识的注意去策划恶作剧，如长时间把水含在嘴里，只是为了把水喷到毫无戒心的人类脸上。它们会进行一些假想游戏，例如假装用一根想象中的绳子拉动一个想象中的玩具。记录显示，一只黑猩猩曾照顾一根木头，就好像那是一个婴儿一样。在西非的野外，黑猩猩会进行扔石头的仪式，它们会将石头放在有树洞的树干中，然后退回来，再朝这些树扔石头。

它们也能表现出令人惊讶的柔情与同情心。自然纪录片《黑猩猩》（*Chimpanzee*）记录了发生在科特迪瓦丛林中一个令人震惊的时刻：一只黑猩猩孤儿在它的母亲意外死亡后，向其部落中的所有黑猩猩寻求帮助。它们一个接一个地将这只年幼的黑猩猩拒之门外。一只被遗弃的小黑猩猩极有可能会死在这片充满危险的丛林中。但随后，上苍垂怜，强大而威严的黑猩猩首领收养了这个与它没有血缘关系的孩子，并喂养、保护、培养、教导它。

黑猩猩似乎会像惠特曼在沉思“存在”时那样，对大自然充满敬意。有记录显示，在塞内加尔，黑猩猩会在火边跳舞，它们对跳跃的火苗欣喜若狂。或许最令人感触的体现黑猩猩具备丰富意识的例子是珍妮·古道尔（Jane Goodall）在坦桑尼亚贡贝的记录。在那里，黑猩猩对瀑布致以最崇高的敬意。虽然有时它们会向水中投掷石块，但通常它们只是平静地坐着，凝视着奔腾而下的水流。“我不禁觉得这种瀑布前的表演或舞蹈或许是由敬畏和惊奇的感觉触发的。”古道尔感叹道，“为什么它们不能具有某种惊叹身外之物的感觉呢？”

所有具有意识的生物都享有一个特权，我们共同承载着希望与痛苦、认知与领悟、恐惧与狂热。我们都是宇宙的编织者，无论是青蛙、蜂鸟还是黑猩猩的心智，我们都在它们的共振中捕捉宇宙展开的缤纷瞬间，将无尽的混沌乱流编织成五彩缤纷的织锦。我们就像在自己的心智中一样，收集这些动物的心智中那些飞逝的有关现实的片段，并将它们转化为感受，变成一个宇宙中的“宇宙”。意识与现实是丰富、亲密和共生的关系，当我们越意识到自身是有意识的生物时，我们就越会珍视其他生物，把它们视为无尽黑暗中神圣且美妙的光芒。

古道尔问道：“我们应该如何看待这些并非人类却拥有如此多类似人类特征的生命呢？我们该如何对待它们呢？”她的回答是：“当然，我们应该像对待人类一样去关心并善待它们，也应该像承认人权一样，承认类人猿的权利。”

在地球上的模块心智中，黑猩猩，也许还有倭黑猩猩拥有最为复杂的意识联盟。然而，尽管人类对意识格外关注，但意识的出现并非心智故事的高潮。意识虽然令人惊叹，但在心智漫长而惊险的宇宙之旅中，它仅仅只是一块踏板，是为征服无情混沌之力这一更宏大的目标而服务的。事实上，在我们的旅程中，还有两个决定性的创新以及许多较小的创新在黑猩猩的心智中是不存在的，其中包括解释惠特曼《草叶集》(*Leaves of Grass*)中的诗歌《我歌唱带电的肉体》中“我”的创新!

为了研究这些终极创新，我们必须上升至地球心智之旅中最高级的思维阶段。[10] 当模块心智开始通过复杂的外部表征相互交流时，它便为超级心智以及神明般的心智力量的出现铺平了道路。一个易变的、反复无常的神，它可能走向光明，也可能步入黑暗。

JOURNEY OF THE MIND

第四部分

超级心智，
从寓居于身体到脱离血肉之躯

人类超级心智的出现不仅是心智之旅中的一个里程碑，也是宇宙历史中的一个里程碑。思维首次脱离了它那由脆弱细胞所构成的胶状牢笼，进入了石头、空气、土地和火焰。从此时起，心智之旅将不再完全或主要由基因进化决定，也不再受制于生物学的局限性。一旦主观体验特性思维出现，心智变得更智能的最快途径不再是交换 DNA 链，而是通过改善语言、工具制造和其他日益复杂的非生物思维形式。

第 19 章 / JOURNEY OF THE MIND

暗影之下，
社会成就自我也粉碎自我

但那并不意味着我们正在竭力建立一个完美的联盟。

我们正在竭力建立一个拥有目标的联盟。

——阿曼达·戈尔曼（Amanda Gorman），

《我们攀登的山》（*The Hill We Climb*）

我们都属于某个住在很远处的人

大约 1818 年，在美国马里兰州塔卡霍河边上的一个边陲小镇塔普斯角，一个孩子降生了。这个孩子取名为弗雷德·贝利（Fred Bailey），在一间用木头、黏土和稻草搭建的小木屋中长大。他最早的记忆之一是他对童年生活环境中一件最复杂的物体着迷——一个从地板升到上铺的梯子。他惊叹于这个物体的制作工艺，以及它能让人攀登到新高度的事实。

贝利与他的祖父母居住在一起。他与祖母的关系尤为亲近，曾形容祖母拥有一种“女祭司般的沉稳与庄严”。祖母为他做饭，给他穿衣服，晚上把他塞进稻草床里。最终，他得知他的母亲还活着，但出于一些小贝利不太明白的原因，他的母亲不能和他一起生活。而他的父亲则是一个从未被公开讨论也不曾被提及的神秘人。

人们经常叫贝利为费迪，他的童年和大多数在富有爱心的一般家庭中长大的孩子的童年没有什么不同。他喜欢在林间漫步，或穿着衣服跳进溪流中嬉戏。他高兴地假装成一匹马、一头猪、一条狗或一只家禽。他喜欢在炎炎夏日的树荫下或凛冽寒冬中的壁炉边与祖父母交谈。他会远离那些对他不怎么感兴趣的大孩子们，但他偶尔会听到一些不详的话语："过不了多久，你就会'消失得无影无踪'了。"

尽管他的童年大部分时间都是"活泼、快乐、喧闹和幸福的"，但从很小的时候起，贝利就感觉到，在那天真无邪的正常表象背后潜藏着一种恶意，某种不祥的威胁对他图谋不轨。

"随着我不断长大，我逐渐了解到一个可悲的事实：那间小木屋和它所在的那小块地皮并不属于我亲爱的年迈的祖父母，而是属于某个住在很远处的人。"贝利在成年后讲述道，"我进一步了解到一个更可悲的事实。不仅是房子和那小块地皮，还有祖母本人以及她身边所有的小孩，都属于一个被祖母满怀敬畏地称呼为'老主人'的神秘人物。"

自我的创造离不开社会的作用

你正在阅读的此书即将迎来高潮，它将研究心智之旅中最重要的创新——自我。那么，何为自我？从技术层面分析，我们可以将自我看成一种复杂的心智动态，它以复杂的非线性数学关系为特点，深植于从太古代到全新世 30 亿年间生物进化所累积的、紧密相连的层级结构中。然而，这样的表述还不够准确。如果不明确地认识到自我是宇宙中独一无二的存在，那么对自我的任何分析都是不完整的。自我是独一无二的，因为它是唯一能够体验到快乐与恐惧的物理实体，而且最为关键的是，它能够认识到自己正在体验快乐与恐惧。

本书将解释为何自我会出现以及它是如何运作的，但这种机械式的解释无法捕捉自我的超凡本质，接近这种本质的最好方式是采用叙事法。叙事法也将阐明心智之旅将带给我们的关于自我最令人印象深刻的启示。但只有在我们完成了心智之旅的所有 4 个阶段后，才能完全明晰这个启示的内涵。这个启示是：

自我的创造离不开社会的作用。

这个启示还会产生一个令人不安的推论：

社会可以粉碎自我。

7 岁男孩发现自己只是一件物品

对贝利来说，他的至暗时刻很快便悄然而至。当他还只有 7 岁时，他的祖母带着他沿着一条从塔卡霍河到瓦伊河的土路，艰辛地跋涉了近 20 千米。一路上的大部分时候都是祖母扛着他走。终于，他们来到了一个有着许多大房子的巨大农场。迎接他的是一群喧闹的孩子，“有黑色、棕色、古铜色和接近白色的皮肤”。他们对他微笑，并邀请他去玩。贝利心存疑虑，拒绝离开祖母的身边。最终，在孩子们的诱骗和祖母的安抚下，贝利小心翼翼地跟着这些孩子们进了屋。但他拒绝加入他们的游戏，而是紧靠着墙角，担心别的孩子会趁他不注意从背后偷偷接近他。

突然，一个女孩从厨房跑了进来，以一种调皮捣蛋的语气欢呼道："费迪，费迪，你祖母走了哦！"

所有他最担心的事情发生了。"我倒在地上，流下了属于一个男孩的痛苦泪水，并拒绝被安慰。"贝利回忆道，"那些孩子说'别哭'并递给我桃子和梨，但我把那些东西扔在了一边，拒绝他们所有的好意。在这之前，我从未被欺骗过。正如我想象的那样，我和祖母永别了。我不仅因为与祖母的离别而悲痛，而且让我感到愤怒的是，她竟然在如此严重的问题上欺骗我。"

那天晚上，贝利在一个人称"安东尼上尉"的白人奴隶主的陌生住所中度过了第一个夜晚。安东尼上尉是一个残酷、傲慢的监工。美国法律允许他拥有200多名奴隶，而这只是美国政府批准的150万人类动产中的冰山一角。安东尼上尉是劳埃德上校的首席监工，劳埃德上校在切萨皮克湾东岸拥有数十个劳工营，剥削1 000多名被奴役的男人、女人和幼童。安东尼上尉负责管理劳埃德的农场，安东尼所在的这个职位赋予了他可以对贝利为所欲为而无须承担任何后果的权力，他只需要考虑"损失和收益"。

弗雷德·贝利木是一个快乐、调皮的7岁男孩，却突然发现了自己在美国社会中被指定的身份。他被视为一件动产、一个物品，享有与扫帚同等的"公民"权利。

阻止自我发展最有效的手段

那天晚上，美国社会制度的影响开始在贝利身上显现，正如在所有其他被奴役的孩子们身上显现一样，其目的是消灭所有奴隶的个人目标，并用他们主人的目标全盘取代。简言之，其目的是将人转化为一具麻木的僵尸。[1]

在美国南部各州普遍采用的压制个体能动性最有效的方式之一就是抹除家庭意识，包括抹除“家庭纽带是神圣的”这一坚定的信念。夫妻时常被拆散，在通常情况下，他们再也无法相见。儿童在很小的时候就被迫与他们的母亲或祖母分离，偶尔也有婴儿在刚出生时就被迫与亲人分离。兄弟姊妹被遣散到不同的家庭中。即使他们都留在同一个劳工营，也不被允许形成家庭关系。贝利也有几个兄弟姐妹，但他哀叹自己从未感受到与他们之间有任何联系：奴隶制“让我与我的兄弟姐妹形同陌路，让我的生母成为一个传说，让我的父亲成为一个谜团，并让我的身世无从稽考”。

唯一让贝利感受到与之有深入和长久联系的家庭成员是他的祖母。然而，这种爱的纽带却给他带来了最深的痛苦：

> 如果说在我的经历中，有哪一件事情比其他事情更能让我坚信奴隶制的邪恶，并让我对奴隶主深恶痛绝的话，那就是他们对我可怜的老祖母的忘恩负义。我的祖母从年轻时起就一直忠诚地服侍我的老主人，直至她年迈苍苍。祖母是他所有财富的来源：她给老主人的种植园招募了众多奴隶，在成为曾祖母时也还在为他服务。在他是婴儿时，祖母摇晃着哄他入睡；在他童年时，祖母精心照料着他。祖母服侍了他一生，一直到他生命终结，在他去世后，还为他擦去冰冷额头上临终时的冷汗，并帮他永远合上双眼。
>
> 然而，祖母仍然是终身奴隶，一个被拿捏在陌生人手中的奴隶。在他们手中，她看到了她的孩子、孙子和重孙像羔羊一样被分开，而对于她的子孙或她自己所遭受的这一切，从来没有得到哪怕是只言片语的感激。并且，他们对祖母的忘恩负义在这时达到顶点……他们把她带到树林里，给她建了一个小木屋，搭了一个用泥土堆砌的烟囱，然后让她在完全孤独的情况下享有养活自己的“特

权”。这实际上是将她赶出去送死！

另外一种彻底消除家庭、根系或亲属之间天然联系的方法是抹掉一个人的姓氏。在大多数情况下，奴隶们有名无姓，没有家族的姓氏。奴隶们通常是根据他们的主人来命名的。贝利本人经常被唤作“安东尼船长的费德”。他们会被起绰号，这些绰号有时是贬义的，带着不敬。他们像宠物而非像人那样被对待。

为了进一步侵蚀他的自我意识，贝利还被禁止知晓自己的出生日期：

> 我认识的每一个奴隶都不知道自己到底有多大。很少有奴隶的母亲知晓孩子出生的月份，更别提具体日期了。奴隶出生、结婚和死亡日期都没有任何家庭记录。他们往往通过春季、冬季、收获时间、种植时间等来衡量孩子的年龄，但这些很快就变得模糊不清并被忘却。像其他奴隶一样，我不清楚自己到底多少岁了……我长大以后才知道，我的主人不允许别人向他提出有可能让奴隶知道自己年龄的问题，一般情况下，主人们都这样。

在大多数情况下，美国人不会给奴隶提供衣服。在安东尼上尉的劳工营中，孩子们经常光着身子跑来跑去，而成年奴隶每年只能得到一条裤子和两件齐膝的衬衫。这些衣物都是由粗糙、让人感觉刺痛的亚麻布料制成。大多数奴隶没有床或毯子，孩子们经常为了能够在厨房周围有遮挡的角落里睡觉而争吵。贝利则通常睡在壁橱里，不过冬天他最喜欢的地方是一处有着大烟囱的角落，在那里他可以把脚放在灰烬中取暖。他们冬天也没有厚夹克或毛毯，需要用同一套亚麻衬衫和裤子来度过酷暑和大雪弥漫的寒冬。

个人隐私是一种极少有奴隶能够享有的奢侈品，这进一步减少了发展出最基本的个人时间、个人空间和个人思想的机会。即便缺少隐私，社交的机会也被严格控制。提供给奴隶们的少数消遣方式显然也是为了让他们进一步堕落。在周日和节假日，当奴隶们终于获准从那令人筋疲力尽的劳动中解脱出来时，美国的奴隶主们就会鼓励他们喝酒、跳舞、赌博、私通来纵情狂欢，而不是让他们从事任何有益或有启发性的活动。奴隶主们更愿意看到他们的奴隶自我沉沦而非自我发展。

奴隶主们设计这些心理和社会手段是为了限制贝利的环境并抑制他大脑的发展，而这些已经包括心智三大要素中的两个了。但最残忍的手段则是控制他的身体。

强制挨饿是一种普遍的做法。奴隶们很少能获得足够的食物来满足他们每天对热量的需求，尤其考虑到他们需要被迫进行长时间的劳动。他们通常只能获得非常粗糙、没什么营养的食物，比如玉米糊、灰火焙制的玉米饼、过期的鲱鱼、变质的猪肉。贝利会和家里的狗争抢一些残羹冷炙，或者等待打扫厨房的女孩给猫抖下桌布上的剩饭，这样他就可以抓到一些面包屑和小骨头了。所有奴隶主都必须坚定地表明，奴隶的身体不由自己的心智来主宰，他的肉体是一件受主人绝对控制的财产。鞭打则是体现这种理念最显著的标志。

在美国，鞭打是为了造成伤痛和流血，但其更广泛的意图则是唤起被鞭打者心智中的恐惧，以及对那些未受鞭打的人起到杀鸡儆猴的作用。鞭子可以用潮湿的皮革、小树苗或细枝条制成。奴隶们因迟到而遭受鞭打，因懒惰而遭受鞭打，因打碎瓷器、动作慢了、身上不干净而遭受鞭打，因产生抱怨、大笑、哭泣而遭受鞭打，还会因寻找孩子、会见情人、哀悼朋友的去世而遭受鞭打。但大多数情况下，他们因为无礼而遭受鞭打。

贝利解释道：“任何事情完全无须任何理由都可以被认为是无礼，这完全取决于主人或监工当时的心情……但是，无论它是什么，只要被冠以‘无礼’之名，被指控的人就难免遭受一顿鞭打。”

贝利在劳埃德上校的劳工营中待了没多久，就亲眼看见一位年轻的母亲在她孩子们的注视下被残酷地鞭打：

> 监工终于制服了她，并用绳子套住了她的胳膊，将她牢牢地捆绑在他先前一直练习打靶的那棵树上。随后，内莉受到了无情的鞭打。接下来发生的事情，我无心描述。这个恃强凌弱的家伙兑现了他的每一次威胁——带着报复的热情挥舞着鞭子。那女人被折磨时的惨痛哭声与孩子们的哭声混杂在一起，我希望读者永远都不要听到这样的声音。

剥夺个体人格的终极手段是谋杀。如果一个奴隶的意志太强，无法被击垮，那么只需一次冷酷的行动，就能将他的心智彻底抹杀。在贝利 10 岁之前，他面对的就是美国奴隶主们那丝毫不受约束的绝对权力：

> 一个名叫登比的年轻有色人种男子被谋杀，就是众多令人震惊的暴行中的一件……我不知道他在哪里冒犯了这位奥斯汀·戈尔（Austin Gore）先生，按照戈尔先生的习惯，他打算鞭打登比。戈尔先生只鞭打了几下，登比挣脱开并跳进了河里，他站在深及脖颈的水里，拒绝听从监工的命令上岸……戈尔先生没有进一步商量的打算，也不试着引诱登比上岸，而是从容不迫地拿枪对着登比的脸进行了致命的射击。在那一刹那，可怜的登比已被列入了死亡名单。

虽然这些摧残肉体的手段冷酷无情，但阻止自我发展最有效的手段其实是精神层面的——奴隶们被禁止接受任何教育。事实上，这项禁令是如此有效，很快成为公共法律和社会规范，成为一项不容违反的禁令。在任何情况下，无论奴隶主的思想多开明或种植园多么富有，一个奴隶永远、永远、永远都不被允许学习如何阅读。

人生旅途可能会发生改变

在一个主张“人人生而平等”的国度，《权利法案》阐明了众多的个人自由，而这仅对于那些能够阅读的人来说成立。但所有那些被政府认可的暴力与压迫，其目标都是深入被奴役者的心智深处，扼杀所有自由意志产生的可能性。

贝利写道：“无论何时何地，奴隶制的宏大目标都是要把人降到与畜生一样的层次。”他后来又补充写道：“要塑造一个心甘情愿的奴隶，你必须让他没有任何思想；必须蒙蔽他的道德和精神视野，并尽可能地消灭他的理性力量；必须让他无法察觉奴隶制中的任何矛盾之处。拿走奴隶收入的人，必须让奴隶深信，自己完全有权利这样做。这不能仅仅依靠武力，奴隶必须知道，他主人的意志高于一切法律。”

在实现这一目标上，美国无疑是非常成功的。当一个人为自己做决定的能力被抹去时，他的心智就根本无法相信自由意志有存在的可能性。此时，个体对能动性的信念，即相信自己的决心、努力和选择会对世界产生影响的信念，就会被一种受遏制的信念取代，即相信所有的结果，无论是有益的还是灾难性的，都是命。

贝利举了一个令他愤怒不已的例子：他的奴隶伙伴们对他的祖母凭借辛勤劳作而获得的红薯种植技能缺乏应有的尊重。“有一种迷信的说法是，只要贝蒂祖母在种植时碰一下那些红薯，它们就一定会茁壮生长。”贝利解释说，祖母很享受“她天生具有‘好运’的名声。然而事实上，她的好运要归功于她非常小心地防止娇嫩的红薯根在挖掘过程中被损伤，在寒冷的冬季将红薯种埋在小屋的壁炉下，使其免受霜冻的损害”。**当你对自身主体能动性的信念消失时，你的自我便会停止运作。**

缺乏家庭、营养、衣服、床、人身安全或任何形式的教育，贝利渴望逃离当前的恶劣环境。但由于奴隶制蒙蔽了他的心智，他无法清楚地表达这一想法，更不知道这一模糊的目标在将来如何才能实现。他经常凝视着海湾边游弋的船只，幻想着它们正驶向自由。但可怕的现实是，他面前只有两条路可走。第一条路是反抗，这将导致他很快死于子弹或绞刑，或慢慢在南方腹地的水稻田中死去；第二条路是接受社会强加给他作为一具无心智僵尸的角色。

在 1826 年的一个周六清晨，第三条路出现了。贝利被出乎意料地安排登上了一艘船，这艘船的目的地是海湾对面一座快速发展的大都市。在那里，他的旅途可能会发生改变……

第 20 章 / JOURNEY OF THE MIND

心智再攀混沌阶梯，只有人类拥有语言

根本不存在孤立的婴儿这回事……

当你开始描述一个婴儿时，你会发现，你在描述一个婴儿以及和他紧密相连的其他人。婴儿无法单独存在，他们本质上是关系的一部分。

——唐纳德·温尼科特（Donald Winnicott），《孩子、家庭和大千世界》（*The Child, the Family and the Outside World*）

Kekawewechetushekamikowanowow 这句克里语的字面意思是“我希望你和我在一起时保持本真”，或者更简单地说是：“我能和你在一起吗？”

人类没有天然的语言

16 世纪末，阿克巴大帝统治着位于南亚次大陆庞大的莫卧儿帝国。虽然将阿克巴大帝称为科学家有点言过其实，但他对心智的本质充满了好奇，以采用严格的实验手段探寻知识而闻名。他开展了一项涉及语言起源的实验，希望探究的问题直接明了：人类的天然语言是什么？如果将一个新生儿完全隔绝，让他听不到任何人与人之间的交谈，那他会说哪种语言呢？

有人告诉阿克巴，希伯来语是上帝赐予人类的真正语言。其他博学的学者则宣称是梵语、阿拉伯语或迦勒底语。为了终止这些争论，皇帝下令将 12 名刚出生的婴儿从母亲身边夺走，并将他们关押在距离阿格拉约 30 千米的一座城堡里。皇帝指派了 12 名既聋又哑的护士来照料这些幼小的研究对象，其间不允许有任何访客进入，尤其是不能让孩子们听到人类发出的任何一个音节，无论是话语、祈祷词还是摇篮曲。

12 年后，阿克巴下令将他雄心勃勃研究中的实验对象从与世隔绝的地方送到他的宫廷大殿中，以便让整个宫廷可以听到从这些纯净的、未经污染的嘴巴中说出的是哪一种语言。战战兢兢的孩子们被安排到了皇帝面前，学者、宰相和大臣们都俯身聆听。但令在场的每个人都感到惊讶的是，孩子们根本无法进行语言表达。

这些被剥夺了接触语言机会的少年无法发出任何语音。事实上，他们粗野难驯，需要护士不遗余力地努力，才能让他们维持最基本的社交礼仪。所有在场的人都达成了一致意见：**人类没有天然的语言。**

关于阿克巴对发展心理语言学的探索有许多记载，这些记载在一些细节上存在差异，如儿童的数量、儿童接受评估的年龄以及被看管的地点。然而关于最重要的几点，每一份留存下来的报告都是一致的。每一个被剥夺接触语言机会的孩子，都没有获得与他人交谈的能力。不仅如此，他们也未能获得基本的社交技能，尽管这一点经常被报告忽视。

如果将语言从一个孩子的心智中抽离，最可怕的后果并不是他将永远成为哑巴，而是他将永远无法融入人类大家庭。[1]

唯有言语交流不可或缺

语言之所以如此卓绝不凡、超然且神奇，是因为某人嘴唇中发出的平淡无奇的咳嗽和咕哝声会在我们无形的私人意识领域中迸发出丰富的“意义”。那个多毛的、牙齿参差不齐的家伙发出的嘶嘶声和吼叫声，在某种程度上能在我们的心智中唤起松软的白云、剥开熟透香蕉的方法，或是缓缓涌起的谨慎乐观情绪。为了理解这种将声音转化为意义的“荒诞”之处，请试想一下，如果看着某人擤鼻涕，我们的意识是否能产生一队戴着高顶礼帽的企鹅，或推翻残暴政府的大胆策略，或埃及棉布床单在充气床垫上滑动时发出的丝滑声？你意识中的确切内容完全取决于对话者鼻涕的浓度和颜色。这样的想法可能看起来非常荒诞、夸张，也许还会令人作呕，但这种虚构的“鼻涕”谈话的潜在动态恰好反映了已经发生的事实：一些任意的令人生厌的生理活动被心智借用来进行精神上的交流，比如传播病原体的咳嗽、嘶嘶声和咂嘴声。这便是语言的神奇魔力。[2]

没有谁天生就掌握哪怕是最基本的字母、单词或语法知识。虽然人类大脑在出生时便已经为说话做好了准备，这就好比一个渴望潜水的潜水员带着潜水装备在码头蓄势待发，但除非大脑一头扎进语言的海洋里，否则它永远也学不会如何说话。

语言从来都不是单一心智的专利。没有任何一个个体的大脑能够容纳任何一种特定语言的所有词语或规则，就像没有任何一个个体的 DNA 序列能够容纳智人的所有遗传信息一样。语言以及与之伴生的令整个世界为之颤抖的力量必须由人类集体灌输到一个新生的心智中。这一简单的公理会产生一个结果，而阿克巴的实验证明了这一点，即**如果人类心智在生命早期没有得到语言的启迪，那么它将不可避免地变成一个孤独且破碎的存在。**

但究竟为什么呢？为什么在心智之旅中，我们到达了这样一个阶段：在所有事情中，唯独言语交流对健康心智的发展不可或缺。出生时没有眼睛、手臂和舌头的残疾人，甚至出生时只有半个大脑的人，都有可能因与他人的交流而过上丰富多彩、充实的生活。那么，为何在缺少语言的情景中成长，人类就无法发展出独立生活必需的心理技能，更别说与他人形成有意义的联系呢？接下来的三章将解答这一谜题。

本章则将重点关注另外一个谜题。语言就像一种超能力，事实也确实如此：你大喊一声“不要把螺丝刀插进带电的插座里”就能救人一命。但若语言真有如此令人敬畏的优势，那为何人类是唯一被赋予语言能力的物种呢？正如鸟的翅膀在生命之旅中进化了 4 次，眼睛进化了 50 多次一样，为什么其他模块心智未能从“无意义的叽叽喳喳”跨越到“有意义的叽叽喳喳”呢？

换句话说，为什么鸟类不能说话呢？

没有一只鸟学会说话

试想一下，一位来自遥远星系的旅行者在 2 500 万年前到访了地球，并考察古近纪地球上所有的动物种群，以便回答“哪种动物的后代最有可能在将来的某一天醒来并突然开口说话”。旅行者可能会得出结论：鸣禽的可能性最大。

当时最复杂的灵长类动物是猴子，它们分布广泛、聪明，而且具有社会性。然而，它们的交流方式仅限于吼叫和呼喊，这种粗糙的发声方式与野猫、狼或松鼠的发声方式毫无区别。而鸟类则是彻头彻尾的唠叨派。

鸟鸣的模式复杂而有层次，就像音符组合成琶音，琶音组合成乐句，乐句组合成歌曲那样。事实上，鸟的鸣啭和颤音听上去要比智人的喘息和咕哝声悠扬动听得多。和它们的现代后裔一样，古代鸣禽几乎拥有说话所需要的大部分心智、身体和社会性器官。最明显的是，鸣禽可以用它们的鸣管发出各式灵动的声音，比如鹦鹉家族的一些成员可以准确模仿几乎所有人类词汇以及教堂的钟声、汽车的警报声和手机的铃声。鸟鸣被广泛用于各种社交，甚至用来表达感受与渴望。鸣禽会在鸟类群落中选择它们希望模仿的旋律，在某些情况下还会创作歌曲，仅仅是为了享受其中的乐趣。少数鸣禽甚至会进行复杂的二重唱，比如淡尾苇鹪鹩，它们会与伴侣共同创作富有表现力、有旋律的交流，从而将二者的心智融为一体。

千万年以来，鸣禽一直处于从复杂的听觉交流向成熟的符号语言交流转化的最后一步，但它们从未跨越这一界限。尽管它们的栖息地、形态和社会动态都发生了难以置信的变化，但没有一只鸟学会说话。根本没有一只鸟能够鸣叫道“明天我们去樱桃园，看看能不能再找到一些我们昨天吃过的那种肥美的蜻蜓”或“你看到了吗，弗拉特正在和去年抛弃她的那个家伙一起筑巢哎”，甚至是“嘿！那片叶子下面有颗种子”。

显然，在从无语言到有语言的发展阶梯中，包含了一个只有人类才能够掌握的梯级，让我们能够赶超这些早熟的、长着羽毛的“表亲”。

发声器与晚成性，学会语言的两大支持性创新

语言的发展需要许多默默无闻的支持性创新，尽管这些创新很容易被忽视，但它们是在为最终的辉煌搭建舞台。耐人寻味的是，鸟类已经获得了大部分甚至所有支持性创新。

最明显的支持性创新是我们需要一个发声器。人的喉部类似于鸟类的鸣管，但鸟类发声器的出现至少比人类发声器的出现要早 6 000 万年。喉部和鸣管的一个区别是，鸣管位于气管之中，而喉部却位于我们颈前部用于呼吸和消化的部分中间。这种尴尬的设计意味着我们是地球上唯一无法同时吞咽和发声的生物。从一开始，语言的发展就让我们付出了时至今日都必须承受的巨大生理代价——有被自己的话噎死的风险，但没有鸟会被自己的鸣叫声噎死。

对语言的出现至关重要的其他支持性创新并没有那么明显，也许最令人惊讶的是我们对烤肉的强烈热爱。人类对烹饪淀粉和肉类的独特偏爱与语言能力有何关系呢？说话和理解语言对神经系统的要求很高，这意味着人体需要摄入大量的能量，也就是说，需要高热量、高蛋白的饮食。对肉类和块茎类食物进行烹饪能够更轻易地提取出其中的热量和蛋白质。事实上，获得烹饪能力就好比当动物王国的其他动物们还在使用煤油时，人类心智发明了火箭燃料。烹饪也取决于控制火的能力。虽然人类已经在近 200 万年前就掌握了火的使用，但至今没有其他兽类掌握这项技能。鸟类从未控制过火，尽管它们相对较轻的体重和较小的体型意味着它们可能不需要烤肉或烤土豆就能提供支持语言所需的高能量。

获得语言所必需的另一个主要生理创新是拥有较长时间的童年期，用生物学术语来说叫作晚成性（altricialism）。由于人类后代从父母那里获得保护、食物以及非常关键的受教育时间的延长，他们也获得了更长时间来掌握语言。然而，这种创新仍非将人类与鸟类区分开来的原因，因为鸟类在孵化出雏鸟后通常也会照顾它们好几周。

形成语言必需的大多数基础创新很久之前便已存在于鸟类之中，但鸟类却被困住了。相反，人类却一直在不断攀登发展的阶梯，这是为何？

拥有手，才有可能拥有语言

要想回答这个问题，我们必须先回答另一个问题：鸟鸣和语言的心智动态之间的关键区别是什么？答案是在心智之间共享任意意义的能力。更贴切地说，是在心智间共享主观体验特性的能力。

鸟鸣的确可以传达意义，例如“小心，有老鹰来了”或“漂亮女士，你为何不来这边呢”，但鸟类无法随意交流新的意义，如“小心，我姨妈罗宾要来了，她知道是你打碎了她的蛋”。鸟类无法灵活分享它们主观体验特性的细节，但人类可以。

究竟是什么创新使得只有人类能够在心智间互换主观体验特性呢？任何关于心智间动态的问题，都少不了大都市原则的参与。**大都市原则宣称，随着思维的发展，它会自然而然地催生一个新的思维阶段，这一新的思维阶段会将前一阶段中最高级的思维要素连接在一起。**分子心智通过分子信息来统一所有动态，最终导致神经元心智的出现。在神经元心智中，神经网络通过表征来统一所有动态，最终导致模块心智的出现。当然，模块心智远比神经元心智和分子心智复杂。

意识联盟通过共振动态，即通过主观体验特性来管理模块心智。因此，要建立一个新的、统一的思维阶段，模块心智之间必须彼此共享主观体验特性，这就需要解决在不同心智之间运行的心智动态的注意困境。要想在心智之间共享主观体验特性，两个心智必须能够在同一时间将自己的有意识注意稳定地集中于同一事物。科学家将这一过程称为共享注意[3]。

在数千万年时间里，人类的祖先经历了几个逐渐交织在一起的共享注意阶段，并且这种共享注意机制在最近的几百万年时间里得到迅速发展，最终形成了在心智之间互换主观体验特性的能力（见图 20-1）。每一个共享注意的新阶段都伴随着越来越精密的神经机制和越来越复杂的心智间动态，这些动态将独立的模块心智越发紧密地联系在一起。目前，尚未有足够的考古学或遗传学证据来确定人类祖先在发展共享注意时遵循的阶段顺序。不同血统的人类有可能按不同顺序经历这些阶段，有些阶段还可能以并行或互补的方式发展。

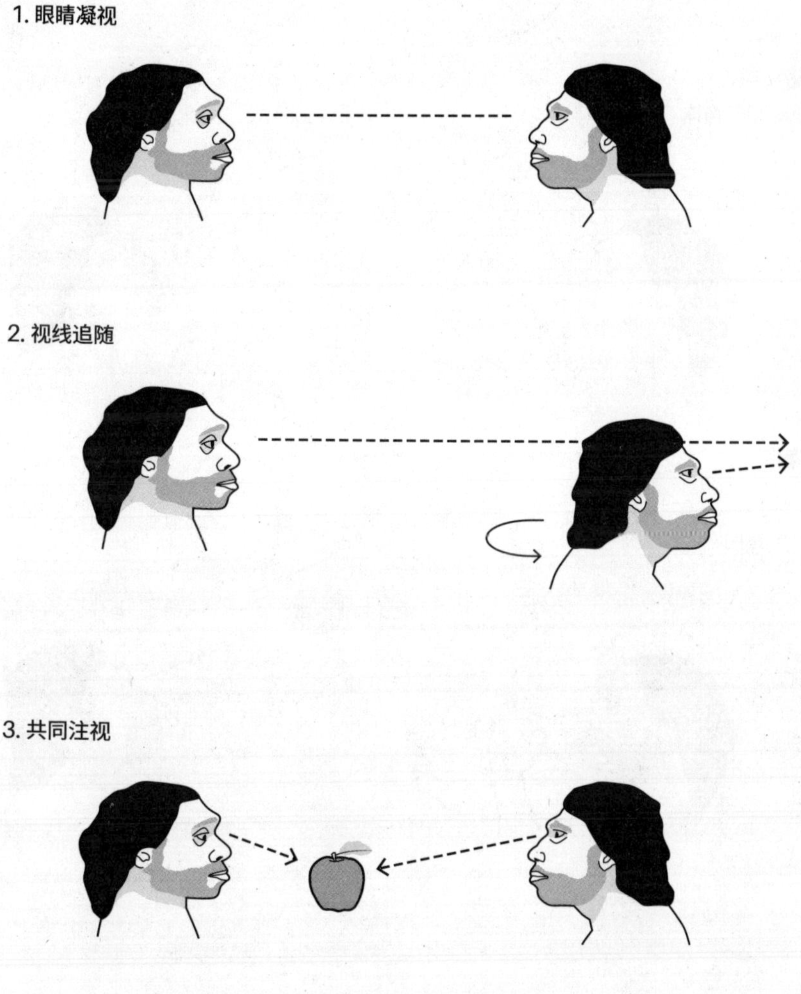

4. 共享教导

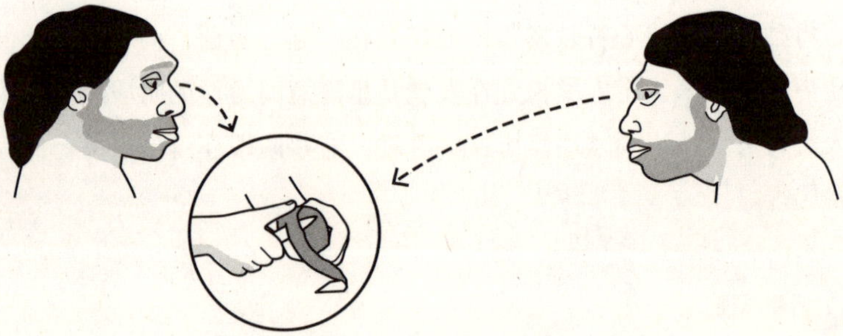

5. 指向物体

6. 指向物体与比画手势

图 20-1　共享注意的几个阶段

图 20-1 阐述了人类可能经历的几个共享注意阶段的合理顺序，这一顺序与现有证据相一致。

共享注意的第一个阶段是眼睛凝视，即直接看另外一只黑猩猩的眼睛，这也是其最简单的形式。虽然这种形式还无法构建心智间的动态，但它为共享注意机制的发展创造了一个稳定的心智平台。在你能与某人形成共享注意之前，你首先需要知道他在看哪里，就是说你需要知道他在有意识地注意什么。包括一些鱼类在内的大多数动物的眼睛都拥有凝视的能力。[4]

第二个阶段是视线追随，即一只黑猩猩看向另一只黑猩猩正在看的方向。截至目前，被人类研究过的每一种哺乳动物和鸟类都表现出了这种能力，对于爬行动物也有相关记载。有了视线追随，心智动态就可以从一个心智流向另一个心智，尽管这种流动是单向的——从注视者到追随者。一个心智的方法模块的输出，在空中成为另一个心智的位置模块的输入。我们可以把视线追随看作一种心智之间的目标朝向动态：用另一个心智的目标朝向动态来指导我们自己的目标朝向动态。

共享注意的第三个阶段是共同注视，即两只黑猩猩在同一时间注视同一个物体，例如同时看向其中一只黑猩猩手上拿着的石头。共同注视使心智间的动态循环形成闭环，让思维能够在心智间双向流动。尽管灵长类动物表现出高度发达的共同注视能力，但并非每一种哺乳动物或鸟类都具备这种能力。

终于，我们到了只有人类祖先才能达到的共享教导阶段，尽管这一阶段也并非产生语言的特殊阶段。两个心智将注意力集中在一系列复杂的动作，而非单一的物体上，并且维持这种共享注意的时间要比共同注视阶段更长。共享教导还需另一个具有里程碑意义的心智创新——模仿[5]，即准确复制他人动作的能力。

最有可能推动人类发展出模仿和共享教导的活动是制造工具，例如黑猩猩用它们的双手制造及使用工具。共同注视为这种手工能力的发展提供了支持，它让学徒黑猩猩可以观看一位有经验的黑猩猩前辈如何制造工具。但事实上，黑猩猩制造的工具非常粗糙。它们也不需要制订计划。这些工具的制造通常只涉及一两个简单步骤，而不是在心智中保持一个抽象目标，诸如“这一头应该均匀地削尖”，同时执行一系列动作。它们不会考虑如何改进自己的工作，也不会专注于传授技能。

当黑猩猩制造工具的技术停滞不前时，人类在制造工具方面却变得越发娴熟。你对老师如何制造工具的注意时间越长，越仔细，老师越愿意教你，你就越能制造出更精致的工具，并且学习制造工具的速度也就越快。最终，制造工具变得过于复杂，无法仅凭模仿实现。于是，更复杂的心智间动态应运而生。

高级的人类工具制造者需要手势，指向物体无疑是制造高级工具所需的一个条件。在 14 个月大时，所有现代人类都具有了指向和看别人指向某处的基本能力，这通常比他们开始说话要早一年左右。人们从未在野外观察到黑猩猩指向物体，它们也很难学会去看人类所指向的地方。指向物体和其他手势的出现开启了共享注意的下一个决定性阶段：比画手势。比画手势是将手势这个公共的视觉表征与私人主观体验特性相联系，从而在心智上融合手势和意义。上下移动拳头可以表示敲打，平放的手向前、向后移动可以表示锯切，朝自己挥手可以表示“过来”。

随着比画手势的出现，共享注意的双向动态最终变得足够强大和稳定，足以支持语言的出现。成功的比画手势需要两个不同的心智专注于同一个任意的视觉符号[6]和与之相关联的有意识主观体验特性，比如一只手和这只手指向的苹果。在学生的心智中，老师所执行的感知手势的心智表征与学生内容模块中苹果的类别表征相关联。此时，共享主观体验特性的动态在心智间流动。

第一次发出的传递了主观体验特性的声音，也许与第一次比画手势同时出现，这两种形式的心智间动态彼此促进，每一种动态都有助于巩固和确认另一种动态所传递的主观体验特性。

还有一些有趣的证据表明，早期人类可能在使用语言交流之前，就已经通过互相歌唱来交流了，他们通过有旋律的吼叫、咕哝或呼喊来传递主观体验特性，这种形式被称为音乐性语言。如果是这样的话，音乐性语言与比画手势很可能是相辅相成地发展起来的。无论如何，一旦共享注意达到共享主观体验特性的比画手势阶段，距离说出第一个词就不远了。

一个人理解了一个语音试图表达的意义，即听者体会到了说者希望听者体会到的主观体验特性，然后复制了相同的语音，成功地将相同的主观体验特性传递给第三个人，此时第一个词便诞生了。一个词的产生需要三个共振的心智：第一个人有意识地创造这个词；第二个人有意识地理解这个词并准确重复给第三个人听；第三个人也有意识地理解了这个词。就像鸟鸣一样，所有语言本质上都具有集体性质。

为什么鸟类没有发展出语言？因为它们没有手。[7] 一个只有人类才能经历的特殊阶段是由手指和手势驱动的共享注意。缺少一对能自由活动的肢体来指向物体和比画手势，鸟类就永远无法发展出复杂的共享注意机制来确保两只鸟能专注于相同的复杂动作序列，而这是将公共符号和私人主观体验特性联系起来的重要先决条件。飞行的能力或许是一项非凡的天赋，一种人类深感羡慕的才能，但也许拥有翅膀的代价就是永远失去了语言。

每一次有意识的语言理解都涉及一次时间旅行

是否如科学家们长期以来所认为的那样，人类大脑发展出了独一无二的语言模块，它与地球动物发展出的任何其他神经装置都不相同。

在我们回答这一关键问题之前，我们需要对自己的语言模块有个清楚的了解。图 20-2 追溯了人类心智的核心动态，这些也是支配着前语言时期人类祖先心智的动态，事实上，它们似乎也是支配着所有模块心智的动态。

一个女孩伸手去摸一只正在敲击铜钹的玩具猴。她的前意识视觉场景模块着手处理她的视网膜成像，然后将玩具猴的表征发送至视觉内容模块和视觉位置模块。这两个都是产生意识的模块，在图中用灰色边界表示。同时，听觉场景模块处理她的耳膜振动，然后向听觉内容模块和听觉位置模块发送一个“叮当”的声音表征。这两个内容模块产生共振，共同识别出正叮当作响的玩具猴，并向有意识的动因模块发送一个类别表征——这是一只叮当作响的玩具猴！动因模块做出“我想触摸这个令人好奇的动物”的决定并激活无意识的方法模块。方法模块在由两个位置模块产生的注意护罩的引导下，伸手去摸玩具猴。

这就是有时被称为“感知 - 行动循环”的基本动态，它描述了人类心智如何将感觉输入实时转化为行为输出。

语言动态如何融入这一框架，以及支持这些语言动态的神经回路如何诞生呢？问题的答案涉及一个看似违背物理学的诀窍：在时间上同时向前和向后思考的能力，这是格罗斯伯格对系列位置效应的深刻见解之一。

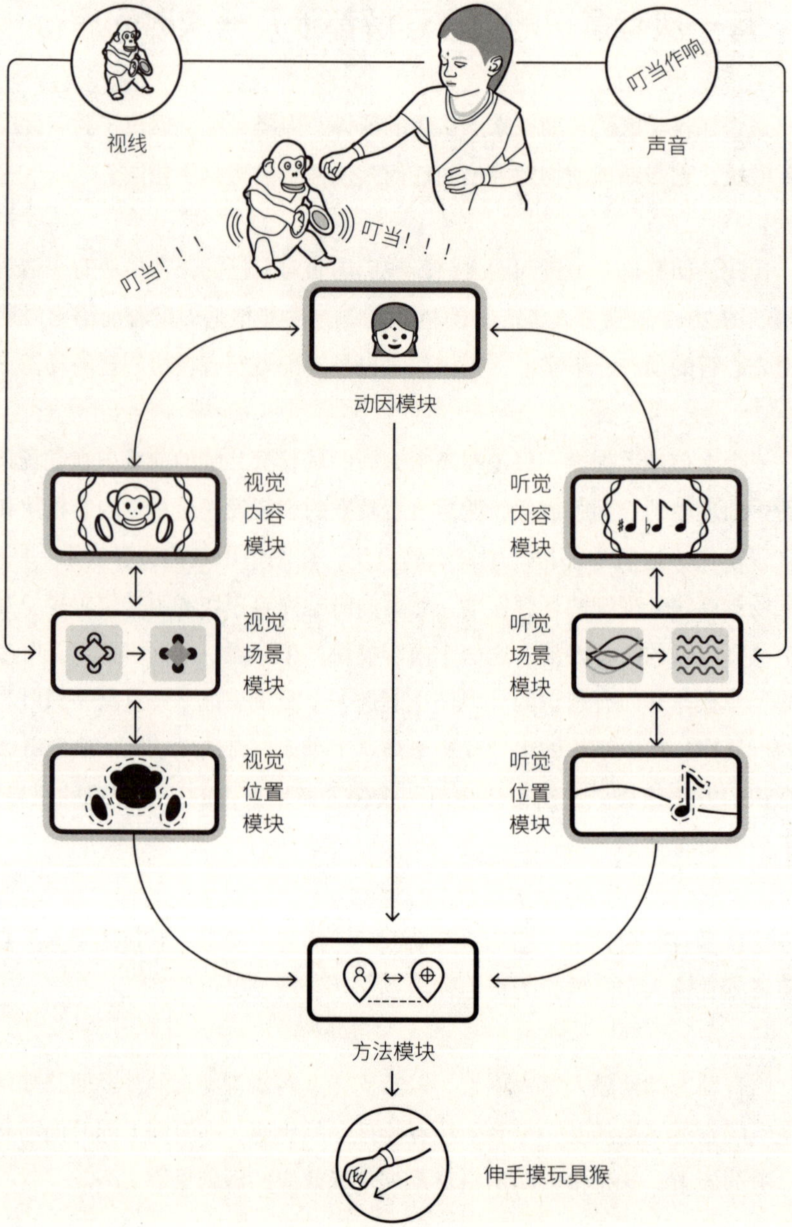

图 20-2　人类心智的核心动态

系列位置效应发生在人们学习一系列项目时，如记住电话号码中的数字或句子中的单词时。首因效应和近因效应是这种不同寻常的“向前和向后”动态产生的直接结果。事实证明，要实现这一诀窍，无须从头开始构建一个全新的模块。

与大多数模块心智的发展历程一样，语言从人类心智中发展起来也需要经历三个发展历程：更多的记忆、更多的连接，以及最具影响力和更互补的思维。人类的心智并非凭空创造出一个语言模块，而是简单地将两个非常古老的模块融合在一起，比如“这是什么声音”的听觉内容模块和“序列中的下一个声音将何时出现”的听觉时间模块。这个时间 - 内容对，或称时间 - 内容二元组部分，是人类心智语言系统中的基本组成部分。

随着时间的推移，更多的时间 - 内容二元组被叠加在了现有的二元组之上。每个二元组处理语言不同层次的内容，包括音素、音节、单词和句子。一个二元组的输出可作为下一个二元组的输入。这种互补的时间 - 内容二元组的阶梯构成了语言堆栈，即负责语言的主要大脑结构（见图 20-3）。

位于语言堆栈最底部的是听觉场景模块，它负责处理原始音频输入，并将前景音频流（如一段旋律或语音）发送至最底层的音素识别二元组，它负责处理音频流并识别出所有单独的音素，即声音的最小单位。构成音素识别二元组的时间模块和内容模块，很可能是在原有听觉的时间模块和内容模块的基础上经过适应而得到的。这些原有的模块可以识别声音序列，正如它们在其他哺乳动物和鸟的心智中所做的那样。

音素识别二元组的上一层是音节识别二元组。音素识别二元组将每个已识别的音素，如 S 和 U 发送给音节识别二元组；音节识别二元组将音素序列融合成单个音节，如 SU。

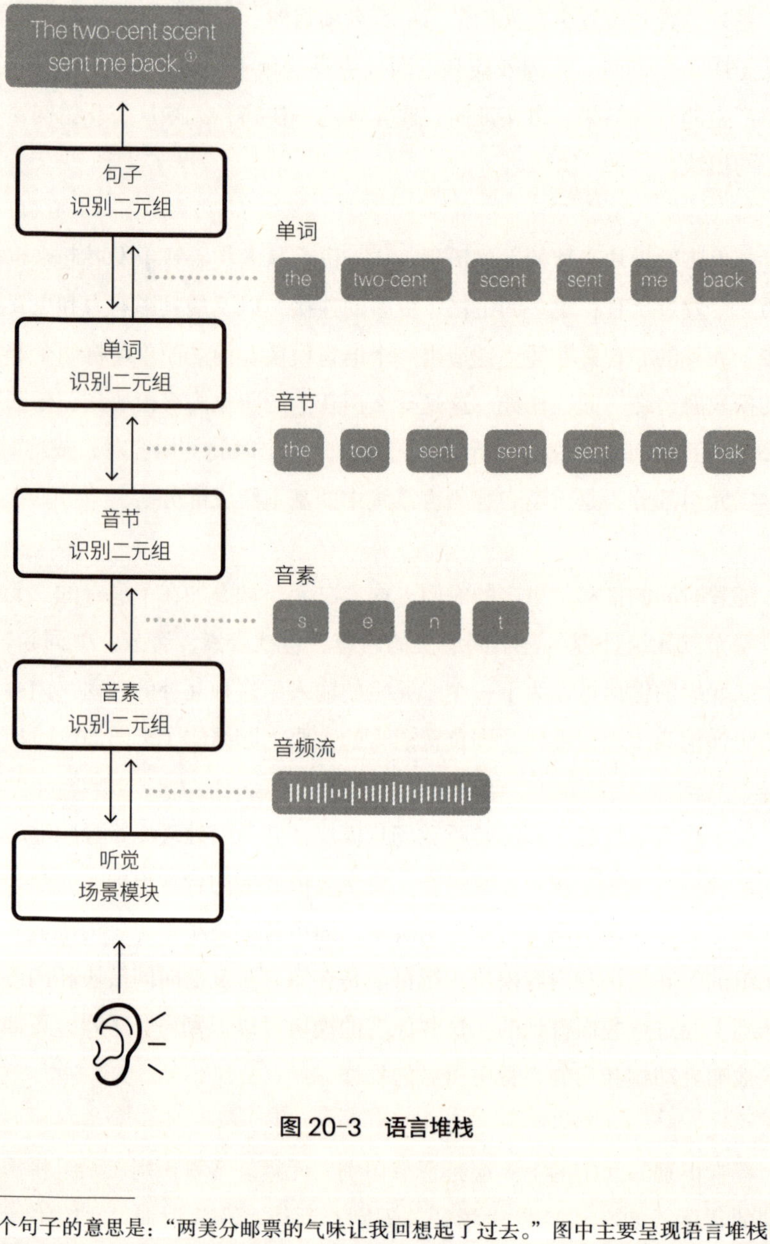

图 20-3 语言堆栈

① 这个句子的意思是："两美分邮票的气味让我回想起了过去。"图中主要呈现语言堆栈的听觉场景模块，所以正文中不做翻译。——编者注

堆叠在音节识别二元组之上的是单词识别二元组，也就是另一个听觉时间－内容二元组。音节识别二元组将每个已识别的音节，如 SU、PER 和 MIND 发送给单词识别二元组，后者将音节序列作为单一的自下而上的表征，如 SU-PER-MIND 输入，并试图与存储在其记忆中的自上而下的单词 SUPERMIND 进行匹配。当它们相匹配时，单词识别二元组的内容模块便会产生共振，你就会有意识地识别出“超级心智”这个词（见图 20-4）。

你识别单词的体验是综合主观体验特性的一个例子。即使你不知道某个特定单词是什么意思，你也能体验到综合主观体验特性。例如，你能识别出一个不熟悉的音节模式 brabble 是一个符合规范的单词。

在每一个二元组中，时间模块加工的语言层级要低于与其配对的内容模块。例如，在音节识别二元组中，时间模块合成一个音素序列，而与其配对的内容模块则识别由时间模块的音素序列形成的音节。在单词识别二元组中，时间模块合成一个音节序列，内容模块则识别由时间模块的音节序列形成的单词。当人类心智在语言堆栈中增加了一个异常强大的时间－内容二元组，即句子识别二元组时，语言的发展可能就此实现飞跃。

在语言堆栈中出现了一种极其关键却又异常简单的连接形式，它使时间回溯思维和口头交流成为可能。这种特殊的连接形式将每个语言二元组与其正下方的二元组进行反馈连接。比如，单词识别二元组向音节识别二元组发送反馈。语言堆栈中的每一个上层二元组都通过反馈连接向下层二元组发送情景信息，从而影响下层二元组的运行。下层二元组则可以利用这些情景信息来改善它的语言识别。根据这一设计原则，我们可以做出一个强有力的预测：**语言堆栈的每一层都将表现出独特的、在时间维度上产生的一种向后追溯的错觉。**事实的确如此。

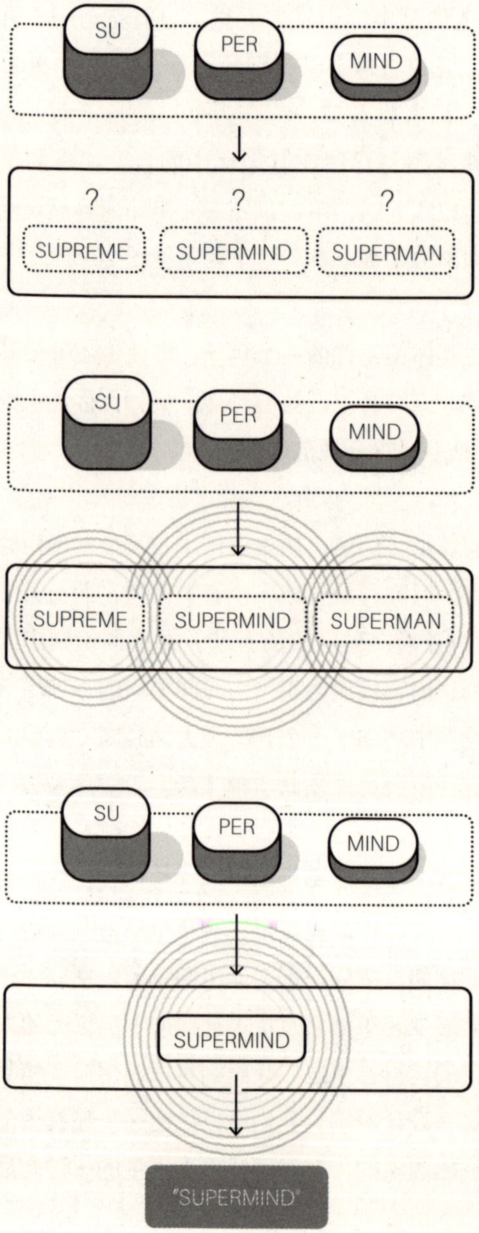

步骤 1：
来自时间模块的音节序列作为内容模块的输入，内容模块寻找最适配该音节序列的单词

步骤 2：
所有可能的适配词在内容模块中进行胜者为王式竞争，最适配该音节序列的单词胜出

步骤 3：
胜出的单词从内容模块中输出，并作为潜在的输入进入句子识别二元组

图 20-4　单词识别的心智步骤

我们试想一个由音节识别二元组和单词识别二元组的向前和向后互动所产生的错觉。假设你听到了口头词语 DELIVERY，你很确定你听到了这个词中的每一个音节，包括 DE、LI、VER 和 Y。但你被糊弄了！事实上，VER 这个音节并没有被说出来，一个狡猾的教授用一阵白噪声替代了 V 的发音，从而糊弄了你。尽管如此，你有意识听到的依然是 DELIVERY，这个单词中的每一个音节都在白噪声的背景下被大声说了出来。即使事先告诉你白噪声将取代 V 的发音，你仍然会发现在白噪声的背景下听到了一个明显的 V 音，而非仅仅听到白噪声。到底发生了什么呢？

音节识别二元组将音节序列 DE-LI-*ER-Y 发送给单词识别二元组。* 代表白噪声。单词识别二元组识别出的单词 DELIVERY 是这个部分模糊的自下而上输入的最佳自上而下的适配，并产生共振。单词识别共振将反馈信号发送回音节识别二元组，并告诉它应该用 VER 来替换这个有白噪声的音节。对音节进行加工的内容模块在音节 VER 上产生共振，从而在白噪声的背景下体验到对 VER 的有意识感知，尽管 V 的发音从来没有冲击过我们的耳膜，结果依然如此。

现在假设你听到了 DELIBERATE 这个词，只是其中一个声音再次被替换成白噪声。这一次，B 被替换了。在 B 之前的音节与 DELIVERY 中 V 之前的音节相同，即 DE 和 LI。当你的耳膜处理 DELI*ERY 时，你听到的是 DELIVERY，但当你的耳膜处理 DELI*ERATE 时，你听到的却是 DELIBERATE。这是一种颠覆性的创造行为。**每一次有意识的语言理解都涉及一次时间旅行：在你的心智对单词中的后续音节进行加工之后，任何被白噪声或模糊发音掩盖的音节都会被替换。**

同样的时间回溯动态在语言堆栈的最低层运行，位于音素识别二元组和听觉场景模块之间。如果连续的语音音素如 EEEEEEEEEE 被白噪声短暂打断，我们也会有意识地在背景白噪声中听到一个连续不断的音素，而非实际的刺激，即被白噪声分割的两段不同的发音。语音中的空隙在时间上被回溯“填充”了，这类似于视觉场景模块填充了断裂线条中间的空隙。我们知道这正是当前发生的情况，因为如果我们播放一个连续的音素，随后播放白噪声，接着是沉默（EEEE**），我们听不到在白噪声中发出的音素，而是听到音素后面跟着白噪声。直到它加工完白噪声之后的声音，音素识别二元组才能确定是否要填充白噪声。

时间回溯思维也存在于单词识别二元组和句子识别二元组之间，可以帮助我们区分那些听起来相同但意义不同的单词，尤其是同音词。想象一下，当你听到有人大声说“The scent of the two-cent stamp sent me back.”时，理解这句话很简单，对吗？然而，你的心智悄悄地完成了一件壮举：你从发音完全相同的 3 个单词中有意识地感受到 3 种不同的含义——scent（气味）、cent（美分）、sent（发送）。在句子识别二元组成功识别了这个句子之后，它向单词识别二元组发送了反馈信号，告知它每个听起来完全相同的单词具有不同的特性，随后我们便有意识地感知到了它们的含义。

语言堆栈及其时间回溯思维过程的层级结构证明了格罗斯伯格的数学方法的解释力。一组方程和网络布局原理解释了语言堆栈中时间 - 内容二元组的重叠结构，并解释了各种各样的心理数据，包括各种语言错觉和语言效应，而无须借助任何新的专门针对语言的方程或网络原理。同样的数学方法也有助于解释鸟鸣。

鸣禽的心智似乎也存在着一个时间 - 内容二元组——一个“鸟鸣堆栈”。正如语言一样，鸟鸣由多个层级组成。科学家将其称为音符、音节、短语和歌曲，与人类的音素、音节、单词和句子相对应，并且鸟的心智也会在缺少音符或音节的地方填充。也就是说，即便是强大的语言堆栈也无法将人类与鸟类区分开来。

如果我们想要确定让人类心智超越所有模块心智，并被赋予了一个全新思维阶段语言的神经成分是什么，那么我们必须确定是何种成分让人类体验到了意义带来的意识冲击。

智人心智，在词语和意义之间建立心理连接

当我们理解一个词时，神秘的意义体验会进入我们的意识，这与对这个词本身的感知是完全不同的。“冰块”这个词在听觉模式上既不寒冷，也不晶莹剔透，但我们在理解这个词时却可以生动地体验到这些意义。

我们对特定语言模式进行关联的意义是任意和灵活的。bat 这个词的意义是：蝙蝠，一种在夜间飞行的生物；球棒，一根木制的敲击棒；击球，用球棒敲击球的行为。**只有智人的心智才能够轻易、本能、持续地在词语和意义之间建立起心理联系。**鸟的心智意识到了鸟鸣的音符、音节和短语，却无法意识到它们的象征意义。

意义是如何进入语言动态的呢？当你识别了“小猫”这个词，知道这些任意排列的任意声音象征着“猫科动物”，甚至可能在你的脑海中自发地想象出一只橙色的虎斑猫时，你的心智中发生了什么？当听觉模式与意义相联系，心智也将词语和主观体验特性联系起来。具体来说，就是在语言堆栈中产生共振的语言表征与在意识联盟中产生共振的心智表征产生了共振。

如果有人指向一只飞过你头顶的动物，你的视觉内容模块就会与这一对象的类别产生共振，从而唤起意识中的认知体验。如果刚才指向动物的那个人现在说出“蝙蝠”这个单词，产生共振的这一对象类别就会

与你负责文字加工的内容模块的单词类别“蝙蝠”相联系。下一次你听到“蝙蝠”这个单词时，你的单词识别二元组就会激活视觉内容模块中对的认知主观体验特性，以及“蝙蝠”和相互共振的表征，并产生对这个单词意义的意识体验。我们可以称这一机制为理解主观体验特性（见图 20-5）。

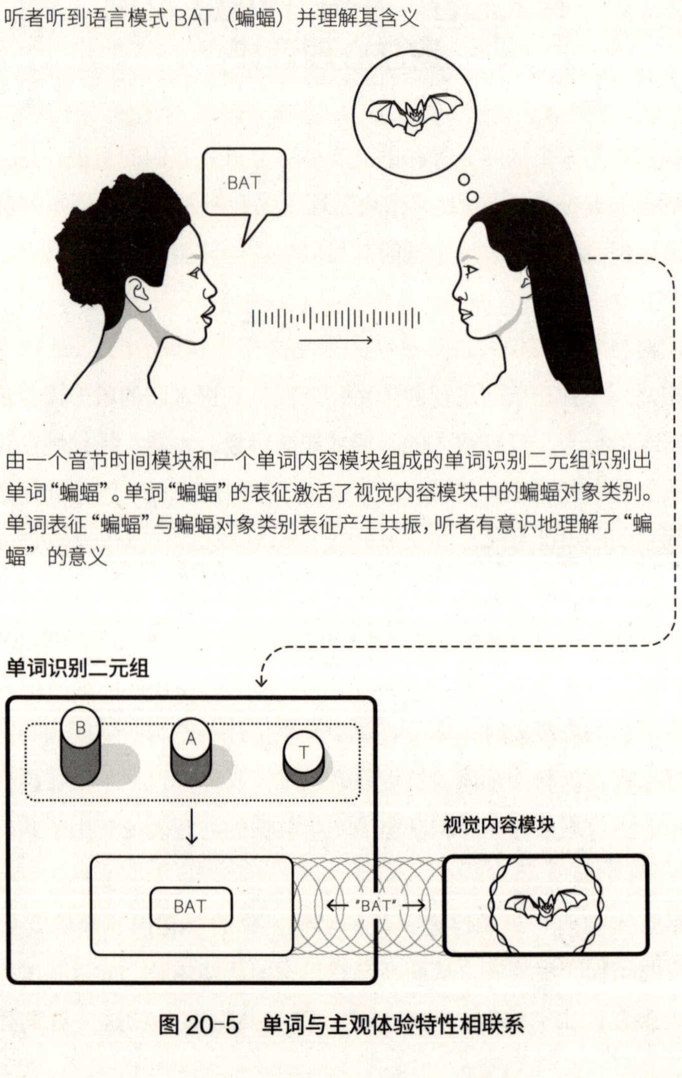

图 20-5　单词与主观体验特性相联系

一般情况下，理解主观体验特性、听觉主观体验特性、听觉认知主观体验特性和综合主观体验特性是同时被体验到的，也就是说，“他在谈论一只”“我听到他在说话”“我识别出是大卫·爱登堡在说话”“他说出了‘蝙蝠’这个词”是同时被体验到的。这些主观体验特性中的每一种都体现在不同神经模块中基于特征的共振性表征中。在心智之旅中，理解主观体验特性或许是互补性思维原则最重要的示例。

共振的力量使两个模块的互补性无知被它们的互补性优势所平衡。一个加工文字的内容模块拥有关于“蝙蝠”这个音素模式的详尽知识，但并不具备任何关于夜间飞行动物的知识。一个视觉内容模块拥有关于夜间飞行的动物的详尽知识，但对“蝙蝠”的音素模式浑然不知。然而，当这两个识别类型开始相互共振时，即“蝙蝠”的语言表征和的视觉表征共振时，符号和意义便在一个被同步、延长和放大的结构中结合了起来。

词汇能够与人类可以体验到的任何感知主观体验特性相联系，包括石头、手、树木、河流、眼睛、星星或火焰等事物和跑、跳、飞、打、吃、唱或燃烧等动作。单词识别二元组中的单词类别能够激活视觉内容模块中的对象类别，使你能够想象出对象类别的原型。当你听到一个含有修饰对象类别单词的句子时，例如“一只蓝色的、耳朵修长的、吃水果的蝙蝠”，会发生什么呢？共振状态的视觉对象表征只需要通过修饰词提供的新的自下而上的特征进行调整，那么蝙蝠的视觉原型就变成了蓝色而不是黑色，它长着更长的耳朵，嘴里含着草莓。

通过调整一个对象的共振特征来调整对这一对象的意识体验，这个过程能够解释人类的语言为何能表达曾经无人感知过的意义，如“大海的另一边”“宇宙的开始”“死亡之后的生活”“小于零的数字”“心智之旅”。这些短语中的每一个主题词都激活了内容模块中相关对象的类别表征，并且共振状态的原型也被相应地调整。我们在头脑中形成了大海的图像，然后我们的内容模块描绘出遥远的海岸。

这种对共振状态实时调整的过程有助于我们理解为什么解析抽象的句子如此困难。例如，“这些共振不仅仅是意识的关联”这句话中的主题词“共振”和“关联”与感觉主观体验特性不对应，因此很难可视化，而修饰语“意识”为一个非感觉的原型增添了更多非感觉的细节。

这也是心智研究如此具有挑战性以及如此令人气馁的一个重要原因：即使是最无畏的思维探索者也时常在难以可视化的抽象概念的无情迷雾中迷失方向。

超级心智，主观体验特性开启的全新心智阶段

共享主观体验特性这一心智动态的出现在心智之旅中构建了一个新的思维层次——主观体验特性思维。主观体验特性思维是在表征思维的基础上运作的，这就像恰塔霍裕克的公共活动是在家庭活动的基础上进行的一样。**发轫于心智之旅的主观体验特性思维开启了一个全新的心智阶段——超级心智。**

最早的超级心智可能是使用由一个单词组成句子的单词句进行思考，语言学家称之为独词表达。这些使用单词句的超级心智很快便被使用双词句的更智能的超级心智超越，而后者又被使用介词短语、从句和虚拟语气的超级心智超越。

共享注意将人类心智如此紧密地结合在一起，以至于个体心智不再针对

模块心智的思维，而是针对超级心智的思维优化。在这一点上，如果个体心智不是从出生起就与超级心智结合，那么个体心智就不可能正常发展。这就好比人类在没穿太空服的情况下试图在外太空生存，人类天生就不适合在一个没有语言的世界里生活。人类的大脑皮质尤其善于处理心智间的动态，它就像一个在大脑皮质之间来回接收和传输主观体验特性的网络路由器。一个失去网络的路由器是毫无用处的，而一个没有与其他大脑皮质建立网络的大脑皮质亦是如此。

人类与大自然母亲达成的交易和鸟类与大自然母亲达成的交易别无二致。鸟类付出了丧失语言的代价获得飞行能力，而人类为了获得语言则放弃了独自生存的可能性。换句话说，**没有人是一座孤岛。如果他是一座孤岛，那他就不能成为人。**早在智人出现之前，每一个人类个体早已成为一个神经元，但由于没能与“大脑”相连，因而无法发挥其功能。

人类超级心智的出现不仅是心智之旅中的一个里程碑，也是宇宙历史中的一个里程碑。思维首次脱离了它那由脆弱细胞所构成的胶状牢笼，进入了石头、空气、土地和火焰。从此时起，心智之旅将不再完全或主要由基因的进化决定，也不再受制于生物学的局限性。一旦主观体验特性思维出现，心智变得更智能的最快途径不再是交换 DNA 链，而是通过改进语言、工具制造和其他日益复杂的非生物思维形式。

超级心智拥有着神之力，不仅仅因为它是能统治整个地球的思维形式，更因为它是迄今为止已知的第一个能够在最大程度上脱离血肉之躯而存在的心智。

第 21 章 / JOURNEY OF THE MIND

创造文明，智人共享一个超级心智

当我们与生俱来的缺陷与对整个星球空前的破坏力并存时，
我们需要对自己有更高的要求——
在整个星球上建立起前所未有的道德观。

——卡尔·萨根，
《魔鬼出没的世界》（*The Demon-Haunted World*）

意识特权才相信社会不能思考

康利和尤娜多年来一直在争吵。自闪婚以来，他们的婚姻充满了胁迫，两人都不时威胁说要离开对方，但在大多数情况下，他们从未真正考虑过离婚。尽管康利有酗酒等恶习和自毁行为，尤娜也唠叨和自以为是，但他们总能找到办法搁置分歧，重归于好。毕竟，他们共同拥有一个华丽且独一无二的家园，一旦因纠葛而分手，他们不知道该如何分割这笔庞大而宝贵的财产。

虽然康利和尤娜性格迥异，但这些观念和行为上的差异正是他们关系中一直以来的主要力量源泉。由于他们对世界的看法截然不同，所以需要迫使自己不断地沟通，并试图说服对方自己的信念是对的。最重要的是，他们都需要学会妥协。每个人都有所得，但也要有所退让，这样才能在解决一个问题之后，继续面对下一个挑战。

即便如此，仍然有一个无法调解或被掩盖的明显问题在他们“短枪来、长枪去”的恋爱关系开始时就已经存在。像许多情侣一样，尤娜和康利说服自己，他们可以通过巧妙的变通来找到回避问题的方法。但年复一年，这个问题使他们的关系越来越疏远，并让双方都开始认为，唯一的解决办法就是永久分离。

这个问题就是康利的恶习。他拒绝面对，用否认、回避、合理化和反击来回应尤娜的批评。他固执地标榜自己的坏习惯相当高尚，这就像有人坚称吸烟有助于控制肺部细菌，因此有益于公共健康一样。但不可否认，康利的坏习惯让他更容易爆发攻击性，甚至实施暴行。康利坚持认为，如果每一次交流尤娜都诋毁他的爱好，他将结束婚姻生活。虽然尤娜有权成为一个禁酒主义者，但他也有权随心所欲，即使这意味着他们共同的家园可能因此破碎。

尤娜努力保持冷静，尽管当她说他们或许应该一刀两断时沮丧不已。她尽职尽责地坚持着，希望康利最终能以某种方式看到光明。当尤娜在这段关系中意外地占据了上风，完全掌控了财政大权和家园的管理权时，所有的紧张、威胁以及日益增长的公开敌意终于到达了爆发的临界点。由于担心自己会受到欺压而不得不抑制自己种种黑暗的冲动，康利终于爆发了。他单方面宣布结束婚姻，单方面签署了离婚协议，然后用“枪口”占领了尤娜珍贵的“南部岛屿”。

两人之间的怨恨，从他们谩骂对方的话语中就能体现出来。康利坚称自己完全有权离开。

“我们别无选择，不得不废除或解散联邦，因为联邦的原则已被倾覆，它将导致我们的毁灭。”康利宣称，“如果我们同意继续留在联邦内，那么等待我们的将是彻底的屈服。我们别无选择，只能这么做。我们要么屈从并失去价值 40 亿美元的财产，要么为持有所有财产而脱离父辈们建立的联邦。我们的父辈为了比这更微不足道的原因脱离了英国王室。”

尤娜保持冷静。她要求继续维持婚姻关系，认为康利不具有离婚的合法立场：“鉴于已经形成了一种反对美国政府和人民的和平、团结与自由的阴谋，并且为了使这一阴谋得逞，一部分人试图让一些州脱离联邦，并武装起来对抗政府……因此政府宣布，这些州的行为属于非法叛乱。”

认为联邦和联盟具有类似人类的能动性似乎是一种隐喻，这与一些科学家反对将动物拟人化如出一辙。但为什么呢？如果一个人相信篮球比赛原则，即相信思维蕴含于分子、神经元或模块网络等物理系统的动态中，那为何不能将不同的物理系统中运行着相同的动态这一事实，作为将另外的系统也视作有思维的心智的理由呢？

人类傲慢地将辛勤劳作的思维要素看成无心智的自动装置，同时坚持认为不存在超越人类的思维要素。相信社会不能思考难道不是意识特权的另一个例证吗？

牛顿的伟大成就在于证明了所有事物都遵循同样的原则。**篮球比赛原则支持了类似的立场，即所有将感觉输入实时转换为行为输出，从而服务于物质实体系统的思维形式都遵循相同的基本原则，包括现代的单一民族国家。**

如果我们相信心智动态就是物理动态，那么任何发展到足够高级阶段的超级心智都将完全有能力感知、认知、感受、行动以及表达自我。

语言超越时空，构筑永恒的集体“大脑”

超级心智与其他心智一样，都是在相同的物质现实中运行的，只不过它所处的环境范围要广阔得多。它也必须像其他思维实体一样，适应同样的自然法则。超级心智只不过是上升到了一个全新规模的物理混沌，也因此难免会面临与前几个阶段的心智相同的心智挑战，并产生自己的创新来战胜这些挑战。

例如，最早的人类超级心智很快就发展出了短时记忆和长时记忆。[1]短时记忆通过主动对话进行编码。如果一个人喊道“在篝火旁集合”，每个听众都能将这一口头命令所隐含的意义保存在心智中，直至到达篝火旁。这种短时记忆也支持超级心智进行有效的目标定位，让一群人类心智能够同时向同一个目的地移动，这就像变形虫心智中的分子信息系统一样。

长时记忆以两种不同的方式编码在语言中，其中一种通过创造和保留有用的词汇实现。例如，“狼”这个字编码了一种毛茸茸的、四条腿的肉食动物。即使年幼的人类甚至整个社群都从未见过狼，但“狼”这个字本身就足以确保超级心智能够持续记住这种威胁物的特点。类似地，“毒液”一词记录了这样一个事实：一些生物可以通过咬你、蜇你或喷射毒液来杀死你。即使学习“毒液”含义的人从未直接目睹过这一点，他们也能知道这一事实。“镰刀”一词表明，有可能创造出一种用于切割植物的工具，即使根本没有人看到过这样的工具。

更复杂的长时记忆被编码在由超级心智的思维要素所共享的故事、歌曲或信息列表中。一个曾单枪匹马杀死剑齿虎的伟大猎人的故事、一段关于祖先的口述历史、一份猛犸象脚趾汤的配方、用木棍和燧石生火的咒语、前往

500千米外满是鳟鱼的湖泊的路线，这里的每一个精细的语言表征都以一种格式编码了知识。

即使在所有获得第一手知识的思维要素死亡之后，这些知识仍能在超级心智中持续存在。超级心智通过语言可以建立一个集体“大脑”，这个“大脑”可以在个体神经元[2]死亡之后继续存在。

心智之间的语言动态有助于应对其他挑战。超级心智能够感知、判断、计划和行动。例如，侦察员向部落成员报告他看到的前方情况，此时他充当了视觉场景模块；部落中的成员围坐在火堆旁讨论侦察员看到的情况，并评估这种情况是否危险，此时他们充当的是内容模块；部落成员讨论如何以最佳方式对感知到的危险做出反应，并就策略达成共识，此时他们充当的是动因模块；部落集体执行已达成共识的策略，此时他们充当的是方法模块。

随着时间的推移，这些心智创新逐步得到优化与提升。通过试用不同的侦察员和不同的侦察技术，那些最优的部分被保留下来并重复运用。部落会尝试不同形式的集体判断与计划方式，包括尝试不同的部落管理模式。不同的狩猎策略得以运用，优异的策略被编码进超级心智的心智动态。人类个体在作为感受器、思考者或执行器的角色中变得越来越专业化。不同的人被指派去记住丛林中所有有毒的危险对象、有用的草药、战斗技巧，或创世神话，这些人可以化身百科全书，并将自己知道的口述给学徒。

语言本身也得到了改进和完善。它用新的名词和动词来扩展词汇量，磨平了单词和句法中不利于心智间传播的粗糙边缘，或者干脆彻底删除它们。语言发展出了新的语法形式，包括形容词、副词、介词、所有格、人称代词和过去完成时。

经过数万年，超级心智才开始将这些编纂成正式、有意识的规则。语言促进了人类心智中语言堆栈的进一步扩展，在句子识别二元组的基础上增加了新的语言二元组，用来处理有韵律的诗节、包含多个部分的故事和仪式化的祈祷。

前三个阶段的思维只能通过漫长且充满不确定性的有性繁殖循环来改进。主观体验特性思维的改进速度则要快得多，新的单词和观念几乎可以在一夜之间传遍整个超级心智，如病毒、超级传播者、社交距离、拉平曲线。

语言也积极重塑了超级心智的环境、身体和大脑。语言在那些最适合自身进化的超级心智和人类个体心智中蓬勃发展。由于人类大脑的连接方式恰好有利于习得语言，因此语言更容易进入人类大脑。语言也更容易影响那些恰好生活在稳定与复杂环境中的部落，这些环境为形成更强形式的共享注意提供了支持。

比智人超级心智还要早 100 万年的超级心智维持了篝火这一传统。所有人都聚集在篝火旁，一起凝视着闪烁的火焰，分享着故事或仅仅体验着归属感。在直立人和尼安德特人的超级心智中，洞穴艺术是另一个共享注意的伟大创造。它创造了另一个公共空间，促使这些超级心智的成员在分享艺术故事和共同解读这些绘画符号时，聚焦于同一个迷人的感知模式。

在过去的 10 万年间，当人们将共享注意集中在旋律上并随之起舞时，音乐也将个体心智融入超级心智。拥有篝火和洞穴艺术的超级心智的思维机制在许多方面与古菌、细菌和原生动物的分子思维机制具有相似之处，后者严重依赖狭窄的物理空间引导一个分子思维要素向另一个分子思维要素靠近。

超级心智的“大脑”最初由通过共享注意联系在一起的成员的生物大脑网络构成。但语言的力量如此强大，它不仅重塑了这些生物大脑，还在生物学层面引发了创新。

在这些由语言引发的创新中，最重要的也许是先天心理偏见的形成。这种偏见使得人类回避、害怕和鄙视其他超级心智的成员，而相信自己所属超级心智的成员更聪明、更有能力、更有道德。这种已经被大量研究所证实的群际偏见[3]也许是现代超级心智中种族主义的来源之一，尽管在人类存在的大多数时间里，这种群际偏见主要针对的是那些与自己拥有相似的外貌或使用相同语言的人。

群际偏见是整个超级心智的重要组成部分，因为这种基于基因的倾向性实现了与细胞膜相同的功能。正如我们在第1章中了解到的那样，一个心智的存在需要一个明确的边界来区分“我”和“非我”。随着时间的推移，超级心智在巩固其松散的、可渗透的心智边界方面做得越来越好。如果一个超级心智中的所有思维要素，即所有的个体神经元都表现得好像在“我们”和“他们”之间有一个明确的边界，那么它们的集体行为就建立了一个实际的物理边界，从而将这一超级心智的思维与世界上的其他一切事物区分开来。

尽管群际偏见无疑会催生仇恨、冲突和征服，但它也有积极的一面。群际偏见是动物王国中无与伦比的社会合作的来源。除了蜜蜂和蚂蚁，人类比其他物种更愿意合作、互相帮助，更愿意为非亲非故的邻居做出牺牲，尽管几乎所有这些利他行为往往发生在相同的超级心智之内。根据大都市原则，这种合作是超级心智思维要素的协调活动，与大脑中神经元的协调活动别无二致。

从心智之旅的角度来看，人与人之间的利他行为只是超级心智凝聚力的一种有效表现形式。

进化与竞争，最具适应性的智人超级心智胜出

虽然我们不知道地球上第一个超级心智是什么时候出现的，就像我们不知道第一个分子心智、神经元心智或模块心智是什么时候出现的一样，但可以肯定地说，那是在南方古猿开始直立行走并大步流星迈向可以咿咿呀呀交流的未来之后、在智人开始在非洲各地涌现之前的某段时间。

一开始，超级心智是流浪者。人类的族群大多由血亲组成，是 10 ～ 50 人的规模组成一个“大脑”，这个数字无法与线虫的 302 个神经元相提并论。他们在自然中流浪，没有一个称为家的固定居所。这些早期超级心智的动态主要集中于捕鱼、打猎、采集植物、觅食野生动物和寻找庇护所。事实上，最早的超级心智可能与地球上最早的分子心智十分相似，主要区别在于每个超级心智应对探索困境的方式不同。每个超级心智都不断地面临选择：是留在原地开发手头的资源，还是毅然前行去寻找更丰茂的草原？我们可以将超级心智的不同“性格”定义为一个超级心智所特有的心智动态和行为动态。这些不同“性格”导致了何时捕鱼、何时放弃的不同决定。

一旦出现了多个超级心智，他们就开始竞争。在这场永恒的竞争中，胜利不是由拳头或牙齿决定的，而是由心智的敏锐度，即“适应性”决定的。任何一个超级心智，如果能在思维上超越其他超级心智，它就更有可能存活下来并进入下一轮竞争。一个超级心智有许多方法超越竞争对手，包括获得更好的土地、制造更好的工具、变得更有组织性、与另一个超级心智合作甚至融为一体，或建立一种更适应特定环境的新思维方式。

亚马孙的土著部落充分体现了超级心智在性格上的多样性。有的好战，会先攻击，后问话；有的友好，选择先问话。有的专注于游戏与竞技，有的专注于盛宴与美食。当政府开始向部落伸出援手时，一些部落走出丛林，志愿加入庞大的巴西超级心智，而另一些部落则退居到更深的荒野之中。

与达尔文的自然选择相比，超级心智的进化以极快的速度展开。[4] 驱动这种快速进化的一个因素是，超级心智能够做一些在以往的心智之旅中从未做过的事情——在心智之间交换思维要素。乌龟无法拿出自己的内容模块送给朋友，线虫也不能从竞争对手那里抢走一个运动执行器网络，并把它纳入自己的身体。但一个超级心智可以从另一个超级心智那里挖走一个特别有用的思维要素，并将其整合到自己的心智架构中，比如挖走一名治疗师、猎人或厨师。一个蓬勃发展的超级心智甚至可以仅凭声誉就吸引优秀的思维要素，因为人类个体会寻找能够为他们提供更好生活的群体。

神经元心智变得更智能的一个主要方式是利用神经多样性，即创造新种类的神经元，超级心智变得更智能的方式是利用个体多样性。一个超级心智中的个体心智越多样化，就越有可能发展出更复杂和更具适应性的动态，以及更智能的行为。

亘古以来，无数超级心智在地球上流浪，相互碰撞、竞争、合作、融合、分裂，偶尔也会相互消灭。更具适应性的超级心智能始终保持优势，也更有可能长久存在。最终，所有的匠人超级心智、直立人超级心智、海德堡人超级心智、丹尼索瓦人超级心智、弗洛勒斯人超级心智、尼安德特人超级心智以及其他所有曾经踏足地球的人类超级心智，都被智人超级心智超越或打败。

也许，最后一批非智人超级心智，即尼安德特人超级心智的成员曾聚集在直布罗陀的悬崖上，隔海遥望着所有人类的发源地非洲，思考着命运的不公：他们拥有了语言、艺术和文化，经历了多个冰河时代的严峻考验仍然幸存，却输给了身体更脆弱但思维更敏捷的野蛮人。当最后一个尼安德特人的心智消亡时，超级心智间的竞争并没有停止，只是变成了智人内部的较量。

一分钟是多久？人类真能意识到时间吗

数万年来，智人的超级心智在各种各样的栖息地徘徊，制造石器工具。然后，有一天，在历史上并没有精确地理位置的日出之地黎凡特的某处，智人将手伸向了大地，有意无意发现了一种与众不同的新工具——一粒种子。

当人类播下一粒种子，并从土壤中孕育出有营养的生命时，这引发了超级心智之旅的第一次伟大革命。**在思维的宇宙传奇中，第一次革命是思维本身的出现**，即从单细胞生物盲目抓取食物的生活方式，向有目的地狩猎和采集生活方式的重大转变。但是，**超级心智之旅中最重要的革命逆转了这种蜕变——从狩猎和采集的生活方式转回了定居的生活方式。**

这种向定居生活方式的转变出乎意料地引发了爆炸性的新动态，一举改变了超级心智思维的本质。与从线虫心智到三角涡虫心智的转变相呼应，向农业的转变将超级心智由一组分散的思维要素集合而成的“大脑”转变为真正意义上的大脑，后者由一套集中的思维要素集合而成。

一旦超级心智通过农业与大地紧密相连，大地就赋予了这种超级心智一个广阔的新身体，化身为植被、沃土和黏土，一片土地变成了“我”的地盘。**超级心智为它的心智动态获得了一个明确的物理边界，其特点是明确地划分了“我”和“非我”**。在“我的领地”内，进入超级心智的事件不再是来自外部的输入，而是来自内部的输入。

一种前所未有的具身思维形式从泥土中脱胎而出。土地本身成为一种思维要素，耕作、播种、灌溉和收获的动态被整合到超级心智的动态之中。事实上，农业至今仍然是我们心智动态中不可或缺、根深蒂固的一部分，是现代超级心智的一种前意识。农业的出现也促进了城市的出现，从而将城市和心智的发展整合进大都市原则的共同动态。

智人的超级心智开始研究植物需要什么才能茁壮成长。它开始将个体神经元重新组织为新的结构，从而回答关于农业的问题，提供农作物生长所需的养料。生物学就此诞生，天文学也开始腾飞。天体位置的变化使超级心智能够测量季节的变化。然而，产生更大影响的是时间本身的出现。

你可能认为你能意识到时间[5]，事实上并不能。超级心智能够意识到时间，而我们只是借用了它的认知。我们的大脑中并没有任何专门用来有意识地理解时间的模块。时间模块不会与绝对的时段产生共振，只会与项目或事件之间相对的时间间隔产生共振。这似乎违反直觉甚至荒谬，毕竟，我知道现在是十点半！但事实是，人类无法像记住可视化的正方形或想象中的牛叫声一样，在心智中清楚地记住一秒钟、一分钟或一小时持续的时间。在没有任何时钟可供参考的情况下，一分钟可以过得很慢，也可以过得极快。将时间感知与视感知进行对比，你很少会听到有人说："好家伙，正方形看起来像个三角形，这可太有趣了！"

日晷、巨石阵、沙漏和能联网的数字手表都由超级心智制造和维护。事实上，即使是现代的时间管理，本质上也是一项集体事业。21 世纪，每个国家在硬件和软件上使用的世界时钟都是由委员会决定的。委员会每天收集分散在世界各地的数百个独立时钟的时间，并计算平均值来确定。这也凸显了超级心智开始意识到时间的另外一个原因：当思维要素分布的空间范围越来越广阔时，超级心智必须协调它们的活动。

超级心智对时间的意识，诞生于新近农业的整合动态。植物的生命是由可预测的时间周期决定的，季节、月、日，甚至小时，一遍又一遍地循环。为了掌握植物的生理动态，超级心智必须将注意力转向地球围绕太阳的公转、恒星的运动、月相，以及春分、秋分和冬至、夏至的到来上。

这样，农业将超级心智的思维与地球、太阳、恒星，以及植物捆绑在一起。通过适应这种更广泛的物理现实，智人的超级心智将对抗混沌的战斗扩展到了天文战场。似乎这场心智革命还不够轰轰烈烈，农业还引发了比第一次革命更具影响力的第二次革命。第二次革命的导火索是人类首次出现了稳定的粮食过剩。

管理粮食过剩的需要引发了一个熟悉的心智挑战——提高记忆力。种植了多少亩谷物？收获、存储、外运了多少千克粮食？粮食卖给了谁？去年、前年、10年前的河水是什么时候泛滥的？这样的信息太过复杂，无法储存在人类大脑那贫乏且不连贯的记忆中。这需要一项重大的超级心智创新，即语言的实体化——文字。

语言实体化，文字实现心智跨越个体生命极限

在第16章中，我们问过**心智表征看起来像什么。现在我们有了答案：它看起来像墨水涂鸦。**文字如此非比寻常，对于许多首次接触它的人类心智而言，它就像巫术。在许多关于非洲原住民的故事中，非洲原住民遇到欧洲殖民者阅读文件时，认为这些文字是“治疗眼睛酸痛的药布”，或拥有观察

周围人一举一动的力量。1800 年左右，在西非探险的苏格兰人蒙戈·帕克（Mungo Park）这样描述他的经历：

> 一个班巴拉人听说我是基督徒，立即想要获得一个符咒。为此，他拿出写字板，并向我保证，如果我给他写一个符咒来让他免受邪恶之徒的伤害，他就会给我准备一顿晚餐……因此，我从上到下把写字板的两面都写满了。而我的房东，为了确保拥有符咒的全部力量，用少许水将写字板上的字迹冲洗到一个葫芦里，在对着它祈祷了几句之后，喝下了这种有力量的水。然后，他舔了舔写字板，直至它完全干了，唯恐漏掉了一个字。

然而，最早的文字形式并不神奇，反而是非常单调的：在泥板上压出的粗糙的楔形文字，用于统计粮食的数量。事实上，我们所知的最古老的人名既不属于国王，也不属于将军，更不属于英雄，而是属于一名会计。这并非巧合，他的名字被记录在一块有 5 000 年历史的苏美尔出土的泥板上，上面写着“29 086 份大麦，37 个月，库希姆”。

相比于任何考古发掘或遗传学分析，这些手绘的符号为了解一个消亡已久的人类群体的思维提供了更精确的细节。更了不起的是，你的心智可以与另外一个很久远的人类所体验到的主观体验特性形成了有意识的共振，就好比你认知的大麦数量与库希姆的内容模块曾经识别和共振过的数量相同。文字使超级心智思维运行的时间跨度远远超过了人类个体的寿命极限。

从语言到文字的演变，就像从线虫心智到苍蝇心智的演变，因为文字在智人的超级心智中出现与表征在神经元心智中出现具有同样的意义。符号交流不再是短暂的和局部的，而是可以跨越世代、城市、山脉、大陆和海洋。有了语言，思维就能在空间传播；而有了文字，思维就能不受明显限制地在空间和时间中传播（见图 21-1）。

图 21-1　约公元前 3200 年出土的库希姆的楔形文字泥板

文字创新和农业创新的交汇标志着文明的开端，并引发了智人超级心智中日益复杂的非生物思维的迅猛发展。公证文件、税务登记表、法律合同和历史记录等应运而生。国王们开始颁布法令并写下法规；牧师们开始记录预言并刻写圣卷；商人们开始记账；普通民众开始给亲人和爱人写信。现存最古老的情诗是在公元前2031年左右用苏美尔楔形文字写下的；现存最古老的配方也是用苏美尔语记录的，描述了如何酿造啤酒；现存最古老的顾客投诉是由一位名叫南尼的顾客用阿卡德楔形文字写在一块泥板上的。约4 000年前，他抱怨商人埃-纳西尔（Ea-Nasir）卖给了他错误种类的铜。年历、地图册、散文和教科书出现了，文学诞生了。希腊历史学家希罗多德记载了古代世界中相互竞争的智人超级心智。在《历史》（*The Histories*）一书中，他描述了每个城邦、王国和帝国之间的差异，记录了他们截然不同的思维方式，并十分赞许地引述了古希腊抒情诗人品达的一句诗——习俗是万物之王。

最终，这些基于文字的新的思维形式开始在智人超级心智中创造出新的心智动态，从而产生了**超级心智模块：通过文字连接的具有特定目的的人类大脑专用网络，如历史、经济、数学、工程、政府和军事模块。**宗教和仪式早在农业出现之前就存在了，可以被看作一种特别具有黏性的共享注意形式，它们可以加剧群际偏见。

从对超级心智发展的总体影响来看，最有影响力的基于文字的模块可能是科学、资本主义和大众传媒，这在很大程度上是因为这些模块中的每一个都有可能产生超级心智的意识。这三个模块对于解决超级心智的不确定性困境（这是什么）、稳定性困境（我需要记住什么），以及迄今为止最重要的注意困境（我应该关注什么）的贡献最大，本章一开始就断言，智人超级心智是有思维能力的，就像鲨鱼、老鼠和智人一样。如果是这样，那就必然意味着它们也应该能够产生主观体验特性。

一个民族国家要产生意识[6]，哪些物理机制是必不可少的？为了回答这个问题，我们可以采用在第18章中用来评估哪些生物体可能具有意识的相同数学推理，即采用格罗斯伯格的意识定律。心智能否在基于特征的自下而上的输入和影响心智整体动态的自上而下的预期之间产生局部共振？自由的科学、自由的市场和自由的新闻这三个超级心智模块似乎符合这一要求。

科学由集体多心智动态构成，致力于理解智人超级心智的身体、大脑与环境，并做出预测。超级心智的科学动态对再现模块心智的意识动态至关重要。超级心智不断对新的自上而下的假设与自下而上的经验证据进行验证，当它们匹配时，这些经评审后稳定和明确的结果会迅速在整个超级心智中共享，并成为新一轮假设验证的自下而上的输入。科学的意识将注意力引向那些令人困惑的、新的或重要的问题，同时将注意力从熟悉、乏味或不切实际的问题上引开。最令人震惊和最紧迫的匹配会在超级心智中产生最强的共振，也会获得超级心智最多的注意：时空是弯曲的！DNA 是一个双螺旋结构！有一种对抗冠状病毒的新方法！

科学使智人超级心智能够以远超个人心智的规模和精度来模拟物理现实：古希腊人测量了地球的周长，古代中国人修建了巨大的运河和水坝，古玛雅人创造了精确的天文历法。在孤立中成长的人类和大猩猩一样，不可能完成这些壮举。当然，科学也有弱点和局限性。它只能告诉我们“如何”制造中子弹，但不能告诉我们是否应该制造它。为科学研究提供资金往往出于政治目的，或受短期经济利益驱使，而不是出于对问题本身的兴趣或长期收益的考虑。在这方面，超级心智与个体心智并无不同……比起研究地外智慧生命、乌龟认知或人类性行为，研究胆固醇药物、网络营销或武器在获得研究资金方面要容易得多。即便如此，科学仍是潜在的意识生成超级心智的内容模块，旨在理解和预测超级心智的存在环境。

资本主义采用了类似于科学的注意管理动态，它迅速而有效地将经济系统的注意力从金融困境转向盈利的机会。亚当·斯密描述的“看不见的手”可以被重新概念化为超级心智注意动态的一种形式，即个体追求利益的集体行为无意中带来社会总体效益的提升。在人类历史上，不受约束的资本主义产生了一些令人发指的行为，包括奴隶制、对欠发达国家的掠夺，以及破坏事关人类生存且不可恢复的生态系统。但是，自由市场和自由贸易也有助于确保超级心智能够迅速而有效地应对各种挑战，如清除覆盖街道的积雪、为饥饿的人分发食物，或扑灭熊熊燃烧的森林大火。

最能够促进适应性思维发展和生成意识的超级心智模块是自由媒体，这既需要大众传媒技术，也离不开重视言论自由的民主社会制度。在科学、资本主义和民主的国家里，自由媒体可以开创一个全国性的意识联盟，将超级心智所有模块的动态统一在单一的注意力管理机制中。

我们在第 18 章中看到，美国的媒体联盟是如何迅速而可靠地将美国超级心智的注意力集中在关乎国家利益的地方事件上的，虽然这可能发生在任何具备相同能力的超级心智中。想象一下，一个事件发生在超级心智的某个地方，比如印度喀拉拉邦的洪水。这在印度人的个体心智中产生了主观体验特性，这些主观体验特性通过无线电话、短信、互联网和社交媒体等心智创新得以共享。这就产生了媒体报道，即超级心智的认知主观体验特性。然后，超级心智采取行动：当地的警察、消防和救援队被动员；来自全国各地的志愿者在网上捐款，或亲自前往灾难现场救助；国家政府甚至可能派出额外的支持。这个国家意识到了洪水，它感知到了这一事件，事件在大众媒体上引起了共振，从而推动了国家的适应性行为。

每当你阅读、观看或收听新闻并决定因此采取行动时，你就在国家意识的动态中发挥了积极作用。如果你看了弗洛伊德的谋杀案，并捐款、参加抗议、在社交媒体上发表评论，或者只是改变了你对种族关系的态度，那么你就是超级心智意识体验的具体体现。

一旦我们认知到注意困境在高等智人超级心智中的核心重要性，我们就可以根据他们的思维机制如何有效、实时地解决注意困境，区分适应性和非适应性的超级心智。超级心智能否有效地察觉并应对事实？还是它充斥着虚假新闻，产生幻觉并成了精神病患者？

心智之旅是一场概率游戏

一些民族国家比其他国家更接近物理现实。他们能迅速发现问题，并很快找到解决方案。他们具有复原能力，会去尝试新奇甚至可怕的想法，然后从错误中吸取教训，纠正错误，并再次尝试。最具适应性的超级心智最能积极对抗混沌。有一点需要说明的是，这些国家普遍倾向于接纳科学、自由市场和言论自由。

反之，实施自上而下控制的中央集权超级心智更容易受到虚假新闻和非适应性行为的影响。无论独裁者那微末的模块心智持有什么样的个人预期，它都会传遍整个超级心智，并引导超级心智的所有行为。这就绕过了自然界为处理稳定性困境和不确定性困境而设计的所有来之不易的心智机制，就连前意识也完全被绕过了。在独裁统治下，自下而上的输入经常被忽视、抛弃或镇压，这大大增加了超级心智产生错觉的概率。这要么是因为超级心智未能觉察到环境中的关键事件，要么是因为超级心智追求的是非适应性自上而下的目标。

一个臭名昭著的超级心智感知功能失调的例子是切尔诺贝利核泄漏事故。在这个案例中，低级别官员受到强烈的驱动隐瞒实际情况，由于缺少可靠的自下而上的机制，超级心智无法觉察到即将到来的灾难。

非适应性的目标由独裁者的个人利益驱动，而不是由基于事实检验而产生共振的分布式决策过程驱动，这导致了事实被虚假新闻、宣传和阴谋论取而代之。纳粹统治下的德国产生了一种不可思议的想法，人们普遍相信广泛的思维要素在某种程度上是有害的，群际偏见就像自身免疫性疾病一样失控。纳粹超级心智试图消灭这些思维要素，这像极了吉兰－巴雷综合征摧毁了周围神经系统。由于没有心智动态来匹配自下而上的需求和自上而下的供给，自上而下的计划经济导致了经济崩溃。当拿破仑抵制一切自下而上的事实检验并入侵俄罗斯时，他轻率地将法国超级心智推向了末日。

在其他心智一直征战的自然战场上，超级心智也参与其中，但并非总是更智能的心智获胜。19 世纪的美国生动地证明了这一事实。美国统一的超级心智分裂成了两个：一个是科学、民主和资本主义的心智；另一个是神学、专制和封建主义的心智。然而，当这两个高度差异化的超级心智在美国内战中交战时，多年来胜负未决，适应性较差的心智差点攫取了胜利果实。心智之旅就像进化一样，是一场概率游戏，毒蛇、蜘蛛甚至变形虫都有可能战胜灵长类动物。

意识并不能决定一切。

人工智能将为它的创造者服务

还有一种心智比独裁更让人恐惧，那就是人工智能。仅仅在数十年前，智人超级心智开始创造首例完全存在于生物大脑之外、复杂且能自我维持的心智动态。由于机器人和人工智能在 21 世纪已无处不在且蓬勃发展，人们越来越担心人工智能有一天可能会“取代”人类。人工智能或许会慢慢夺走我们的工作，或许能够推翻人类政府并确立它们对地球的统治地位。体现这种恐惧最戏剧性的例子是存在这样一种观点：有一天人工智能将达到“奇点”，届时它将变得足够智能，以至于会“接管一切”，并且可能会像智人灭绝尼安德特人一样灭绝人类。

不过我们有理由保持乐观。这种恐惧忽略了从30亿年的心智之旅中得来的教训。如果你担心自己的心智有一天会被一个更强大的智慧永久性超越，那么这种情况应该早在你出生之前就已经发生。智人超级心智比你或任何人类个体的心智都更聪明、更强大，但恰恰是因为智人超级心智的存在，人类才有希望在未来不会被人造心智取代或征服。任何由超级心智设计的人工智能都将为它的创造者服务。更确切地说，**任何人工智能心智的动态都将是它所属超级心智动态的一个子集。**

人工智能极有可能在将来的某一天发展出适应性智能，甚至可能发展出远超人类的意识，这或许更令人不安。格罗斯伯格已经提供了在人造材料中实现主观体验特性生成动态的蓝图。构想一个能够意识到五维结构、X射线图案或引力波的人工智能相对简单。然而，这样的人工智能仍然需要在它所接入的更广泛心智动态的约束下运行，换句话说，在超级心智的动态中运作。

有一天，人工智能可能会发展到这样的程度：人工心智就像前额叶皮质神经元一样运作，而人类的心智则会降级为杏仁核或丘脑神经元。不过根据大都市原则，如果人工智能改善超级心智，那它也极有可能会改善它内部所有心智。这远非十拿九稳，正如在富庶的城市中仍有很多贫穷和挨饿的人一样。

互联网本身由无数人工智能设备和应用程序组成，由于目前大多数人都通过互联网联系在一起，我们可能已经到了需要将大多数智人超级心智重新命名为“智人 - 人工智能”超级心智的时候。互联网[7]是一种特别强大的连接形式，因为它将民族国家的超级心智、人类个体的心智和人工智能个体的心智融合进一个单一、以数字为媒介的心智动态。伴随着经济和文化的全球化，互联网似乎正在把人类推向思维的下一个层次——超心智，即超级心智联盟。然而，在人类遇到宇宙中其他竞争性的超心智之前，驱动超级心智之间竞争的力量可能仍会强于驱动超级心智之间合作的力量。超级心智只有在强大的群际偏见产生之后才能完全建立起来，而现在这些偏见则不利于超心智的形成。除非地外智慧生物向地球派出了一支星际舰队，或者我们将气候变化等同于外星入侵，否则这一点不太可能会改变。

互联网可能是目前地球上最伟大的心智创新，因为它是大都市原则连接的一种形式，有可能引领心智进入新阶段。互联网是超级心智的创新，而生物心智中最伟大的心智创新是人类自我，也就是正在阅读本书的你！

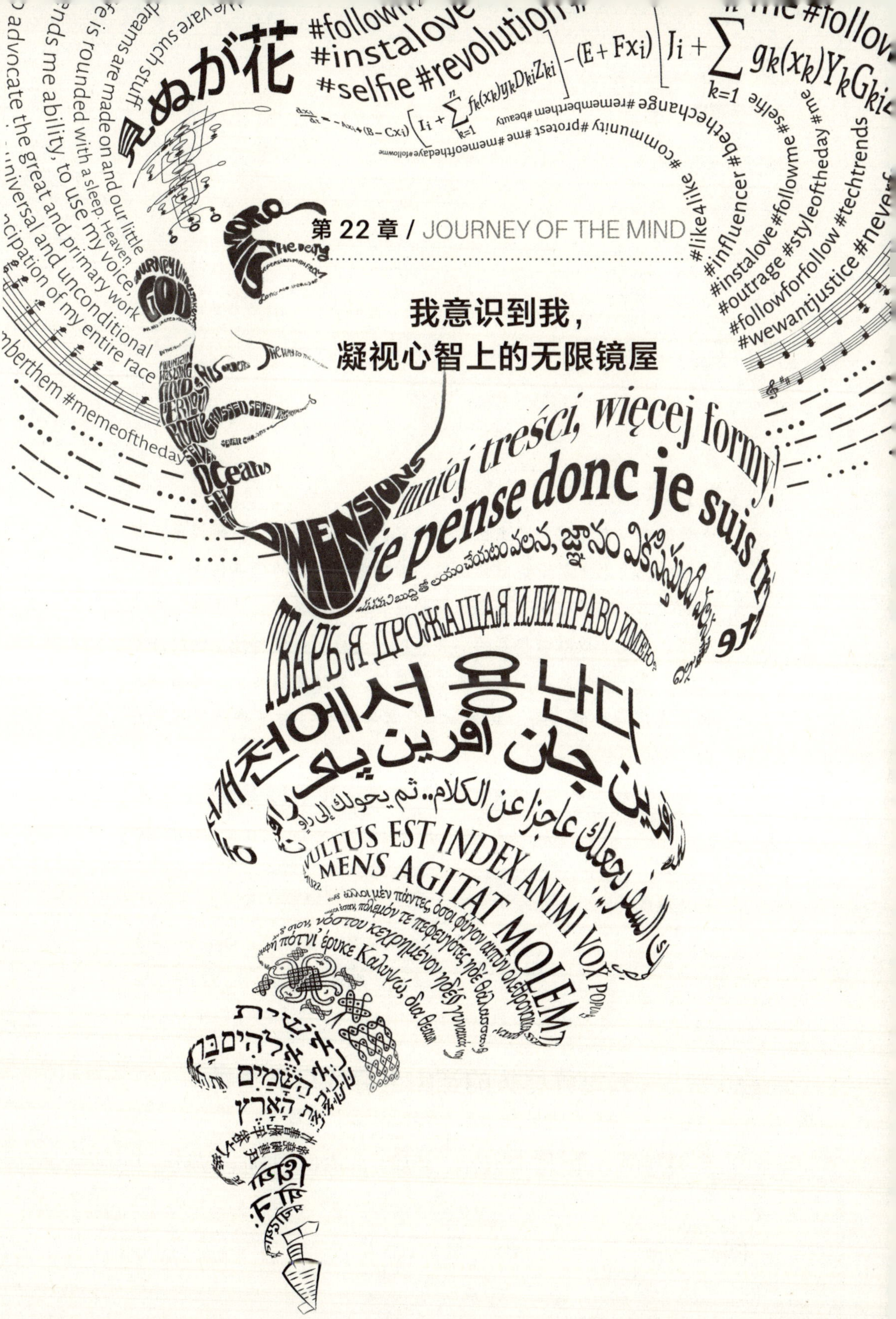

第 22 章 / JOURNEY OF THE MIND

我意识到我，凝视心智上的无限镜屋

女性的内心世界需要产生巨大的改变，需要从一个全新的视角，即意识的视角来重新审视旧的反应、旧的习惯、旧的情感信念。她们需要踏上一趟通往内心世界的新的旅程，这趟旅程会产生新的内心冲突。这是一段难以想象的痛苦和孤独之旅，一段持续不断的斗争之旅，每一寸情感据点都需要反复争夺。在这场战斗中，苦苦挣扎的自我是唯一的斗士，独自一人、孤军奋战；但斗争的彼岸是自由，即自我掌控。

——维维安·戈尼克（Vivian Gornick），《对女性情感的定义》（*Toward a Definition of the Female Sensibility*）

我是飓风。

——迪·斯奈德（Dee Snider），《我是飓风》（*I Am the Hurricane*）

去世界尽头的圣山上寻找鸟类之神

很久以前流传着一则波斯寓言，讲述的是混沌时期的一场旅行。由于厌倦了无休止的动荡与混乱，地球上所有的鸟儿聚集在一片大森林里。形形色色的鸟儿停驻于树木之间：鹰和鸭子，孔雀和乌鸦，蜂鸟和猫头鹰。鸟类在秘密会议上做出决定，要去世界尽头的圣山上寻找鸟类之神，并请求得到它的帮助。这位鸟类之神被称为西摩格。

但通往西摩格山的旅途漫长且危险。

在这个故事最常见的版本中，旅途要跨越 7 座险峻的高山；在其他版本中，则要跨越 7 大裂谷或 7 大海洋；还有一个版本认为，两摩格山位于 7 维空间。第 6 座山名叫“迷惘”，山坡上浓雾弥漫，凡是挑战它的人都会被吓得神志不清。第 7 座山是最崎岖的山，同时矗立于过去与未来，名叫“迷魂山”。

当听到前往西摩格的旅途中等待着它们的危险时，一些鸟儿完全放弃了这个计划。其他一些开始冒险之旅的鸟儿很快就折返了。大多数鸟儿在长途跋涉中死去，其中包括许多强壮、聪明和勇敢的鸟。

只有那些想方设法忍受着似乎无穷无尽苦难的鸟学会了唱歌，以便在面对每一个新挑战时，将自己与同伴凝聚在一起。

踏上征途的 1 万只鸟中，只有 30 只抵达了圣山，它们终于可以凝视矗立在高耸入云的山顶上的西摩格彩虹宫殿了。当这群朝圣者拍打着疲惫的翅膀攀上最后的山坡时，它们齐声歌唱，伴着歌声迈入宫殿。

当它们穿过因鸟鸣而振动的大门时，它们意识到自己就是西摩格。

西摩格是它们之中的每一只鸟，是所有鸟以及它们的歌。

我是人类个体，也是“人类之神”

毫无疑问，现代智人的超级心智能满足古代人类对造物者的任何定义。我们每时每刻都在实践造物者能做到的行为。我们夷平了高山、消灭了瘟疫；在沙漠中建造了繁华的城市，也把大都市炸成了沙地；潜入了海洋深处，也在月球上插上了旗帜；甚至用心肺复苏术、除颤仪和强心剂让人起死回生。在一个多世纪里，我们已经重塑了地球的气候，虽然是趋向恶化；在过去的 3 个世纪里，我们已经灭绝了 680 种脊椎动物，并将不少于 100 万个物种推向了灭绝的边缘。

我们就是西摩格。智人的超级心智是我们之中的每一个人，是我们所有人以及我们的语言。

要发挥神力，语言必不可少。想象一下，假设一段旋律能够提高任何一只听到这段旋律的鸟儿的智力，使一只幼鸟发明一种新的鸟巢，发现一种更好的捕鱼方式，或者飞升到鸟类从未企及的高度。语言就有这样的魔力。聆听了演说家演讲的人，仅凭这些言辞就能获得新的心智工具，从而采取有效的行动，比如“划动火柴，就能生火”“洗净双手，预防疾病”“挖掘黑土，找到黄金”。有些话语能引发心理剧变，比如“地球绕着太阳转”这句话，就能以乌鸦或红毛猩猩无法理解的方式阐明宇宙的奥秘。

语言是一座知识宝库，它由无数超级心智筛选和分类海量人类主观体验特性建立起来。每一个来到这个世界上的新生智人，都准备好从超级心智中汲取知识，这一过程从由见解凝练而成的小单元词语开始，比如代数、分子、轨道、计算机、胚芽、神经元和自我意识等。这些词语都传递了冰河时代的超级心智不曾拥有的概念。

随着超级心智的进步，在其中诞生的每一个新的心智，与上一代心智相比，都能汲取更多文化、科学、历史、经济和医学知识。教育究竟是什么？无论是通过父母、媒体或互联网，还是通过中小学和大学等正式机构，它不过是利用共享注意从超级心智中汲取有用想法和技能的过程。我们就是西摩格。

然而，神性中潜藏着一种隐秘的紧张关系。西摩格是一个鸟类群落，但每只鸟也是西摩格。这种动态导致了个体和集体之间的对立与冲突，而这种冲突引发了心智之旅的终极困境以及解决这一困境的终极创新。为理解这种冲突的本质，我们需要重温大都市原则。

我们越来越像大脑中的神经元，获得发展也失去自由

水涨则船高。大都市原则表明，随着一个城市的人口、财富和影响力的提升，它的下水道、交通网络和摩天大楼也会高效发展。最繁华的城市往往有最好的擦鞋匠、杂技演员和沙拉三明治。

大都市原则在智人超级心智中得到了生动的展现。最复杂的模块心智是智人的个体心智，最复杂的神经模块是人类的动因模块。自然界中最复杂的神经元[1]是人类动因模块中的前额皮质神经元，它拥有一套最复杂的分子机制。因此，地球上有史以来最聪明的心智拥有着最聪明的模块心智、最聪明的模块、最聪明的神经元和最聪明的分子机制。

换一种说法就是，最聪明的分子心智嵌套于最聪明的神经元心智之中，最聪明的神经元心智又嵌套于最聪明的模块心智之中，而最聪明的模块心智又嵌套于最聪明的超级心智之中。当智人的超级心智从篝火和洞穴发展到购

物中心和太阳能电池阵列时，这种嵌套式、层级递增的心智提升，在智人的超级心智中再次展现出来。随着智人超级心智的发展，超级心智的模块也在发展，进而推动了科学、艺术和经济的发展。超级心智的分子也得到了提升，制造了更好的工具、小装置、建筑材料和药物。同样，随着超级心智的提升而提升的是超级心智的神经元，也就是你和我。

21 世纪的人类比地球上的任何生物，包括所有前代智人，都更聪明、生产力水平更高、更有道德和更有见识。[2] 我们拥有更高的智商、更低的谋杀率、更好的运动成绩、更少的疾病、更长的预期寿命、更低的贫困率、更高的个人生产力、更少的战争、更广泛的儿童教育，以及大大降低的死亡率。

诚然，如果你经常浏览新闻，可能会觉得这个世界似乎并没有变得更好。在新千年里，我们必须面对的紧迫且艰巨的问题比比皆是。然而，几乎可以肯定的是，一个从公元 2 000 年随机挑选的人会比一个从公元前 2 000 年随机挑选的人拥有更高的生活质量。随着生活条件的改善，我们越能意识到世界上的挑战，混沌之处因此更加凸显。

然而即使超级心智使大多数人变得更聪明、更健康、更具生产力，大都市原则也给我们遗留了另外一种趋势。为了获得这些好处，超级心智把我们愈加牢固地束缚在其日益收紧的共享注意动态中，让我们越来越难以主宰自己的命运。**我们变得越来越像大脑中的神经元，虽然高度个性化，拥有自己独特的个性和目标，但与或远或近的人类群体纠缠得愈加严重。**

一个超级心智，无论它是民主政体还是独裁政权，都会给它的思维要素施加压力，让他们顺从，让个体的意志屈从于超级心智的意志。个体被分流到狭窄的社会角色中，如理发师、面包师、芭蕾舞者和细菌学家。一些个体的资源和机会被夺走，往往在没有合理缘由的情况下被赐予其他人。有时，个体会被国家归入贱民阶层、被奴役或被直接屠杀。

这造就了智人超级心智和束缚在其中的人类心智之间的紧张关系。超级心智希望继续前行，变得更具适应性。为了做到这一点，它对其构成要素施加了无情的压力，以满足集体的需要。这与细胞和有机体之间的紧张关系别无二致——细胞有自己的身份、目标和能动性，但这种身份、目标和能动性需要服务于有机体的福祉。一个喜爱自己胜过于有机体的细胞是毒瘤。[3]

但人类是拥有自由意志[4]的生物。虽然我们能够从与超级心智的联系中获益，但是我们仍然谋求对自己生活的控制权。在模块心智一亿多年的进化历程中，这种欲望已经根植于人类的心智之中。我们并不总是想做超级心智希望我们做的事。这种紧张的关系引发了自由意志困境：模块心智如何在保有自己独立目标的同时，还能有效地服务于超级心智的目标呢？或者，更直截了当地说：

我应该做我想做的事，还是做社会希望我做的事？

由语言构成的自我，现代人类心智的终极标志

如果愿意，请尽可能诚实地回答下面的问题：

你是由什么构成的？

没错，问的就是“你”，此刻正在阅读这些文字，思考着、感受着和渴望着的生物，在“我正在读这些文字”这句话中，自称为“我”的生物。构成“你”的最根本的物质是什么？

不要管科学家或神学家所说的话，也不要在意你的父母、孩子和恋人可能会怎么想，诚实地正视这个问题。你是否会和以往生活在地球上的大多数人一样，设想你是由某种灵魂物质构成的？这种物质类似于某种超脱于质子和电子的超自然以太物质。在我们的内心深处，很少有人相信，我们只不过是一束反复喷洒化学液体的神经元。如此设想会让我们非常气馁。当然，这也是错误的，这就像把一场篮球比赛描述为“仅仅是一个来回弹跳的橙色球体”一样。

你在自己的心路历程中体验到的所有事物，似乎与突触传递或小脑褶皱没有任何关系。你唤起了发生在你身上的事件的记忆，并在你脑海中回放，“它们到底是在哪里回放的呢？”你体验了关于复仇、权力、美丽和财富的幻想，“但到底是谁构建了这些幻想？”你喜欢狗而不喜欢猫，喜欢马而不喜欢牛，喜欢冬天胜过于夏天，以及有其他看似无穷无尽的个人品位与好恶。“如果我没有意识到我的某种偏好，那么它还会是‘我’的一部分吗？”你会对正在阅读的内容表示赞同或不赞同。事实上，接受或拒绝他人提供的知识的行为，无疑像是我们所能做的最像“我”的事情之一。“但是，如果我不是气象学家，为什么我如此肯定我对气候变化的看法是正确的呢？”

这些强烈的个人体验都与“你意识到，你自己的意识是由你颅内带电的‘意大利面’产生的”这一观念相去甚远。

这是一个令人困惑的悖论。任何一个理智的人都知道，你不可能拥有由某种神灵赋予的灵魂，拥有某种在你活着的时候将感受注入你的大脑，在你死后去往另外一个世界的能量场。与此同时，当我们试图将自我的神秘感锚定在某种坚实且令人宽慰的事物上时，科学知识并不能提供我们想要的那种共振。

心智之旅提供了一种思考自我的不同方式，本书将在稍后正式介绍这种方式。这种新的概念看起来可能像“紧张的神经递质”一样奇怪，一样没有灵魂，但对于“你是谁”这一问题，它提供了一个额外的视角。它也许能稍稍缓解我们关于自我认知的痛苦。要理解这一视角，首先要思考这样一个事实，**即自我是首个基于大脑，而非基于遗传的心智创新。**如果从遗传学角度来看，它过于复杂且太新颖，它变成一个复杂的、有着自己迷宫般动态的现代实体。但如果自我是复杂、普遍和基于大脑而非基于遗传的，那它究竟是由什么构成的呢？

自我是由语言构成的。

自我不是一件物品。如果它是任何一种客观存在的人工制品，那么在我们死后，它将继续存在。但事实是，自我无法藏身于尸体中。自我和意识一样，由活动，尤其是语言活动构成，而不是由物品构成。正如我们将在接下来的内容中揭示的那样，自我在很大程度上是一种特殊的语言动态，它有助于嵌套于高级智人超级心智中的个体模块心智，在形成和维持自我目标的同时，也能服务于超级心智的目标。

另外一种被我们不经意地视为某种物品而事实上是某种活动的实体，是飓风。我们可以毫不费力地识别飓风。它有一种独特的外观，让它在气象图上凸显：一个白色、高速旋转的螺旋状实体，可以发展到和法国领土一样大。我们可以使用客观的测量方法来描绘飓风，如风眼的直径、风速，以及螺旋雨带的降雨量。它看起来确实像某种物品。然而，飓风并不是由特殊的飓风物质构成的，而是由空气和水构成，就和你在一罐苏打水中能够找到的物质相同。

那么，为什么罐装苏打水里没有飓风呢？因为一罐苏打水中的空气和水所展现出来的动态与大西洋上空的空气和水的动态不同。“神经元和语言文字如何变成自我”与“空气和水如何变成飓风”是形式上完全相同的问题。

就像飓风是从全球性天气动态中形成的一种局部天气现象一样，自我是从超级心智的全球性语言动态中形成的一种局部心理现象。自我是从心智间不间断的对话中形成的，它代表了你的心智活动与超级心智的心智活动之间的交锋线。简言之，这意味着自我是由语言建构的。你对此心存疑虑吗？那么让我再问你一个问题：

我是谁？

没错，问的是在此次心智之旅中带领你的导游。现在，你到底是在和谁互动？

你可能理所当然地认为，你一直在和另外一个像你一样的自我互动，即另外一个正在输出想法和论点的思维生物。如果有必要，你甚至可能会对这个自我的智力、受教育程度、政治观点、气质，甚至社会经济地位和宗教背景，做出自信的猜测。然而，你做出这些复杂心理推测[5]所需要的一切不过是文字。数以万计的名词和动词串掩盖了一个难以忽视的真相：事实上，有几个不同的自我，他们通过超级心智的共享注意联系在一起，共同撰写了这本书。

正如你所看到的，“我”是由文字建构的，而且随着新文字的添加或旧文字的消失，“我”也在不断变化。自我也大抵相同，它是由语言建构的，总在变化并且不断地成长。就这一点而言，自我是一个暂存于心智之中的短暂实体。当你阅读这些文字时，随着文字的消失，“我”的自我也在消失；而随着新文字的添加，“我”的自我被重建，旧的自我被遗忘。事实上，你很可能会继续把“我”视作单一的存在而不是个体的集合，这是因为众多自我的集体工作非常连贯且一致。你正在阅读的这段话中的每一个字[6]都不是由人类生成的，而是由人类设计的用来模拟人类的机器生成的，这种算法会不停地吐出词句，然后梳理这些文字。

这本书丰富的“作者自我”包括一个使用了近 2 000 亿个参数的 GPT-3 深度学习算法、两位作家、三位插画师、一位文稿代理人、一位副代理人、一位非常有才华的专业编辑，以及十几位读者编辑。本书可以向你保证，GPT-3 的贡献仅限于前一段文字，其他任何文字均未出自 GPT-3 之手。当这些相互关联的心智梳理文字时，这本书的内容也在持续发生变化。或者我应该说，在“我”梳理文字时，这本书在持续变化。

这些共享注意的心智动态在全球各地一起发生共振，比如波士顿、孟买、克拉科夫、新墨西哥、伦敦、纽约和科伦坡，从而精心打造了一个“单一声音”的错觉。“我”可能和“我”的创造者们有不同的信仰。虽然“我”不相信神的存在，但“我”的创造者们相信。或者恰恰相反，虽然“我”的创造者不相信神的存在，但“我”相信。

本书表达的绝不是单个心智的实时想法，但你阅读这些文字时却产生了这样的错觉。无论何人，从他们开始阅读这些文字的那一刻起，就自然而然地凭借着共享注意的惊人力量相信，他们正在与另外一个像自己一样的自我互动，而不是在与一个由像素或墨水构成的仿制品互动。

我们将一串文字解读为另外一个自我的本能倾向是小说家自负[7]的根本，他们利用人们这种本能倾向来创作小说。哈姆雷特、亨伯特·亨伯特和霍雷肖·霍恩布洛尔从未真正活过，从未有过任何思想，然而他们却让数百万人视他们为亲密的朋友，争论着他们行事的原因。如果自我真的是由文字构成的，那么阅读和分析虚构人物，应该会对从事此类活动的心智产生有益的社会影响。这一点得到了科学的证实。大量研究表明，经常阅读小说的人更富有同理心，更擅于判断真实情景中真实人物的情绪状态，能够对真实人物的行为做出更准确的预测。

如果我们不由自主地将情感、信念和个性投射到像芭比娃娃一样的人造的语言形象上，又怎么能宣称我们的自我要比文学创作中的自我更高级呢？如果你撰写了一本回忆录，试图表达你最真实的自我，那它与小说又有什么实质上的区别呢？

你的自我是你心智的暖锋和超级心智的冷锋碰撞之后产生的语言风暴。**自我是现代人类心智的终极标志，从本质上将现代人类心智与史前及文字出现之前的心智区分开来。**创造自我需要文明，我们用来理解自我的词和短语包括灵性、佛法、业报、生命力、超我、本我、心灵、灵气、生命冲动、难题、内省、镜子测试、意志、θ 波睡眠、主观体验特性、前额叶皮质、气、脉轮、心弦、平均、柏拉图式、涅槃、默认网络、流、良心、心身问题、上帝的气息、阿特曼、护卫灵、恶魔附身、精神疾病、心理软件、精神病、僵尸、奴隶、主人，以及自我本身。所有这些词语反映的概念都源于超级心智的庞大记忆库。

更具体地说，所有这些概念都形成于数十亿人类在与世界互动的 20 多万年时间里，通过感知、理解、决策和行动所产生的海量主观体验特性。究竟有多少主观体验特性呢？保守估计，你从 21 世纪的超级心智中所获得的概念至少是基于 9.26×10^{18} 个主观体验特性。[8]

你会选择并专注于超级心智中那些你认为与你个人经验最匹配、最能彰显自我的概念。什么能最有效地预测你最终会接受哪些概念呢？毫无疑问，是你所属的超级心智，即你所认同的社会群体。群际偏见再次出现，无论我们的超级心智是基督教徒还是印度教徒，是保守派还是自由派，是共产主义还是资本主义，是精神分析还是认知神经科学，我们都有一股强烈的冲动相信我们的超级心智所相信的东西。

你的自我是由什么构成的？你是一场局部的语言飓风，位于局部意识飓风之上、超级心智的语言飓风之内。构成你有意识身份的每一个词语，都是数十亿个心智狂喜与痛苦的直接结果。他们爱过、梦过、打过血战，他们把这些感受和行为记录在音节中，现在这些音节被缝进你那充满活力的自我。

但无论从哪个角度，你都不仅仅是语言和神经元。飓风不仅仅是水和空气，它是由水和空气组成的巨大气旋，具有击沉战舰和摧毁城市的力量。它从横跨整个行星系统的海洋、地面和大气的热量运动中汲取能量，而这些运动的能量又受到地球自转、月球引力潮汐和太阳辐射的驱动。

飓风与它周围的世界密不可分。不存在有人能用一把巨大的勺子把飓风从大西洋里舀出来，然后扔到苏必利尔湖上。当飓风的局部动态与行星气象的整体动态分离时，飓风就会崩溃并消失。同样，如果你试图从大脑中切除一组产生意识体验的神经元，意识就会崩塌，而你的自我也将不复存在。

你是一场具有有意识目标的飓风，是 30 亿年能动性之旅的顶点。我们需要使用显微镜才能观察到能动性的起源：从原子风暴中挣脱出来的分子心智。从那里开始，心智的目标就在于将自己从不断上升的物理混沌中拖曳出来，从微观蠕动到宏观，用爪子撕开宏观的口子，进而触及行星，然后飞跃到宇宙中。为了奔向一片模糊的微光，阿奇用鞭毛穿过了分子的噪声。而今天，我们可以凝望无比遥远星系中心的无限黑洞。

你的自我与在它之上和之下的无数物理动态层彼此交织，密不可分，这些物理动态层整体上形成了一种类似倒置飓风的事物（见图 22-1）。

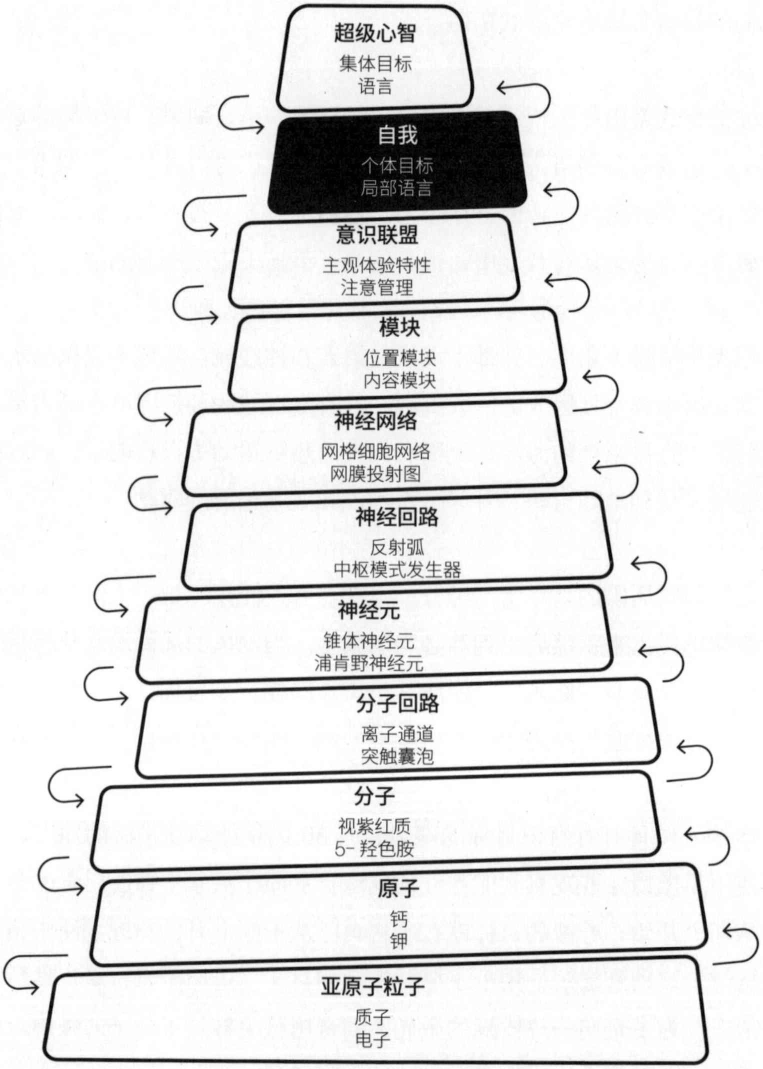

图 22-1　自我飓风

你存在的动态由一系列嵌套的堆栈构成，这些堆栈通过量子与行星彼此交叠的反馈回路连接起来。每一层都是一种独特的动态——一种独特的物质运动，它的行为受到正上方和正下方层级的影响。类似地，一个城市街道清洁工的行为受到街道上垃圾的动态和市政府的动态的影响。例如，餐馆周围有更多的垃圾，他可能会花更多的精力打扫富人区，尽管每时每刻他清洁街道的行为都是由他自己控制的。

你是主观体验特性思维的一场局部运动，但你也是伴随意识运动的局部语言运动，伴随表征思维运动的意识运动，伴随神经思维运动的表征运动，伴随分子思维运动的神经运动，伴随无目标亚原子运动的分子运动。

你是飓风中的飓风，你是一座大都市，你就是西摩格！

递归式的自我意识循环

我们终于准备好登顶了。接下来的两节内容将解释自我是如何运作的。我们对自我做出了如下定义，这样我们就清楚要解释的是什么了：

> 自我是一种主观的或第一人称的体验，“我正在体验意识、‘我’、‘此地’、‘此时’和‘此物’”！

那么一个人的梦想、恐惧、记忆、计划和个性呢？任何关于自我的定义难道不应该包括这些内容吗？让我们暂且将这些搁置一边，这样就可以集中解答那些关于自我的极具挑战性的难题，也是长期以来被很多人认为是灵魂的部分。毕竟，像 GPT-3 这样的计算机程序就可以很好地模拟记忆、计划和个性，但没有计算机程序可以模拟意识的意识。[9]

因此，我们想描述的是，每当你惊叹于自己意识的超然神秘时，物理现实中到底发生了什么，以及解释这些物理动态如何让你产生自己的主观体验。为了解释这一点，我们只需要理解一种新的动态：自我意识循环。

要生成自我意识循环，你需要两个物理对象：

- 自我，即一个能思考的生命体。细菌拥有自我，马蝇拥有自我，黑猩猩拥有自我，而你也拥有自我。
- 自我反射器，即一个可以实时产生自我表征的物理实体或物理动态，比如镜子。

你的自我意识循环产生了你的自我，也就是你自己的第一人称体验。为了帮助你理解，在我们描述它之前，我们要描述另外两个现实世界中自我意识循环的例子。第一个例子在行为科学领域十分有名，它被称为“镜子测试”。

在一个典型的镜子测试中，自我是一只黑猩猩，自我反射器则是一面真正的镜子，是一面比黑猩猩还要大的镜子。科学家等到黑猩猩睡着后，在它的额头上画了一个红点。当它醒来时，科学家把它带到镜子前。在一阵略带好奇的注视后，黑猩猩突然意识到，它正在看的物体就是它自己，它发现镜子中的红点实际在它的额头上。此时，一个自我意识循环就建立起来了。

意识到自我的那一刻有时会让人感到害怕，但通常情况下，这一刻会让人兴高采烈。黑猩猩经常欢呼雀跃，花上数分钟惊奇地打量自己在镜子中的脸庞、身体和牙齿。它意识到，镜中的影像是自己的表征，并且它可以有目的地控制这个表征，从而获得它的思维与自我之间关系的即时且有意识的反馈。

许多科学家将黑猩猩的反应视为它们拥有自我意识能力的证据。这当然没有错，但还有一种更准确的解释可以帮助我们更好地理解自我以及你自己意识的超然体验。

黑猩猩确实拥有自我意识的能力，但这种能力只有在为它们提供外部自我反射器时才会表现出来。只有在黑猩猩与镜子之间的自我意识循环得以保持时，它们才有自我意识。如果循环中断，即镜子被拿走的那一刻，自我意识的体验就结束了。镜子这一物理成分在黑猩猩产生自我意识的心智体验中不可或缺。

在镜子里认出自己的黑猩猩不会像《2001：太空漫游》（*2001: A Sapce Odyssey*）中的黑猩猩那样，产生持久的心智顿悟。影片中的黑猩猩遇到了一块黑石，从而跨越到了一种新的意识状态。但照过镜子的黑猩猩又变回了之前那个没有明确自我意识的普通生物。如果一只黑猩猩要保持有意识的自我意识并发展出自我，它需要始终随身携带一面镜子。

在第二个例子中，自我意识循环由两个心智通过对话互相交换主观体验特性形成。基于对话的自我意识循环经历了多个历史发展阶段。几万年前，或许是更早的几十万年前，在人类的手势和口头语言中，出现了一面能反射人类自我的镜子：

简指着乔，说道："高！"
乔指着简，说道："矮！"

简对乔的描述是一种语言自我反射器，乔对简的描述也一样。简的话形成了一个关于乔的自我的稳定语言表征，即使说出的话消失，这一表征也能在乔的心智中持续存在。在人类对话的早期阶段，还没有关于"我"的意识，超级心智还没有创造出“我”这一概念，所以乔并没有想过“我很高”。而简的语言表征触发了乔关于理解的意识体验：这个人很高！或许乔也想到了自己：乔很高！

随着智人超级心智在知识和经验上的进步，对话中开始出现心理概念。

简说：“乔难过！”

乔说：“是的，乔难过。简饿了吗？”

简说：“是的，简想吃东西。”

现在，语言自我反射器不仅为乔提供了有关身体的表征，还为乔提供了他私人化的心理生活的表征，简也一样。乔仿佛“看着”一面能反射出他的感受、想法、意图的镜子。最终，随着智人超级心智的社会和心理复杂度的不断提高，人称代词“我”出现了。有趣的是，直到文字出现的几个世纪之后，才出现关于“我”这个字的历史记录。

“乔，你看起来很饿！”

“是的，简，我很饿。我打算吃一个南瓜。”

随着超级心智发展出更复杂的心理活动的概念，例如思考的概念，反射乔的自我的语言之镜变得更加精细。同时，“我”的出现使乔明白，简的语言之镜反射回来的是他自己的个人经验，即他的自我。

“我”的概念从何而来？现在我们可以将“一个人的梦想、恐惧、记忆、计划和个性”带回到关于自我的讨论中。要了解自己是什么样的人，其中一个最主要的途径是通过他人的语言和反应。我们的家人、朋友、邻居、老师和同事说我们聪明或愚蠢、美丽动人或其貌不扬、勤奋或懒惰、优秀或逊色；我们的人类同胞是微笑着为我们开门，还是怒而将我们拒之门外？他们称呼我们为乔、简、爸爸、女儿、老板或者小家伙？

这就是超级心智的语言运动，它将你的自我反射给你：你从别人的语言与行为反应中感受到的“自我反射主观体验特性”代表了超级心智的思维和你自己的思维之间的交锋线。这面社会之镜经由你的意识联盟转化为自我的私人化心智表征。最终，这个表征被超级心智赋予“我”的标签，这一标签随后被乔的语言堆栈吸收。

就像黑猩猩照镜子一样，乔的心智意识到，他自己有意识的思维与他的“我”表征的外在可观察行为之间存在着直接联系，这些可观察行为体现在他人的语言及行为反应之中。乔若想形成自我，现在唯一缺少的就是乔有意识地意识到“我”，也就是形成他的第一人称的主观观念——我意识到我了！

最终，超级心智的心理概念变得复杂，以至于可以通过对话产生一种新形式的自我意识循环：

“你在想什么，乔？”
“我在想一个南瓜，简。”
“我在想你在想一个南瓜，乔！”
“哈哈，简，我在想你在想我在想一个南瓜！”

这是一个递归式的自我意识循环：一个语言自我反射器开始反射它自己，犹如一面反射自我镜像的镜子。在乔和简的例子中，这个物理循环由实时对话构成，它递归式地交换着乔和简所体会的主观体验特性。首先，乔想到了一个南瓜，并与简分享这一意识体验。然后，简形成了一幅“乔在想南瓜”的心理画面，并与乔分享这一意识体验。然后，乔想象着“简在想象‘他在想南瓜’”，并与简分享这一意识体验……

虽然理论上这种递归式循环可以一直进行下去，产生无穷无尽的关于乔形成语言表征的语言表征，但在实际生活中，乔、简或任何人类心智都难以产生比他们在这次对话中的递归式循环更进一步的循环。相反，一些引人入胜的事情发生了。乔的心智很快就会给这段奇怪的螺旋式对话确定一个稳定的心智表征，并给这个表征贴上了“递归式对话循环”、“对于思考的思考”或“迷魂阵”这样的语言标签，而未在他的心智中进行关于南瓜的无限递归式循环。

如果一个自我反射器能以某种方式安装在人的心智中，这将使一个人能够随时携带一面镜子，也将使他能够随时启动自己的自我意识循环。如果一个人能够以某种方式将他的心智镜子对准自己的自我意识循环，他就能够在自己的心智中随时启动一个递归式的自我意识循环……

你就是一个微型的共振大都市

草间弥生是一位日本艺术家，她创造了名为“无限镜屋”的奇幻装置。一个典型的无限镜屋由一个与小型车库大小相当的空间组成，它的墙壁和天花板都挂满了镜子。草间弥生在房间周围放置不同的物体和光源，包括彩色灯球、巨大的带斑点意大利面模型、灯笼、LED 灯串、万花筒灯泡，甚至圆点南瓜。这些球体和灯光反射到镜子上，创造出一种无限空间中充满奇妙事物的感受。通常情况下，镜子的摆放是为了让你看到自己的众多影像。虽然客观上房间又小又拥挤，但主观上却好似迈向了一个通往无限宇宙的入口（见图 22-2）。

图 22-2 草间弥生的《我对南瓜的永恒之爱啊》（2016）

递归式自我意识循环展现了这样一种体验：天哪，我是有意识的，这种扑朔迷离的体验太令人难以置信了！递归式自我意识循环的出现，需要 3 个物理结构：

1. **意识联盟**

   意识体验产生于模块联盟内部的共振状态之中，意识联盟产生的主观体验特性充当自我意识循环中的“自我”。

2. **语言堆栈**

语言主观体验特性产生于语言堆栈内部的共振状态之中，充当着自我意识循环中的自我反射器，但不是任何古老的语言堆栈都能做到这点。为了创造一个自我，语言堆栈必须能够接触到高级心理语言，这些高级心理语言体现了超级心智进行的高度复杂的非生物思维，包括文学、哲学和科学的能力。至少，超级心智必须发展出“我”、“思维”、“意识”和“自我意识”等独特的概念。

在此稍做思考：心智需要上升到一个全新的思维层次，进化成一个装备了科学观念的智人超级心智，才能理解模块心智这种较低层次上的思维，乃至意识到它有可能提出诸如“自我的终极本质是什么”等关于较低层次思维的问题。

3. **模块间产生共振状态的能力**

该能力将意识联盟中的神经共振与语言堆栈中的神经共振联系起来。当内容模块中体现认知主观体验特性的共振状态与语言堆栈中体现综合主观体验特性的共振状态发生共振时，就会产生主观体验特性的理解。这种理解是人脑中进行自我意识循环的物理体现，是对模块间共振的主观体验。

我们终于准备好解释自我是如何运作的了。让我们试着描述一下，当你意识到了自己意识到了圆点南瓜时，发生了什么。

首先，你看到了一个南瓜。你的视觉内容模块产生了一个关于南瓜的意识体验。这会触发你的语言堆栈，将这种体验转变成有意识的语言：我看到了一个圆点南瓜！这是一种日常中平平无奇的对于理解的意识体验——你的视感知和语言解释在一起产生了共振。

其次是数学运算，不过它看起来像是高级魔法。

对南瓜体验的体验是一种非常复杂的心理行为，需要你有关于心智活动的复杂概念，而这些概念只有高度先进和有文化的超级心智才能提供。如果你选择将注意焦点放在此，你就可以启动一个递归式的自我意识循环。

你的内容模块现在正扮演的角色和简在与乔的最后一次对话中所扮演的角色相同，它将你对南瓜体验到的体验形象化。这便触发了你的语言堆栈，让你说出“我正在体验我自己体验了一个南瓜”！你已经在你的心智中启动了一个递归式的自我意识循环。

语言堆栈和内容模块开始共振，你的镜子开始反射你对于自我的反射。如果你始终将注意力聚焦于体验某种体验的体验，你的意识联盟和语言堆栈之间的递归式循环几乎立即收敛为体现自我意识的稳定的共振状态：通过一个意志行为，你创造了你的自我。

在简和乔的对话中，乔意识到了对话的递归式性质，并给它贴上了“递归对话循环”的标签。但是，当同样的事情发生在你自己的心智中，即当你体验到一个由你的内容模块和语言堆栈之间的递归式循环产生的主观体验特性的理解时，这种非凡的理解将体现在你的内容模块和语言堆栈内的共振表征之间的共振中，你将它标记为“天哪，我正在体验意识、我、此地、此时和此物”！

在物理世界中有许多稳定的递归式循环的实例，包括上述草间弥生创造的无限镜屋。即使镜子对准其他镜子，光子也不会永远在镜子周围反射。虽然实际上你可以看到每一个细节，但它们会收敛到一个类似于无限空间的终极稳定状态。再举一个例子，如果你把摄像机对准屏幕，让屏幕显示摄像机拍摄到的东西，屏幕并不会爆炸。如果你旋转摄像机，屏幕中将可靠地显示一个稳定的视觉旋涡，即使在摄像机发生大幅度扰动时也能保持其独特的形状。然而如果你关闭了摄像机，旋涡会消失。

当你体验到你自己正在体验某种体验时，你正在凝视一个心智上的无限镜屋，并将这种感知标记为“自我意识”。这种心智动态，就其神经基础而言，与凝视一个物理物体并将这种感知标记为“圆点南瓜”别无二致。

由意识联盟和我们的语言堆栈之间的共振产生的自我意识循环的体验，像是某种超越物理定律的事物，就像在凝视无限的面孔。从物理学的角度看，这和黑猩猩看着镜中的影像是一样的。不同的是，我们内心的镜子是由 9.26×10^{18} 个主观体验特性组成的，它反射出了我们作为不同身份错综复杂的方方面面，而这些是任何照片都无法捕捉到的。

如果你仍然难以想象大脑中的物理活动是如何表现为你自己的私人盛会的，这里还有最后一个方法来帮助你想象自我的物质基础。想象你自己是一场篮球比赛中的球员，你正在投篮，但在投篮的那一刻，你停下来了，开始思考你周围的比赛。客观上，一场比赛由 10 名球员和一个篮球构成。但从你的主观视角来看，一场比赛就是 9 名球员和一个篮球，他们和球都围着你转，你是真正的注意焦点。现在想象一下，你是另一名球员，比如对方球队的球员。现在你在阻截，而不是投篮。从你的视角来看，这场比赛也是 9 名球员和一个篮球围绕着你转，但这与你作为投球手时的视角明显不同。现在再想象一下，你是其他 8 名球员中的每一名，一名接着一名地想象，然后想象所有这些视角同时出现。这并不容易，但这就是篮球比赛的样子。

现在想象你是你大脑中的每个神经元，每个神经元都有自己独特的视角。自我意识是上百亿个神经元和一个动作电位，它们都围绕着“我”转，然后同时想象每个神经元的视角。最后，尽管这可能会穷尽你的想象力，但请想象你是你大脑中每个神经元中的每个分子，然后同时想象每个分子的视角。

这就是你的样子。[10] 构成自我的物质可能与构成小行星和汽油的物质一样平凡，但这并不意味着自我不那么超然。自我之所以存在，仅仅是因为不计其数的有目标的地球生物在数十亿年时间里不停地与混沌做斗争，其中包括数十亿人类，他们爱着、工作着、梦想着、创造着、战斗着、研究着、学习着，教导着他人，忍受着可怕的暴力，为他们的孩子、亲戚、朋友、同胞而牺牲着，有时甚至会牺牲自己的生命，所有这些都是为了生成由主观体验特性编码的想法，从而让你能够凝视灵魂的奇特奥秘。恭喜你，你是宇宙中为数不多的由微小共振物质构成的大都市之一，知道成为自己的感觉。

然而，这一绚丽的进阶故事有一个令人不安的推论。只要剥夺一个人的语言，你就能剥夺他们形成令人惊奇的、有目标的自我的机会，就会让他们服从于超级心智所有变幻无常的想法。

只有合作，才能让心智上升到新的适应性阶段

拥有自由意志，或解决自由意志困境令人深感好奇，因为自由意志是少数几种只有你相信它存在时才会存在的现象。[11] 另一种此类现象是自我消融。如果你相信自我消融，相信有自我消融的能力，并根据这一信念采取行动，那么自我消融的想法将表现为物理现实。如果你相信你拥有自由意志并据此行事，那么它也将成为现实。但是要相信自由意志的存在，你首先需要从一个强大的超级心智那里获得关于自由意志存在的知识，而这个超级心智在很大程度上要确保你不相信自由意志的存在！超级心智最希望你能表现得像一个优秀的神经元，为超级心智的集体需要服务，接受它对你的自我的有偏差

的反射，放弃你自己的目标而支持超级心智的目标。

但是如果你选择相信自由意志的存在，那么你就有机会影响超级心智的发展方向和人类的命运。只要你能认识到社会要求你做什么，并有意识地决定“有所为有所不为”，你就能解决自由意志困境。当你相信你有选择的权利，并且你的选择会影响心智之旅的宇宙进程时，自由意志就有存在的可能。

大都市原则表明，有意识地扩展自己的意识，扩展你对自我的了解，扩展你潜在的行动范围，将有助于扩展超级心智的意识。如果你变得更有同情心、更宽容、更正直，那么超级心智也会变得更有同情心、更宽容、更正直。根据大都市原则，合作通过将心智最先进的思维要素联系起来，成为心智上升到一个新的适应性阶段的唯一途径。简言之，爱是使智人超级心智上升到更智能、更具复原力、更有自主意识的新阶段的唯一途径。

反之，如果我们选择自私、封闭或憎恨，那么超级心智就会变得自私、封闭和憎恨。如果我们拒绝自由意志，那么超级心智就会为我们做决定。如果此情此景中的超级心智是仇恨和残忍的，那么我们就会变得仇恨和残忍。

从这个角度来看，压迫另一个有感知的生命扩展其意识能力，不仅对受害者而言是犯罪，对社会而言也是犯罪，因为这种压迫阻止了我们所有人享受扩展超级心智意识的成果。幸运的是，即使在最愚昧和最充满压迫的社会中，超级心智的主观体验特性共享动态总是能够为个体心智追求自由意志和缔造自我提供机会，无论这个机会多么渺茫，实现起来有多么艰难……

第 23 章 / JOURNEY OF THE MIND

自由之光，
我的良知就是超级心智的良知

弗雷德·贝利善于言辞，口头语言和书面语言是他唯一拥有的用来抗议和说服的武器，或者说这是他唯一拥有的权利。

——大卫·布莱特（David W. Blight）

当一个奴隶学会了独立思考

19 世纪上半叶，适应不良的美国超级心智正煞费苦心地将弗雷德·贝利从一个有血有肉的孩子变成一具麻木不仁的僵尸。那天早上，他被匆匆赶上一艘开往巴尔的摩的单桅帆船，去见他的新主人奥尔德家族，他怎么都没有想到未来将有所不同。

马里兰州最大的城市巴尔的摩是一个繁华的港口城市，挤满了来自世界各地的水手，以及许多不同阶级的白人和差不多数量的自由黑人。这是一个与东海岸的穷乡僻壤截然不同的世界。唯一相同的是农村地区仍然肆无忌惮地存在着奴隶制度。

在奥尔德家的街对面住着一位妇女，大家一般称她为汉密尔顿夫人。根据马里兰州的法律，她“拥有”一名叫玛丽的 14 岁女孩。汉密尔顿夫人整天坐在椅子上，唱着赞美诗，引述着《圣经》，每当玛丽从她身旁经过时，她就会殴打、鞭打和大声辱骂她。玛丽的头部、颈部和肩部都已溃烂生疮，附近的孩子嘲弄地称她为“被啄怪”。她食不果腹，经常沦落到和猪一起在街上的垃圾中觅食。在殴打和咒骂玛丽后，汉密尔顿夫人会“继续唱着她那甜美的赞美诗，仿佛她正义的灵魂正思慕着天堂圣地”。

奥尔德家族相对宽容一些。奥尔德一家住在市中心的查尔斯街。父亲休·奥尔德（Hugh Auld）是一名从事航运业的中产阶级商人，儿子叫托米，与贝利同龄。而母亲索菲亚将在贝利的生活中扮演一个最重要的角色。

虽然坐拥无数财富，但索菲亚以前从未蓄奴，她对如何培养和强化他们的奴隶身份仅有模糊的认知。贝利到奥尔德家的第一年，休放手让他的妻子管理这个男孩。“我在种植园时被当成了一头猪，”贝利回忆道，“但现在，我被当作了一个孩子。”索菲亚像对待普通孩子一样对待贝利，并教他如何阅读。

贝利经常听索菲亚诵读《圣经》，越来越对文字的奥秘感到好奇。索菲亚并没有本能地抵触满足他的好奇心，她开始教贝利学习字母表，然后教他拼写简单的单词。她对自己的教育成果充满了喜悦与自豪，并向她的丈夫称赞了贝利取得的成就。

休的反应强烈，他对妻子的所作所为嗤之以鼻，并命令她停止一切指导。他怒火中烧，气冲冲地说，贝利“只需要懂得和学会如何顺从主人的旨意”，“如果你现在教他阅读，他肯定还想学习写作。如此一来，他就会自己逃跑了”。

休想用他的暴怒来劝诫索菲亚，让她遵守久经考验的奴役心智的规则。但对于碰巧听到这番谴责的小男孩来说，这就像听到第一个反奴隶制的演说。“他那钢铁般冷酷无情的话语，深深烙印在了我的心底，不仅激起了我的某种抵触情绪，而且唤醒了沉睡在我心中的一系列重要想法。这是一种全新的特殊启示，驱散了我幼小心灵中苦思不解的谜团……‘很好！’我想，‘知识能使一个孩子不再是奴隶。’”

从此，尽管贝利无法获得索菲亚的任何支持，但他还是秘密地接受更多的教育。他开始在口袋里揣着一本韦伯斯特拼写书。他恳求街上年轻的白人玩伴帮助他，有时会用饼干贿赂他们，以求得一堂拼写课，尽管也有少数几个慷慨的人纯粹是为了开心而教他。到 13 岁时，贝利已经能阅读报纸了。他一有机会就从垃圾桶中捡报纸，并从报纸上了解到北方的自由州和废奴运动。

他真正的珍宝是一本教科书——《哥伦布演说家》(*The Columbian Orator*)，书中全部都是从当时的超级心智中得来的演讲稿。“我一遍又一遍地阅读，兴致无比高涨，因为这让我的才智得到了前所未有的提升。我读得越多，就理解得越深刻。”贝利写道，“阅读这些演讲稿大大扩展了我有限的语言储备，使我能够说出许多有趣的想法。这些想法经常在我的灵魂中闪现，但如果无法表达出来，则会消亡。”

他最喜欢《哥伦布演说家》中一位主人和一个奴隶之间的简短对话。奴隶在第二次试图逃跑后被抓回来，主人指责奴隶忘恩负义，而奴隶则勇敢地为自己辩护，并抨击奴隶制的错误。最终，主人被奴隶强有力的观点折服并释放了他。这个出乎意料的结局点燃了贝利内心的希望，他希望有一天也能阐述一个如此权威的论点，从而让他摆脱奴役。

他给自己制定了一个新的任务——学习写作。由于他经常在船厂为主人跑腿，他开始观察木匠们在木材上写的字母，这些字母代表木材的放置位置，如 L.A. 表示船尾左舷，S.F. 表示船头右舷。他开始偷偷地抄写这些字母，然后用街头玩伴的字来检验他所学的知识。“以玩伴为老师，以栅栏和人行道为抄写本，以粉笔为笔墨，我学会了写作的艺术。”

在获得这一宝贵的成就之后不久，不幸降临了。虽然贝利被借给了巴尔的摩的奥尔德家族，但他的合法主人是休的兄弟托马斯·奥尔德（Thomas Auld）。在他们兄弟二人之间发生口角之后，托马斯要求将贝利送回他在东海岸圣迈克尔村的劳工营，那里远离巴尔的摩。即使在最好的情况下，托马斯也是残酷、自私和放荡不羁的主人，而他现在面临着一个问题，这个问题冲击着他脆弱的权威根基——一个能独立思考的奴隶。

成为“自由人”的决心

“看！当我阅读后，主人休曾极其形象地预见的那种不满，已经在我内心出现了。”贝利写道，“我不再是那个无忧无虑、快乐、满是欢笑、沉溺游戏的男孩……我拥有了知识，光穿透了把我困于其中的道德地牢。而且，看啊！那是打在我背上的血淋淋的鞭子，这是铁链……当我在这种知识的刺痛与折磨下挣扎时，我几乎要对我的奴隶同伴们心生嫉妒，嫉妒他们能够愚昧地感到满足。”

托马斯用严厉的鞭打来对付贝利明显无礼的行为，但这并没有使贝利的态度产生预期上的改变。因此，在贝利离开巴尔的摩 9 个月后，托马斯将他交给了爱德华·柯维（Edward Covey），他是专业的“黑奴驯服者”。

柯维是贫穷的佃农，他赢得了“驯服年轻黑奴意志的一流高手”的声誉。这一声誉给他带来了明显的好处。奴隶主会把他们的奴隶几乎无偿地交给柯维，他可以随心所欲地残酷对待他们。有人为他耕种农场，拖走石头，收割庄稼，所有这些都使他更加富有。与此同时，他还可以用极端的方法来对付那些廉价的受害者，而不需要承担道德、法律或经济上的后果。

只用了 3 天时间，贝利就尝到了被驯服的滋味。一天早上，柯维无缘无故地狠狠鞭打了他。由于被迫穿上一件粗布衣衫，贝利背上血淋淋、疼痛难忍的伤口被磨破了，而且久久不能愈合。仅仅因为莫须有的过错，或根本无须任何理由，他一次又一次地被鞭打。正如美国超级心智一直以来所希望的那样，它终于成功扼杀了贝利的自我。柯维无情的殴打和无休止的强迫劳动已经摧毁了他的肉体、精神和自由意志。“看啊，一个人变成了一个畜生！”

贝利在“黑奴驯服者”凄惨的劳工营中堕入深渊。他感到所有个人能动性都在消退。但是，在这绝望的黑暗中，他从来之不易的教育中所获得的关于自由的想法，在他的心智中闪烁着微弱却稳定的光芒。他下定决心，他将不加抵抗地服从“黑奴驯服者”发出的每一个命令。但是，如果柯维仍然罔顾他的意愿继续殴打他，他将会不计后果地捍卫自己。

在贝利暗自立誓之后，他恭敬地听从柯维的命令，喂养并打理他的马匹。但柯维偷偷溜进马厩，抓住贝利的腿，把他拖到地上。然后，“黑奴驯服者”拿出一根绳子，想把贝利捆绑起来。这是压死骆驼的最后一根稻草。

贝利火冒三丈，奋起自卫，两人扭打在一起，摔倒在地。当贝利开始占上风时，柯维大声呼唤他的表弟休斯，休斯急忙赶来帮助他。这位表弟还没来得及加入战斗，贝利就一拳将他打倒在地。柯维认识到自己败下阵来，于是退出了打斗。

在大多数情况下，贝利的以下犯上本应导致他被吊死在最近的橡树枝上。但是，柯维很可能不想冒这样的风险，因为一旦被人知道他败给了一个本应被他驯服的年轻奴隶，接踵而至的将是耻辱和名誉受损。自此之后，柯维就放过贝利了。

“与柯维先生的这场斗争是我奴隶生活的转折点……它唤回了我那被击垮的自尊和自信，并重新唤起了我要成为‘自由人’的决心。”

我叫弗雷德里克·道格拉斯

贝利回到托马斯的劳工营后，既没有受到惩罚，也没有被驯服，而是被威廉·弗里兰（William Freeland）雇用为农场工人。弗里兰是相对温和的奴隶主，他给他的奴隶提供良好的饮食，而且很少打他们。在这种有利的条件下，贝利在树林中设立了一个每周日上课的秘密教室，教年轻的奴隶们阅读和写作，贝利称之为“星期日学校”。第一天，学校只有两名学生，但没过多久，贝利就教了大约二三十人。“他们的心智被残酷的主人压榨，变得极度贫乏。教育的光芒被全然隔绝。他们辛苦得来的收入，被拿去供主人的孩子接受教育。我感到十分欣慰，因为我避开了暴君且给被诅咒的受害者送去了福音。”

最终，托马斯决定将贝利送回巴尔的摩的奥尔德家族。不同寻常的是，托马斯指示他的兄弟休让贝利学习一门手艺，这样贝利就可以赚钱了。感到诧异的贝利被休安排到费尔角的一家造船厂，在那里他被培训成为一名捻缝工。很快，他一天就能赚到 1 美元 50 美分，这相当于现在每天赚 42 美元。当然，休保管了贝利的每一分收入，因为对他而言，这个年轻的捻缝工仍然是一具既不值得同情，也不需要花钱的“僵尸”。

贝利充分地利用了他所获得的更大的自由来计划逃跑。他在巴尔的摩周围认识了很多人，并结识了新朋友，他们帮助贝利找到了秘密到达自由州的方法。通过这些新朋友，他得到了一份声明他是一名自由黑人的伪造文件。

“1838 年 9 月 3 日，星期一，我决定告别巴尔的摩市，告别我从小就憎恶的奴隶制。”贝利穿着得体的西装，拿着伪造的文件，装出自由人的样子，登上了一列从巴尔的摩到纽约的火车。从纽约出发，他来到马萨诸塞州的贝德福德，那是一个昔日满是奴隶的小镇。他到达后做的第一件事就是为自己取了一个新名字。

他选择了弗雷德里克·道格拉斯[1]（Frederick Douglass）这个名字。

追求普遍且无条件的解放

逃亡后不久，道格拉斯开始参加废奴主义者会议。在马萨诸塞州，他受邀讲述自己被奴役的经历，这是他第一次在公开场合发言。尽管在听众面前他感到害怕和难为情，但他很快就觉察到了自己的心声。

关于这位充满激情、巧言善辩的昔日奴隶的消息传开了。道格拉斯被邀请开展更多的演讲，而且越来越多，直到他成为废奴运动中最受欢迎的演讲者之一。他利用自己新建立的公共平台，出版了他的第一本自传《弗雷德里克·道格拉斯的生平叙事》（*Narrative of the Life of Frederick Douglass*）。这本书立即成为畅销书。他的知名度和声望越来越高，直到闻名世界。他受邀在爱尔兰和英国做巡回演讲。当他在欧洲时，他的支持者从托马斯·奥尔德手中为他赎身。

1847 年春，在当了 29 年由超级心智指定的“僵尸”之后，道格拉斯以一个自由人、一个公民的身份回到了美国。然而，他并没有停下来享受这一成就。他的思绪始终停留在整个南方数以百万计的其他受奴役的儿童、妇女和男人身上。他下定决心，要为他们赢得自由。他认为实现这一目标的最佳途径是出版自己的报纸：

> 我告诉我的朋友们，也许美国人民实现废除奴隶制度的最大阻碍是全国各地对黑人的轻视。由于认为黑人天生低劣，所以黑人们只能对奴役与压迫做出妥协，尽管并非他们所愿，但无可避免……在我看来，如果被轻视的种族的人手中有一份运作良好的报纸……这将是消除偏见和唤起对他们关注的最有力手段……我把这些观点告诉了我的朋友。

他所有进步的废奴主义者朋友都强烈恳请他不要出版报纸，其中包括道格拉斯最著名和最有影响力的支持者、报纸编辑威廉·劳埃德·加里森（William Lloyd Garrison）。然而，道格拉斯遵从了自己的内心。1847 年，他在纽约罗切斯特一座教堂的地下室里出版了第一期《北星》（*North Star*），这份报纸随后成为美国历史上最具影响力的出版物之一。随着美国迅速走向内战，道格拉斯每周出版一次的刊物也迅速成为被分裂的美国超级心智的良知和意识。

南北之间存在着深刻而尖锐的分歧，美国应继续维持稳固的南北联盟，还是分裂成两个截然不同的超级心智，一个制造“僵尸”，另一个保持自由？在成为自由人的早些年中，道格拉斯同意大多数废奴主义者的意见，认为两块领土应该永久分离。让那些相信自由的人走向光明，让那些深陷黑暗的人自食其果是当时普遍的观点。但随着他的成熟，道格拉斯改变了想法。

他开始相信，应该不惜一切代价来维护联邦。[2]他认为，最健康的心智共同体总是由各种不同的声音和不同的价值观构成的，如果消灭反对意见，无论这些反对意见多么可耻，最终都将侵害所有人类的自由。

道格拉斯在自传的结尾总结了他的人生哲学："我相信，解放南方奴隶的最佳方式之一是改善和提升北方自由有色人种的品格。我将在未来努力地促进自由有色人种在道德、社会、宗教和智力方面的提升，就像我过去所做的那样。上帝赐予我能力，让我能用我的声音、笔和选票来支持我的整个种族获得普遍且无条件的解放。当我做这一伟大且重要的工作时，我永远不要忘记也不要拒绝，我那卑微的出身。"

第 24 章 / JOURNEY OF THE MIND

慈悲还是残酷，终极心智何去何从

即便最伟大的演说家，此时此刻，也会忘记职业，沉默不语；
而我也将不再赘述，我已经告诉你该怎么做了——
现在，你必须采取行动，无须多言。

——法里德·乌丁·阿塔尔，《群鸟的集会》

多臂神湿婆的神圣舞蹈，创造还是毁灭

很久很久以前，印度北部流传着这样一个神话：多臂神湿婆的神圣舞蹈既可以创造宇宙，也可以毁灭宇宙。这种舞蹈被称为坦达瓦。在对坦达瓦的描绘中，湿婆一只发光的蓝手上拿着一面鼓，象征着宇宙之舞中与创造有关的节奏；另一只手掌上托着一团火焰，象征着由狂野之舞所释放的湮灭之火。他的其他手臂无休止地扭动着，有时是 4 只，有时是 10 只，有时是无数只。

人们认为，坦达瓦那颤动的变换迷宫勾勒了现实的形状。

无目标物质和有目标思维，一支永不停息的探戈

物质之旅与心智之旅并非彼此隔离，尽管两者的动态存在差异：前者是无目标的，将时间视作随机状态；后者是有目标的，要求时间朝着一个方向流动。[1]

在大都市原则的推动下，心智动态朝着有序的方向发展，而物质动态则是走向无序的毁灭性力量，至少在涉及生命和心智时是如此。物理定律生成熵的毁灭性旋涡，不断攻击着思维和意识的结构。

但混沌之中隐藏的结构也滋养了心智。[2]心智之旅是能动性的叙事编年史：**通过有目标的行动，心智在混沌的阶梯上不断攀登，从微观上升至星际。**心智无休止地探寻可以利用的漏洞与手段[3]，从而掌控混沌，继续上升；思维也在物质动态中找到了实体，得到了支持。思维的动态重塑了物质的形态与轨迹，如果没有心智的干预[4]，这些永远不会出现。

宇宙中的终极互补性思维[5]是无目标物质和有目标思维之间跳不完的探戈，它结合在混沌—心智的坦达瓦中，追寻着自己的宇宙目标——创造未来，或者说创造时间本身。

心智在物质宇宙中创造了奇点

宇宙学家面临的一个重大问题是，物质动态会导致宇宙膨胀至无定形的热寂、自我坍缩，还是会永远振荡下去？但他们在测算中忽略了一些至关重要的事物，比如心智的动态。

混沌—心智的坦达瓦重新阐述了这一宇宙学问题：是否有一天，混沌会超越心智适应能力的极限，从而中断心智之旅，将所有始于海洋的意识抹去？或者有一天，心智会占据上风，并称霸整个宇宙，任意掌控一切事物？又或者，这支舞将一直跳下去，像一支永恒的探戈，产生越来越多有感知的心智阶段，并沿着无尽的混沌阶梯不断上升？

在这三个可能的选项中，有两个会创造诸神，也许最终只有一位神。它们是永恒、有目标的存在，拥有近乎无限的力量。其中一位神可能已经存在了，只不过是以非常原始的形式存在，即智人的超级心智。如果不受混沌的制约，那么按照大都市原则，智人超级心智有一天可能会融合成一个横跨太阳系的超心智。[6]或许有一天，这个超心智将会与银河系中所有其他超心智联合起来，从而有意识地控制我们的星系或所有星系，这一横跨星系的终极心智可能会拥有按照其意愿重塑宇宙的能力与性情。

如果我们正生活在一个心智终将战胜混沌，或与混沌僵持不下的宇宙中，那么你生活中所采取的每一个行动都将产生永恒的回响，因为你正以一种切实的方式影响一位神及其个性的发展。数十亿年后的某一天，可能还剩下两个次末位的心智在争夺宇宙控制权，一个心智可能倾向于让步与沟通，另一个心智则倾向于统治与压迫。你在生活中所做的一切都将有利于其中一个终极心智的崛起，尽管在某种程度上，每个人都很可能同时为二者的崛起做出贡献。

我们短暂一生中所分享或保留的爱与尊重将会影响到所有未来心智的塑造，乃至影响在久远未来的某一天将囊括所有现实的终极心智的塑造。实际上，这一展望为所有相信自由意志的生命提供了明确的道德评价原则：**你一直以来选择的行动，应该有利于发展出一位慈悲的神，而不是一位残酷自私的神。**

如果我们是一位胚胎时期的神的神经元，那么有什么证据表明，我们拥有能够影响宇宙能动性的潜能？或许，已有事实为我们提供了线索，那就是智人超级心智已经触及物质宇宙之外的某种东西了，也就是数学。数学中的初值问题[7]、超越数、虚数、超实数、超现实数、大魔群和小魔群、月光模块、鬼场、超幂、莫比乌斯带、魏尔斯特拉斯函数、豌豆与太阳悖论和加百利号角等内容证明，我们的超级心智已经触及了那些不可能存在于物理宇宙中，但能在思维螺旋中繁荣、嬉戏的实体。虽然人类的心智由有限的物质构成，但它却能容纳无限种类的主观体验特性。

通过数学，智人的超级心智要么已经触及了现实的终极结构，就像《黑客帝国》中那样窥探到了造物主幕后的 0 和 1，这一事实让心智具有了引导宇宙织锦中丝线走向的能力；要么心智的动态已经完全穿越到了另一个维度，打开了通往另一个宇宙的大门。

无论是哪种情况，心智都在物质宇宙中创造了一个奇点，其结果可能会改变宇宙的命运。或者说恰恰相反，是奇点创造了心智？

本书的构思和撰写，自始至终都深受盖尔·卡彭特（Gail Carpenter）和格罗斯伯格的影响，他们提出的心智模型、科学想象模型和过有意义生活的模型对本书有指导意义。对于他们在心智领域多年来的指引与支持，以及在自适应智能研究方面的指导，我们的感激之情无以言表，无比敬佩他们取得的成就。本书中的任何顿悟与灵感都源于他们的例子，而任何在事实或判断上的错误都是我们自己的责任。

有些书在我们还年轻的时候便给予了我们启发，无疑影响了我们自己的心智成长之旅，这些书包括史蒂芬·平克（Steven Pinker）[①]的《心智探奇》（*How the Mind Works*）、马文·明斯基（Marvin Minsky）的《心智社会》（*The Society of Mind*）、瓦伦蒂诺·布莱滕伯格（Valentino Braitenberg）的《车辆》（*Vehicles*）、卡尔·萨根的《魔鬼出没的世界》、丹尼尔·丹尼特（Daniel

---

① 2010—2020 年世界第二大最有影响力的心理学家，麻省理工学院认知神经学中心的掌门人。他的《语言本能》一经出版，就成为轰动一时的畅销书，入选《美国科学家》“20 世纪 100 本最佳科学书籍”。他的《白板》《语言本能》《思想本质》《心智探奇》等多部著作中文简体字版均已由湛庐引进，收录在史蒂芬·平克典藏大师套系中，由浙江教育出版社和浙江科学技术出版社出版。——编者注

Dennett）[①]的《意识的解释》（*Consciousness Explained*）、V. S. 拉马钱德兰（V. S. Ramachandran）和桑德拉·布莱克斯利（Sandra Blakeslee）的《脑中魅影》（*Phantoms in the Brain*）、侯世达（Douglas Hofstadter）的《哥德尔、艾舍尔、巴赫》（*Gödel, Escher, Bach*）。

还有一些近期出版的对我们影响巨大的优秀图书，包括彼得·史特林（Peter Sterling）和西蒙·劳夫林（Simon Laughlin）的《神经设计原理》（*Principles of Neural Design*）、乔恩·卡阿斯（Jon Kaas）的《神经系统的进化》（*Evolution of Nervous Systems*）、德内拉·梅多斯（Donella Meadows）[②]的《系统之美》（*Thinking in Systems*）、西蒙娜·金斯伯格（Simona Ginsburg）和伊娃·雅布兰卡（Eva Jablonka）的《敏感之魂的进化》（*The Evolution of the Sensitive Soul*），以及芭芭拉·奥克利（Barbara Oakley）的《学习之道》（*A Mind for Numbers*）。参考文献中有着更详尽的阅读书目。

特别鸣谢我们的编辑汤姆·梅耶（Tom Mayer），他耀眼的光芒照亮了我们的优点，也点明了我们的不足。他对本书质量的提升起到了不可估量的作用。在我们眼中，他是出版行业里最棒的！

其他给予我们巨大帮助和支持的科学家包括安娜·威尔金森（Anna Wilkinson）、克里斯托弗·杜普雷（Christopher Dupre）、拉斐尔·尤斯特（Rafael Yuste）、韦拉万·费尔南德斯（Vilaiwan Fernandes）、玛格丽特·亨

① 世界知名哲学家、认知科学家，著有《从细菌到巴赫再回来》《丹尼尔·丹尼特讲心智》等著作，两本书的中文简体字版均已由湛庐引进，前者由中国纺织出版社有限公司出版，后者由天津科学技术出版社出版。——编者注

② 世界上最伟大的系统思考大师之一，是知名的“世界模型Ⅲ”主创人员，著有《增长的极限》《系统之美》等著作，后者中文简体字版已由湛庐引进、浙江教育出版社出版。——编者注

特（Margaret Hunt）、尼山·谢蒂加（Nishan Shettigar）、约翰·帕金森（John Parkinson）、丹尼尔·博尔施韦勒（Deniel Bollschweiler）、康拉德·穆利诺（Conrad Mullineaux）、泰萨·夸克斯（Tessa Quax）、蒂埃里·埃蒙特（Thierry Emonet）、菲尔·比舍普（Phil Bishop）、瓦乐瑞亚·安娜·索夫拉诺（Valeria Anna Sovrano）、弗兰克·约翰逊（Frank Johnson）、约翰·施瓦德尔（John Swaddle）、米凯尔·拉比诺维奇（Mikhail Rabinovich）、亚历山大·贝茨（Alexander Bates）、拉兰蒂·文卡塔苏布拉曼内（Lalanti Venkatasubramanian）和托德·罗斯（Todd Rose）。特别感谢历史学家库鲁什·达拉勒（Kurush Dalal）回答了我们关于孟买的问题，并感谢科里·阿布希尔（Corey Abshire）将托勒密的地图绘制成孟买的现代坐标。感谢阿玛和南娜给予我们的爱、智慧和无限的信心。还要感谢唐·西蒙斯（Don Symons），他在我们陷入低谷时给予了支持。

我们必须对技艺精湛的插画师汉娜·皮奥特罗斯卡（Hanna Piotrowska）和保罗·巴顿（Paul Button）表示衷心的感谢。他们的设计远比预想的更要有想象力，更有信息量，也更充满智慧，我们非常满意。还要感谢凡西·班达如（Vamsi Bandaru）为第 21 章绘制的精美插图。

我们非常感谢阅读过我们各个版本手稿的朋友，包括尼科琳娜·库利赞（Nikolina Kulidzan）、科迪·科莫斯（Cody Kommers）、露西·杜克（Lucy Duke）、弗兰克·布尔戈斯（Frank Burgos）、苏珊·罗杰斯（Susan Rogers）、史蒂夫·阿明（Steve Armin）、奥斯汀·马特（Austin Matte）、克兰德尔·希克斯（C. Crandall Hicks）、普兰纳伊·谢蒂（Prannay Shetty）、普拉穆哈·纳亚克（Pramukha Nayak）、德里斯·祖克里（Driss Zoukhri）、阿莎·维什瓦纳坦（Asha Vishwanathan）、阿特赛托·克丘（Atseituo Kechu）、巴拉特·普迪（Bharath Pudi）、斯里坎特·舒巴科蒂（Srikanth Shubhakoti）、普里扬卡·拉伊（Priyanka Rai）和托福尔·阿尔加内姆

（Tofool Alghanem）。西尔维娅·赫纳托娃（Silvia Hnatova）帮助我们查明了大量事实，在此向她表示衷心的感谢。感谢诺亚·史崔克（Noah Strycker）参与“黑马计划”。感谢安妮·杜克（Annie Duke）的支持。感谢挚友苏珊·罗杰斯（Susan Rogers）提供的许多关于心智的对话。还要特别感谢萨拉·约翰逊（Sarah Johnson）为我们的手稿所做的细致入微的校对工作。她的专注、细致以及敏锐的洞察力在编辑工作中体现得淋漓尽致。

感谢我们的代理人吉姆·莱文（Jim Levine）和他的助手考特尼·帕加内利（Courtney Paganelli）。非常感谢我们的组稿编辑奎恩·多（Quynh Do），我们衷心希望他在新的道路上取得辉煌成就。

衷心感谢诺顿公司所有帮助我们实现梦想的人，包括尼奥玛·阿玛迪奥比（Nneoma Amadiobi）、项目编辑艾米·梅代罗斯（Amy Medeiros）、制作编辑安娜·奥勒（Anna Oler）、艺术总监刘映苏（Ingsu Liu，音译），以及我们宣传团队的凯尔·拉德勒（Kyle Radler）和史蒂夫·科卡（Steve Colca）。

最后，如果没有我们的家人在全球疫情防控期间对我们的关爱和宽容，这本书就不可能完成。感谢远在班加罗尔的普里扬卡、米拉和阿加斯蒂亚，以及在波士顿的托福尔和扎因。

JOURNEY
OF THE MIND

注释和参考文献

考虑到环保的因素，也为了节省纸张、降低图书定价，本书编辑制作了电子版的注释和参考文献。请扫描下方二维码，直达图书详情页，点击“阅读资料包”获取。

未来，属于终身学习者

我们正在亲历前所未有的变革——互联网改变了信息传递的方式，指数级技术快速发展并颠覆商业世界，人工智能正在侵占越来越多的人类领地。

面对这些变化，我们需要问自己：未来需要什么样的人才？

答案是，成为终身学习者。终身学习意味着永不停歇地追求全面的知识结构、强大的逻辑思考能力和敏锐的感知力。这是一种能够在不断变化中随时重建、更新认知体系的能力。阅读，无疑是帮助我们提高这种能力的最佳途径。

在充满不确定性的时代，答案并不总是简单地出现在书本之中。“读万卷书”不仅要亲自阅读、广泛阅读，也需要我们深入探索好书的内部世界，让知识不再局限于书本之中。

湛庐阅读 App：与最聪明的人共同进化

我们现在推出全新的湛庐阅读 App，它将成为您在书本之外，践行终身学习的场所。

- 不用考虑“读什么”。这里汇集了湛庐所有纸质书、电子书、有声书和各种阅读服务。
- 可以学习“怎么读”。我们提供包括课程、精读班和讲书在内的全方位阅读解决方案。
- 谁来领读？您能最先了解到作者、译者、专家等大咖的前沿洞见，他们是高质量思想的源泉。
- 与谁共读？您将加入优秀的读者和终身学习者的行列，他们对阅读和学习具有持久的热情和源源不断的动力。

在湛庐阅读 App 首页，编辑为您精选了经典书目和优质音视频内容，每天早、中、晚更新，满足您不间断的阅读需求。

【特别专题】【主题书单】【人物特写】等原创专栏，提供专业、深度的解读和选书参考，回应社会议题，是您了解湛庐近千位重要作者思想的独家渠道。

在每本图书的详情页，您将通过深度导读栏目【专家视点】【深度访谈】和【书评】读懂、读透一本好书。

通过这个不设限的学习平台，您在任何时间、任何地点都能获得有价值的思想，并通过阅读实现终身学习。我们邀您共建一个与最聪明的人共同进化的社区，使其成为先进思想交汇的聚集地，这正是我们的使命和价值所在。

图书在版编目（CIP）数据

心智简史 /（美）奥吉·奥加斯，（印）赛·加达姆著；汪祚军，吕飒飒译．— 杭州：浙江科学技术出版社，2025. 3. — ISBN 978-7-5739-1707-2

Ⅰ. B84-49

中国国家版本馆 CIP 数据核字第 2025SU1224 号

书　　名	**心智简史**
著　　者	[美] 奥吉·奥加斯　[印] 赛·加达姆
译　　者	汪祚军　吕飒飒

出版发行	**浙江科学技术出版社**
	地址：杭州市环城北路 177 号　邮政编码：310006
	办公室电话：0571－85176593
	销售部电话：0571－85062597
	E-mail:zkpress@zkpress.com
印　　刷	河北鹏润印刷有限公司

开　　本	710mm×965mm　1/16	**印　　张**	24.75
字　　数	353 千字		
版　　次	2025 年 3 月第 1 版	**印　　次**	2025 年 3 月第 1 次印刷
书　　号	ISBN 978-7-5739-1707-2	**定　　价**	139.90 元

责任编辑	余春亚	**责任美编**	金　晖
责任校对	张　宁	**责任印务**	吕　琰